Theorie und Empirie Lebenslangen Lernens

Herausgegeben von
Ch. Hof, Frankfurt am Main, Deutschland
J. Kade, Frankfurt am Main, Deutschland
B. Schäffer, Neubiberg, Deutschland
W. Seitter, Marburg, Deutschland

Mit der Reihe verfolgen die Herausgeber das Ziel, theoretisch und empirisch gehaltvolle Beiträge zum Politik-, Praxis- und Forschungsfeld *Lebenslanges Lernen* zu veröffentlichen. Dabei liegt der Reihe ein umfassendes Verständnis des Lebenslangen Lernens zugrunde, das gleichermaßen die System- und Organisationsebene, die Ebene der Profession sowie die Interaktions- und Biographieebene berücksichtigt. Sie fokussiert damit Dimensionen auf unterschiedlichen Aggregationsniveaus und in ihren wechselseitigen Beziehungen zueinander. Schwerpunktmäßig wird die Reihe ein Publikationsforum für NachwuchswissenschaftlerInnen mit innovativen Themen und Forschungsansätzen bieten. Gleichzeitig ist sie offen für Monographien, Sammel- und Tagungsbände von WissenschaftlerInnen, die sich im Forschungsfeld des Lebenslangen Lernens bewegen. Zielgruppe der Reihe sind Studierende, WissenschaftlerInnen und Professionelle im Feld des Lebenslangen Lernens.

Herausgegeben von

Christiane Hof
Goethe-Universität
Frankfurt am Main

Burkhard Schäffer
Universität der Bundeswehr München
Neubiberg

Jochen Kade
Goethe-Universität
Frankfurt am Main

Wolfgang Seitter
Philipps-Universität Marburg

Weitere Bände in dieser Reihe http://www.springer.com/series/12291

Wolfgang Seitter
(Hrsg.)

Zeit in der wissenschaftlichen Weiterbildung

Mit einem Geleitwort von Jochen Kade

 Springer VS

Herausgeber
Wolfgang Seitter
Philipps-Universität Marburg
Deutschland

Theorie und Empirie Lebenslangen Lernens
ISBN 978-3-658-17998-4   ISBN 978-3-658-17999-1   (eBook)
DOI 10.1007/978-3-658-17999-1

Die Deutsche Nationalbibliothek verzeichnet diese Publikation in der Deutschen National-
bibliografie; detaillierte bibliografische Daten sind im Internet über http://dnb.d-nb.de abrufbar.

Springer VS ist Teil von Springer Nature
Die eingetragene Gesellschaft ist Springer Fachmedien Wiesbaden GmbH
Die Anschrift der Gesellschaft ist: Abraham-Lincoln-Str. 46, 65189 Wiesbaden, Germany

Geleitwort

Die vorliegende Studie analysiert vor dem Hintergrund des vielsträngigen neueren erziehungs- und sozialwissenschaftlichen Zeitdiskurses die Bedeutung, die die Zeit in dem zunehmend an Gewicht gewinnenden Feld der wissenschaftlichen Weiterbildung von bereits berufstätigen Erwachsenen hat. Ausgehend von der Annahme einer strukturell bedingten Nicht-Selbstverständlichkeit des Überhaupt-Zustandekommens und einer Fragilität kontinuierlicher Gewährleistung (abschlussbezogener) wissenschaftlicher Weiterbildung dann wird in neun unterschiedlich umfangreichen Beiträgen die Zeitbedingtheit ihrer Praxis facettenreich analysiert. Diese Beiträge gehen auf empirische Teilstudien zurück, die in den letzten Jahren im theoretisch hoch elaborierten und empirisch in besonderer Weise interessierten Marburger Forschungskontext durchgeführt worden sind. Die auf das Thema Zeitlichkeit fokussierten Beiträge dieses Bandes schließen dabei an bereits vorliegende Veröffentlichungen aus dem größeren Projektzusammenhang über wissenschaftliche Weiterbildung an.

Der Band ist entlang einer, auf die Problemstellung praktischer wissenschaftlicher Weiterbildung bezogenen handlungsorientierten Systematik in vier Themenkomplexe untergliedert. Ausgegangen wird von einer Analyse der Zeitbezogenheit wissenschaftlicher Weiterbildung aus der Perspektive individueller und institutioneller Nachfrage (Konkurrenz von Arbeit, Familie und Lernen; zeitliche Rahmenbedingungen; Zeitverausgabungskonzepte). Komplementär dazu geht es dann um die Strukturierung von Zeit bei der Gestaltung und Umsetzung von Weiterbildungsangeboten (Zeitformate; Blockseminare). Im dritten Themenkomplex werden Aspekte fokussiert, die sich aus der organisationalen Einbettung des Angebot-Nachfrage-Verhältnisses ergeben (Ressourcen und Strategien; Organisationszeit). Die Interaktionsabhängigkeit der Strukturierung von Zeit in der wissenschaftlichen Weiterbildung ist schließlich der Fokus im vierten Themenkomplex (zeitliche Anrechnung von Kompetenzen; Zeit als Aushandlungsfaktor). Vorangestellt ist diesen thematischen Analysen eine Einleitung des Herausgebers. Sie gibt nicht nur einen differenzierten Überblick über den Band mit seinen Beiträgen. Erhellend ist insbesondere die Einordnung der Analysen in den größeren Zusammenhang der (wissenschaftlichen) Weiterbildung unter dem Aspekt ihrer Zeitbedingtheit. Der für die Entwicklung zeittheoretisch ambitionierter Erziehungswissenschaft – gerade auch bezogen auf das innovative Feld wissenschaftlicher Weiterbildung – weiterführende Ertrag wird abschließend in der Perspektive auf eine, zu weiteren Forschungsprojekten herausfordernde Analyse der Synchronisationsnotwendigkeiten unterschiedlicher Temporalordnungen umrissen. Insgesamt beeindruckt dieser sehr lesenswerte Band nicht nur durch das theoretische Niveau der Analysen, sondern zugleich auch durch die ‚dichte Empirie' wissenschaftlicher Weiterbildung, die über ihn zugänglich wird. Überrascht ist man dabei immer wieder über die Nähe der Zeitproblematik in diesem spezifischen Feld der Weiterbildung zu der in anderen Feldern (Funkkolleg, Online-Lernen) wie auch der Weiterbildung insgesamt.

Jochen Kade

Inhaltsverzeichnis

Organisation

Passungen

Zeit in der wissenschaftlichen Weiterbildung: eine Einleitung

Wolfgang Seitter[1]

Zusammenfassung

In der Einleitung werden der Zeitbezug des Lernens Erwachsener – insbesondere in der abschlussbezogenen wissenschaftlichen Weiterbildung – herausgestellt, die Gliederung des Bandes mit den einzelnen Beiträgen präsentiert sowie die Synchronisationsherausforderungen unterschiedlicher Temporalordnungen in der wissenschaftlichen Weiterbildung theoretisch gedeutet.

Schlagwörter

Lernzeitgestaltung, Temporalordnungen, abschlussbezogene wissenschaftliche Weiterbildung

Inhalt

---

1   *Wolfgang Seitter* | Philipps-Universität Marburg | seitter@staff.uni-marburg.de.

1   Zeitbezug der (wissenschaftlichen) Weiterbildung

Bildung und Lernen vollziehen sich in der Zeit, sind zeitbezogen, verbrauchen Zeit.

Dieser eminente Zeitbezug des Lernens hat dazu geführt, dass Kinder und Jugendliche – zumindest in modernen Gesellschaften – für das Lernen zeitlich weitgehend freigestellt werden. Der Schulpflicht korrespondiert die Freistellung für das Lernen, die beide historisch in einem langen gesellschaftlichen Institutionalisierungsprozess durchgesetzt wurden.[2]

Auch das Lernen Erwachsenen weist diesen Zeitbezug auf, allerdings ist es gesellschaftlich weit schwieriger, Erwachsene für ihr Lernen freizustellen. Zudem ist die Vorstellung eines gesellschaftlich bedeutsamen und explizit markierten Lernens für Erwachsene ein historisch relativ junges Phänomen, das erst durch die Institutionalisierung lebenslangen Lernens als einer generalisierten Erwartungshaltung an Bedeutung und Durchsetzungskraft gewann.[3] Lernzeiten im Erwachsenenalter sind eng verknüpft mit der Herausbildung gesellschaftlich institutionalisierter und legitimierter Freizeit durch die Einführung des Achtstundentages, durch die Reduzierung der Arbeitswoche auf fünf Wochenarbeitstage (freies Wochenende) und durch die Etablierung von (bezahlten) Urlaubszeiten. Weitergehende Ansprüche für Beschäftigte, Lernansprüche auch während der Arbeitszeit anzuerkennen, stellen im weiteren historischen Verlauf die Bildungsurlaubsgesetze dar, in jüngster Zeit die Etablierung von Arbeitszeitkonten, die auch für Lernzwecke verausgabt werden können.[4]

Im Segment der abschlussbezogenen wissenschaftlichen Weiterbildung stellen sich die Probleme der zeitlichen Ressourcenverausgabung beim Lernen Erwachsener in besonders herausgehobener und zugespitzter Form. Teilnehmende der wissenschaftlichen Weiterbildung sind in der Regel berufstätig und/oder haben Familienpflichten, sie sind – als Erwachsene mit vielfältigen beruflichen und generationalen Belastungen – zeitlich stark eingespannt und mit dem Problem konfrontiert, Lernzeit als abgegrenzte eigene Zeit in regelmäßiger Form neben der Berufstätigkeit und den privaten Verpflichtungen (Familie, Engagement, etc.) aufzubringen. Zudem erfordern die längerfristige zeitliche Ausrichtung einer *abschlussorientierten* Weiterbildung (Zertifikat, Master) sowie

---

2   Diese Durchsetzung einer stark kindheits- und jugendbezogenen Bildungsinvestition wurde erst mit dem demographischen Wandel von der unsicheren zur sicheren Lebenszeit ökonomisch und gesellschaftlich sinnvoll. Vgl. Imhof 1988, Seitter 2010, S. 313f.

3   Zur semantischen Begriffsverschiebung von Volksbildung über Erwachsenenbildung hin zum lebenslangen Lernen vgl. Seitter 2001.

4   Es ist an dieser Stelle nicht möglich, die komplexen Entwicklungslinien der Etablierung von Frei- und (potentieller) Lernzeit für Erwachsene im Detail nachzuzeichnen. Für einen ersten Einblick vgl. Faulstich 2001, 2003, Schmidt-Lauff 2005, Seitter 2010.

die Lernansprüche einer *wissenschaftlichen* Weiterbildung in der Regel weitergehende Zeitinvestitionen als in der allgemeinen oder arbeitsplatzbezogenen beruflichen Weiterbildung. Gleichwohl sind auch dort ähnliche zeitbezogene Problemlagen anzutreffen wie in der wissenschaftlichen Weiterbildung mit entsprechenden Strategien des Umgangs.[5]

Zeit in der wissenschaftlichen Weiterbildung wird daher durchgängig als äußerst knappe Ressource behandelt, die (häufig) schwieriger bereitzustellen ist als monetäre Ressourcen (vgl. Seitter/Schemmann/Vossebein 2015b, S. 51). Die zeitliche Ressourcenfrage ist dabei auf ganz unterschiedlichen Ebenen zu verorten:[6]

Auf der *Ebene der Teilnehmenden* ist die Zeitthematik vor allem eine Frage von Zeitkonkurrenz, Zeitverausgabung und Lernzeitqualität mit entsprechenden Vereinbarkeitskonflikten, Prioritätensetzungen und Aushandlungsprozessen, effizienter Lernzeitnutzung und (berufs-)biographischen Passungsmöglichkeiten. Gerade im Kontext abschlussbezogener wissenschaftlicher Weiterbildung mit einer relativ langen Zeitdauer und einem hohen Anspruchsniveau ist Lernen allerdings nicht nur eine individuelle Anstrengung, die Zeitmanagement und Zeitkompetenz voraussetzt. Vielmehr ist Lernen in vielfältiger Weise eingebunden in einen sozialen – beruflichen oder privaten – Zusammenhang, in und mit dem die Lernbemühungen ausgehandelt, abgeglichen, legitimiert werden müssen. Das soziale Lernumfeld kann dabei unterstützend oder behindernd wirken, daher sind soziale Abstimmungsprozesse (kollegiale und/oder familiäre Unterstützung, Absprachen, Freistellungen, Flexibilitäten, etc.) mit Blick auf die Aufrechterhaltung der eigenen Lernanstrengung in diesem Kontext besonders wichtig. Im beruflich-betrieblichen Umfeld spielen insbesondere die Vorgesetzten eine wichtige Rolle, da sie in ihren unterschiedlichen Funktionen als institutionelle Auftraggeber, Stakeholder und Setzer von Rahmenbedingungen starken Einfluss auf die Ermöglichung und den Erfolg individueller Lernbemühungen haben.

Fragen der Lernzeitgestaltung werden des Weiteren auf der *Ebene des Angebotes* diskutiert. Wissenschaftliche Weiterbildung als berufs- oder familienbegleitendes didaktisches Arrangement hat Zeitknappheit als Ausgangsprämisse. Die zeitliche Angebotsstrukturierung arbeitet daher zentral mit der Differenz von Präsenz und Selbststudium und verlagert große Anteile der Weiterbildung in den Bereich des digital unterstützten Selbststudiums. Zeitlich geblockte Präsenz vor Ort und zeitlich flexibles – mehr oder weniger didaktisch angeleitetes –

---

5   Vgl. dazu etwa die umfangreiche Studie von Schmidt-Lauff 2008 zu Zeit in der betrieblichen Weiterbildung.

6   In der Literatur wird Zeit und Zeitverausgabung häufig auch im Kontext der Flexibilisierung des Studiums verortet, vgl. Spexard 2016.

Selbststudium (an welchen Orten auch immer) setzen dabei hohe Ansprüche an die Zeitdisziplin der Beteiligten und an die Effizienz professioneller Lehr-/Lern-gestaltung, die möglichst ein Lernen ohne Umwege mit einem ausgeprägten Anwendungsbezug garantieren soll.[7] Zeitliche Überblendungen mit Lernortko-operationen oder Studienprojekten im betrieblichen Kontext erlauben nicht nur einen höheren Anwendungs- und Transferbezug, sondern stellen weitere Mög-lichkeiten der zeitlichen Verknappung und synergetischen Nutzung wissen-schaftlicher – und gleichzeitig feldbezogener – Erkenntnisgenerierung dar.

Das Angebot in seiner zeitbezogenen Struktur und in seinen zeitbezogenen Auswirkungen ist schließlich eingebunden in die *Organisation Hochschule*, die ebenfalls spezifischen Zeitbezügen unterliegt. So tritt die wissenschaftliche Weiterbildung in Zeitkonkurrenz zu Forschung und Lehre, sie benötigt Zeit, um sich in die Strukturen der Hochschulen hinein zu etablieren und Verwaltungs-prozesse auf ihre Bedarfe hin zu spezifizieren, die Entwicklung von Angeboten unterliegt den Zeittaktungen der Organisation sowie den hochschulrechtlichen Vorgaben bei Entwicklung, Verwaltungsprüfung, Genehmigung und Akkredi-tierung, als abschlussorientiertes Angebotssegment hat sie die zeitlich bestimm-te Normeinheit der ECTS zu erfüllen und schließlich ist die Hochschule insbe-sondere bei den berufsbegleitenden Formaten der Studienorganisation mit Aspekten der Anerkennung und Anrechnung außerhochschulisch erworbener Kompetenzen konfrontiert, die nicht nur den Zugang zur Hochschule, sondern auch Möglichkeiten der Verkürzung von Studienzeit betreffen (vgl. Ha-nak/Sturm 2015).

Nicht zuletzt stellt sich die Frage nach der zeitbezogenen *Passung* dieser drei Ebenen mit ihren unterschiedlichen Zeittaktungen und temporalen Ordnun-gen (s. ausführlicher unter Punkt 3).

2   Ebenen des Zeitbezugs: Nachfrage – Angebot – Organisation – Passungen. Zur Struktur des Bandes und den einzelnen Beiträgen

Die Beiträge des vorliegenden Bandes bilden diese unterschiedlichen Ebenen des Zeitbezugs wissenschaftlicher Weiterbildung ab und geben aus konzeptio-neller und empirischer Perspektive zeitbezogene Einblicke in ein dynamisch wachsendes Feld. Sie stammen aus unterschiedlichen drittmittelgeförderten Pro-jektkontexten (DFG, BMBF) oder sind Ergebnisse erziehungswissenschaftlicher

---

7   Die erziehungswissenschaftliche Kritik an dieser ‚umweglosen', zeitrationalisierenden Lernori-entierung rankt sich entsprechend um Begriff wie Muße beim Lernen, Reflexionsschlaufen, Verlangsamung und Verzögerung als Qualitäten des Lernens, Flanieren, Schonräume, etc. Vgl. in dieser Hinsicht Dörpinghaus 2003, 2008, Rüegg 2010.

Abschluss- und Hausarbeiten (Master, Forschungsberichte aus Forschungswerkstätten).

Im *ersten* Block wird der Zeitbezug wissenschaftlicher Weiterbildung aus der Perspektive der individuellen und institutionellen *Nachfrage* entfaltet.

Der Beitrag von *Kerstin Schirmer* fokussiert dabei die Vereinbarkeitsstrategien, die Teilnehmende an wissenschaftlichen Weiterbildungsangeboten anwenden, um eine tragfähige Work-Learn-Life-Balance herzustellen. Dabei unterscheidet der Beitrag Vereinbarkeitsstrategien, die in der Person selbst liegen (Ökonomisierung von Zeit, Freizeitverzicht, Nutzung beruflicher Flexibilität), und solchen, die im Kontakt mit anderen Anwendung finden (Zusicherung sozialer Unterstützung, zeitliche Absprachen, Delegation, Geben und Nehmen von Zeit).

Bianca Fehl analysiert die Zeitthematik aus der Perspektive institutioneller Stakeholder in ihren unterschiedlichen Präferenzen für Zeitformate (Dauer, Länge der Präsenzblöcke), in ihrer Bevorzugung räumlicher Nähe und der Vermeidung geographisch bedingter Rüstzeiten (Fahrten), in den Auswirkungen innerbetrieblicher Zeittaktungen (Hochphasen, Arbeitsverdichtungen, Projektabschlüsse) auf die Möglichkeiten von (kontinuierlicher) Studienbeteiligung und in der angestrebten Gleichzeitigkeit von Flexibilität (zeitliche Spielräume für unvorhersehbare Ereignisse) und verlässlicher, langfristiger Planbarkeit und Planungssicherheit.

Anika Denninger, Ramona Kahl und *Sarah Präßler* präsentieren schließlich den sozialwissenschaftlichen Forschungsstand zu Zeitvereinbarkeit und Lernzeitverausgabung in der (wissenschaftlichen) Weiterbildung. Sie fokussieren zentrale Befunde bisheriger Forschung (u.a. die hohen Opportunitätskosten von Weiterbildungsbeteiligungen, die Zeitkonkurrenz des Lernens am Wochenende oder am Abend mit Zeitansprüchen von Freizeit und Familie, die große interpersonelle Streuung bei der lernbezogenen Zeitaufwendung sowie die Abhängigkeit der Lernzeitinvestition von Karriereaspiration und –verwertbarkeit der Weiterbildung) und stellen das Forschungsdesign einer Studie vor, die insbesondere die bisherige *black box* der Zeitverausgabung während der Selbstlernphasen im Kontext wissenschaftlicher Weiterbildung erhellen soll.

Im *zweiten* Block werden zeitbezogene Aspekte der *Angebotsgestaltung* und *Angebotsumsetzung* beleuchtet.

Carolin Fürst analysiert in einer quantitativ ausgerichteten Studie die Zeitformate wissenschaftlicher Weiterbildungsangebote, ihre Platzierung im Wochenverlauf, die Periodizität von Terminen und die Kompaktheit der Veranstaltungen. Unter der Perspektive zeitbezogene Distribution wird des Weiteren gefragt, wie die Hochschulen wissenschaftliche Weiterbildungsangebote (Zertifikat, Master) gestalten, mit Blick auf das Verhältnis von Präsenzzeit und Selbststudium, die Platzierung von Terminen für Beratung, Gruppenaustausch, Praxiserkundung und Prüfung, die Erzeugung von Kohorten in der Zeit (gemeinsamer Anfang und Studienverlauf) oder die Ermöglichung individualisierter Studienverläufe (individuelles Lerntempo, versetzter Anfang).

Sandra Habeck und *Heike Rundnagel* nehmen die didaktischen Herausforderungen von Blockveranstaltungen als dem zeitlichen Regelformat wissenschaftlicher Weiterbildung in den Blick. Dabei werden u.a. die Phasierungen im Tagesverlauf, der Gegenwarts- und Zukunftsbezug des Gelernten, die (notwendige) Zeit zum Netzwerken und Austauschen sowie die Berücksichtigung des Vorwissens als zentrale Aspekte beleuchtet und die Notwendigkeit entsprechender Professionalisierungsmaßnahmen des wissenschaftlichen Lehrpersonals aufgezeigt.

Im *dritten* Block steht die *organisationale Einbindung* wissenschaftlicher Weiterbildung in den spezifischen Kontext von Hochschulen im Vordergrund.

Ramona Kahl und *Franziska Lutzmann* stellen dabei Zeit als knappes organisationales Gut vor, als Wettbewerb der Zeitressourcen zwischen Forschung, Lehre und Weiterbildung, als Zeitknappheit im Kontext von Lehre (Lehrdeputat) samt den damit verbundenen – individuellen oder kollektiven – Zeitverausgabungsstrategien des Lehrpersonals (Konkurrenz versus Synergie von grundständiger und Weiterbildungslehre, Zu- und Mitarbeit durch andere KollegInnen oder hochschulinterne Kooperations- und Unterstützungsstrukturen), aber auch als professionell getragene Sensibilität für eine Angebotsorganisation, die den Zeitbedarfen der Teilnehmenden entgegenkommt und serviceorientiert mit den – im Vergleich zur grundständigen Lehre – weitaus höheren Qualitäts- und Anwendungsansprüchen der zahlenden ‚Kundschaft' umgeht.

Melanie Franz fokussiert hingegen die Organisationszeit der Weiterbildung, die als fragiles (weil marktgesteuertes) und relativ neues Angebotssegment im Kontext der Hochschulen zu ihrer Etablierung auf entsprechende Prozesse der Organisationsvorbereitung angewiesen ist und zwischen Organisationsgegenwart (Dominanz grundständiger Lehre) und imaginierter Zukunft (Bedeutungszuwachs wissenschaftlicher Weiterbildung) Entscheidungsverzögerungen der Hochschulleitung als Zeitgewinne für die Organisation – im Sinne des Aufschubs einer nachhaltigen Verankerung innerhalb der Hochschule – aushalten muss.

Im *vierten* Block stehen schließlich *Passungen* und Abstimmungsprozesse zwischen den verschiedenen Ebenen und Beteiligten im Fokus.

Helmar Hanak vollzieht mit Blick auf Anerkennung und Anrechnung außerhochschulisch erworbener Kompetenzen einen zeitbezogenen Abgleich zwischen der organisationalen Ebene der Hochschule und der individuellen Perspektive der Weiterbildungsinteressenten sowohl auf struktureller als auch auf prozessbezogener Ebene. Auf struktureller Ebene geht es dabei um die (differenten) Passungen bzw. Passungsmöglichkeiten zwischen hochschulischen Angeboten und individuell eingebrachten Anrechnungsmöglichkeiten samt den damit verbundenen Studienzeitverkürzungen, auf prozessbezogener Ebene um die – gerade auch unter Zeitaspekten – zu regulierenden Abläufe von hochschulischen und individuellen Bearbeitungsschritten.

Kerstin Schirmer fokussiert Zeit als multiplen Aushandlungs- und Passungsfaktor zwischen Unternehmen und weiterbildungsaktiven Mitarbeitern mit Blick auf Zeitpunkt und Zeitraum der Weiterbildung, auf Passung von Arbeitszeit und Studium, auf Durchführungsform und Gestaltung der Lernzeit, auf Studienverlaufsplanung und faktischer Umsetzung. Dabei kann sie fallorientiert zeigen, dass sich diese Aushandlungs- und Passungsprozesse nicht einmalig, sondern in einem ständig mitlaufenden rekursiven Prozess von Justierung und Neujustierung vollziehen.

3 Synchronisation unterschiedlicher Temporalordnungen in der wissenschaftlichen Weiterbildung

Die Aushandlungsprozesse und Passungsprobleme innerhalb und zwischen diesen verschiedenen Ebenen lassen sich als Synchronisationsherausforderungen unterschiedlicher Temporalordnungen begreifen,[8] die aus differenten theoretischen Perspektiven gedeutet und fokussiert werden können. Vier mögliche Perspektiven sollen abschließend kurz umrissen werden.

Aus einer *didaktischen* Perspektive lassen sich die Synchronisationsherausforderungen als ein Matchingproblem unterschiedlicher Zielgruppen mit ihren jeweiligen – auch zeitlich akzentuierten – Eigenheiten beschreiben. Hinter dieser Perspektive steht die These von der wissenschaftlichen Weiterbildung als Resultante eines vierfachen Zielgruppenbezugs, die zwei externe (individuelle und institutionelle Adressaten) und zwei interne Zielgruppen (Hochschulleitung/Administration, wissenschaftliches Personal) für die wissenschaftliche Weiterbildung relationieren und über die selektive Differenzierung der jeweiligen Zielgruppen eine didaktische Passung herstellen muss.[9]

---

8 Ortfried Schäffter (1993) hat auf diese Synchronisationsleistung der Weiterbildung schon in den 1990er Jahren aufmerksam gemacht.

9 Vgl. Schemmann/Seitter 2014 sowie ausführlicher Seitter/Schemmann/Vossebein 2015a mit drei Teilstudien zu Bedarf (individuelle Adressaten), Potential (institutionelle Adressaten) und Akzeptanz (hochschulinterne Adressaten).

In einer *berufs- und wissenssoziologischen* Perspektive stehen historisch gewachsene und feldspezifische Muster der Synchronisation im Vordergrund. Hintergrund dieser Perspektive ist die These von urbanen und ruralen Mustern der Koordination, die mit professions- und funktionsorientierten Angeboten der Weiterbildung verkoppelt sind und die unter zeitlichen Koordinationsaspekten stark zwischen klaren, sozial geteilten Erwartungsstrukturen einerseits und individualisierten Delegationsmechanismen mit hohem Flexibilisierungsbedarf andererseits changieren (vgl. Weber 2010).

In einer *lern- und prozesstheoretischen* Perspektive werden die zentralen Konstitutionsleistungen fokussiert, die notwendig sind, um eine in hoher Selbstverantwortung und Selbststeuerung liegende, längerfristige Weiterbildungsteilnahme erfolgreich zu gestalten: die Herstellung biographischer Passung mit Blick auf die eigene Lebensphase, Lernpräferenzen und individuelle Motivationslagen (1), die selbstgesteuerte und selbstverantwortete Etablierung von Lernzeit im Alltag (2) und die Notwendigkeit der Herstellung hoher sozialer Akzeptanz für das eigene Lernengagement (3). Hintergrund dieser Perspektive ist die These von der wissenschaftlicher Weiterbildung als einer riskanten, sozial überaus voraussetzungsreichen Lernform, die von den beteiligten Individuen einen hohen Gestaltungs- und Konstitutionsaufwand erfordert.[10]

In einer *interaktions- und kommunikationstheoretischen* Perspektive steht schließlich die Synchronisation raum-zeitlicher Differenzen über das Dual Anwesenheit/Abwesenheit im Fokus der Analyse. Hintergrund dieser Perspektive ist die These von der Figur des Teilnehmens als Einbindung Abwesender in Settings, die auf eine weitgehende Entkopplung der Teilnahme von der Anwesenheit in Bildungsveranstaltungen setzen (vgl. Dinkelaker 2013). Für die wissenschaftliche Weiterbildung und für den Kontext der Hochschule insgesamt stellt gerade die Neuverteilung akademischen Lernens im Lebenslauf unter den Bedingungen zunehmender Digitalisierung – samt den damit verbundenen Fragen der zeitlichen Distribution wissenschaftsbasierten Lernens und der zeitlichen Einübungsformate kritisch-distanzierten Denkens – eine zentrale Synchronisationsherausforderung dar.

---

10   Diese drei Konstitutionsleistungen (biographische Passung, Herstellung der Bedingungen des Lernens und soziale Akzeptanz der Teilnahme) sind von Kade/Seitter (1996) bereits im Kontext ihrer Funkkollegstudie herausgearbeitet worden. Strukturell gibt es zwischen dem Funkkolleg und der wissenschaftlichen Weiterbildung hohe Übereinstimmungen, da sich auch das Funkkolleg durch längerfristige Kurse, ein Medienverbundsystem, hohe Selbstlernanteile und eine geringe didaktische Steuerung durch Präsenzanteile auszeichnet. Für den Bereich des Online-Lernens sind die Konstitutionsleistungen in jüngster Zeit insbesondere mit Blick auf die Herausforderungen sozialer Netzwerkbildung als Kompensations- und Unterstützungsmaßnahme empirisch weiter konkretisiert worden (vgl. Lauber-Pohle 2016).

In allen vier Perspektiven öffnen sich für die wissenschaftliche Weiterbildung weite zeitbezogene Forschungsfelder, die es in den nächsten Jahren theoretisch, empirisch und konzeptionell weiter auszuarbeiten gilt.

Literatur

Dinkelaker, Jörg (2013): Einbindung Abwesender. Ordnungen territorial entgrenzter Teilnahme am Lebenslangen Lernen. In: Zeitschrift für Erziehungswissenschaft 16, H.4, S. 713-729.

Dörpinghaus, Andreas (2003): Zu einer Didaktik der Verzögerung. In: Schlüter, Anne (Hrsg.): Aktuelles und Querliegendes zur Didaktik und Curriculumentwicklung. Festschrift für Werner Habel. Bielefeld: Janus Presse, S. 24-33.

Dörpinghaus, Andreas (2008): Schonräume der Langsamkeit: Grundzüge einer temporalphänomenologischen Erwachsenenpädagogik. In: DIE. Zeitschrift für Erwachsenenbildung 15, H.1, S. 42-45.

Faulstich, Peter (2001): Zeitstrukturen und Weiterbildungsprobleme. In: Dobischat, Rolf/Seifert, Helmut (Hrsg.): Lernzeiten neu organisieren. Lebenslanges Lernen durch Integration von Bildung und Arbeit. Berlin: edition sigma, S. 33-59.

Faulstich, Peter (2003): Zeitpolitik und Lernchancen. In: Grundlagen der Weiterbildung. Zeitschrift H.6, S. 259-263.

Hanak, Helmar/Sturm, Nico (2015): Anerkennung und Anrechnung außerhochschulisch erworbener Kompetenzen. Eine Handreichung für die wissenschaftliche Weiterbildung. Wiesbaden: Springer VS.

Imhof, Arthur E. (1988): Von der unsicheren zur sicheren Lebenszeit. Fünf historisch-demographische Studien. Darmstadt: Wissenschaftliche Buchgesellschaft.

Kade, Jochen/Seitter Wolfgang (1996): Lebenslanges Lernen – Mögliche Bildungswelten. Erwachsenenbildung, Biographie, Alltag. Opladen: Leske + Budrich.

Lauber-Pohle, Sabine (2016): Soziale Netzwerkbildung und Online-Lernen. Marburg. Veröffentlicht unter: http://dx.doi.org/10.17192/z2016.0094.

Rüegg, Susanne (2010): Flanieren und Weiterbilden. Zeitpolitik ist Weiterbildungspolitik. In: Schönbächler, Marie-Theres/Becker, Rolf/Hollenstein, Armin/Osterwalder, Fritz (Hrsg.): Die Zeit der Pädagogik. Zeitperspektiven im erziehungswissenschaftlichen Diskurs. Festschrift für Walter Herzog. Bern u.a.: Haupt Verlag, S. 119-127.

Schäffter, Ortfried (1993): Die Temporalität von Erwachsenenbildung. Überlegungen zu einer zeittheoretischen Rekonstruktion des Weiterbildungssystems. In: Zeitschrift für Pädagogik 39, H.3, S. 443-462.

Schemmann, Michael/Seitter, Wolfgang (2014): Angebotsentwicklung in der wissenschaftlichen Weiterbildung als Resultante eines vierfachen Zielgruppenbezugs. In: Pätzold, Henning/ Felden, Heide von/Schmidt-Lauff, Sabine (Hrsg.): Programme, Themen und Inhalte der Erwachsenenbildung. Hohengehren: Schneider, S. 154-169.

Schmidt-Lauff, Sabine (2005): Chancen für individuelle Lernzeiten: Bildungsurlaubs- und Freistellungsgesetze. In: Recht der Jugend und des Bildungswesens 53, H.2, S. 221-235.

Schmidt-Lauff, Sabine (2008): Zeit für Bildung im Erwachsenenalter. Interdisziplinäre und empirische Zugänge. Münster u.a.: Waxmann.

Seitter, Wolfgang (2001:Von der Volksbildung zum lebenslangen Lernen. Erwachsenenbildung als Medium zur Temporalisierung des Lebenslaufs. In: Friedenthal-Haase, Martha (Hrsg.): Erwachsenenbildung im 20. Jahrhundert – Was war wesentlich? München/Mering: Hampp, S. 83-96.

Seitter, Wolfgang (2010): Zeitformen (in) der Erwachsenenbildung. Eine historische Skizze. In: Zeitschrift für Pädagogik 56, H.3, S. 305-316.

Seitter, Wolfgang /Schemmann, Michael/Vossebein, Ulrich (2015a) (Hrsg.): Zielgruppen in der wissenschaftlichen Weiterbildung. Empirische Studien zu Bedarf, Potential und Akzeptanz. Wiesbaden: Springer VS.

Seitter, Wolfgang /Schemmann, Michael/Vossebein, Ulrich (2015b): Bedarf – Potential – Akzeptanz. Integrierende Zusammenschau. In: Dies. 2015a, S. 23-59.

Spexard, Anna (2016): Flexibilisierung des Studiums im Spannungsfeld zwischen institutioneller Persistenz und Öffnungsbedarfen. In: Wolter, Andrä/Banscherus, Ulf/Kamm, Caroline (Hrsg.): Zielgruppen Lebenslangen Lernens an Hochschulen. Münster: Waxmann, S. 269-293.

Weber, Karl (2010): Aushandlung von Zeitregimes in der Weiterbildung. In: Schönbächler, Marie-Theres/Becker, Rolf/Hollenstein, Armin/Osterwalder, Fritz (Hrsg.): Die Zeit der Pädagogik. Zeitperspektiven im erziehungswissenschaftlichen Diskurs. Festschrift für Walter Herzog. Bern u.a.: Haupt Verlag, S. 103-117.

Nachfrage

Work-Learn-Life-Balance. Temporale Vereinbarkeitsstrategien von berufsbegleitenden Studierenden in der wissenschaftlichen Weiterbildung

Kerstin Schirmer[1]

Zusammenfassung

Im folgenden Artikel wird der Frage nachgegangen, welche Strategien berufsbegleitende Studierende anwenden, um die Bereiche Erwerbsarbeit, Lernen und Leben auf der temporalen Ebene zu vereinbaren. Dabei konnten aus dem Datenmaterial einerseits Strategien auf der individuellen Ebene als auch im Kontakt mit anderen Personen herausgearbeitet werden.

Schlagwörter

Temporale Vereinbarkeitsstrategien, Zeitgestaltung von berufsbegleitenden Studierenden, Unterstützungssystem

Inhalt

---

1 *Kerstin Schirmer*, M.A. | Hochschulmanagerin an der Internationalen Hochschule Liebenzell |
kerstin.schirmer@ihl.eu.

1   Einleitung

Das Thema Work-Life-Balance hat in den letzten Jahrzehnten vor dem Hintergrund „von weit reichenden Veränderungen in der Arbeitswelt sowie gewandelten Lebensentwürfen und Rollenmodellen" (Josten 2014, S. 11) zunehmend an Bedeutung gewonnen. Heute erfreut sich das Thema einer großen medialen Beliebtheit und die dazu erbrachten Beiträge reichen von fundiert wissenschaftlich ausgearbeiteten Untersuchungen bis hin zu Artikeln in Lifestyle-Magazinen.

Ein Aspekt, der in den bisherigen Debatten kaum behandelt wird, ist der Bereich des Lernens. Seit den 1960er Jahren wird in Deutschland über das Konzept des „lebenslangen Lernens" diskutiert (vgl. Faulstich 2008a, S. 7; Holzer 2004, S. 88), jedoch mangelt es bisher an einer elaborierten Zusammenführung beider Diskurse. Dabei erscheint der Zusammenhang trivial: „Lernen braucht Zeit und der hierfür zu investierende Zeitaufwand muss alternativen zeitlichen Verwendungsmöglichkeiten entzogen werden." (Dobischat/Seifert 2003, S. 7) Die vorliegende Forschungsarbeit möchte sich daher dem Thema Work-LEARN-Life-Balance zuwenden und damit einen Beitrag zur Verbindung beider Diskurse leisten.

Die Notwendigkeit, die Bereiche Erwerbsarbeit, Lernen und Leben zu vereinbaren, ergibt sich in verschiedenen Lebensphasen und -zeitpunkten. So stellt sich zum Beispiel auch für Studierende, die neben ihrem Studium einem Nebenjob nachgehen, die Frage nach der Work-Learn-Life-Balance. Die wissenschaftliche Weiterbildung – und dabei explizit das Angebotsformat der weiterbildenden Studiengänge – eignet sich jedoch in besonderer Weise für eine Untersuchung zum Thema Work-Learn-Life-Balance, da hier in herausgehobener Form die Notwendigkeit besteht, mehrere Lebensbereiche zu vereinbaren.

„Man kann definieren, dass es bei w.WB [wissenschaftlicher Weiterbildung, K.S.] um organisierte Lernprozesse für Personen geht, die in der Regel ein Hochschulstudium abgeschlossen oder sich beruflich für die Teilnahme qualifiziert haben und in das Berufsleben eingetreten sind." (Vogt 2010, S. 315) Durch den Eintritt in das Berufsleben finden weiterbildende Studiengänge zumeist berufsbegleitend statt. Faulstich u.a. (2007, S. 132) kommen in einer Studie zur wissenschaftlichen Weiterbildung in Deutschland zu folgender Feststellung: „Mehr als neun von zehn Angeboten (90,74%, von N=6.535) finden in Teilzeitform statt und ermöglichen somit ein Studium neben dem Beruf. Ausschließlich in Vollzeit werden lediglich 7,68% der Angebote offeriert, eine Vollzeit-Teilzeit-Kombination findet sich 1,58% der Angebote."

Neben der Tatsache, dass weiterbildende Studiengänge zumeist berufsbegleitend angeboten werden, zeichnen sie sich zudem dadurch aus, dass sie sich über einen langen Zeitraum erstrecken. Sie sind somit das zeitintensivste Angebotsformat der wissenschaftlichen Weiterbildung, da sie „mindestens über ein Jahr, meist über zwei Jahre, bei Teilzeitstudium auch noch länger gehen" (Wolter 2011, S. 11). Dies impliziert die Notwendigkeit, über einen langen Zeitraum die Bereiche Erwerbsarbeit, Studium und Leben zu vereinbaren und bringt die Erfordernis mit sich, temporale Vereinbarkeitsstrategien auszubilden.

Ein dritter Aspekt bezieht sich auf die lebensphasenspezifischen Anforderungen der Zielgruppe weiterbildender Studiengänge. Wie bereits oben erwähnt, handelt es sich um Personen mit einem ersten berufsqualifizierenden Abschluss, die zumeist in das Berufsleben eingestiegen sind. Der Beginn des weiterbildenden Studienganges überschneidet sich jedoch oft mit der Verwirklichung anderer Lebensziele – wie zum Beispiel der Entwicklung der „beruflichen Laufbahn, der Aufbau einer engen Partnerschaft sowie Heirat, Kinder oder die Verwirklichung eines alternativen Lebensstils" (Berk 2011, S. 8). Durch ein weiterbildendes Studium neben dem Beruf „gewinnt die Herausforderung an Bedeutung, Arbeiten und Lernen auch mit der jeweiligen Lebenssituation und -phase zu harmonisieren und die Trias von Arbeiten, Lernen und Leben – die Work-Learn-Life-Balance (WLLB) – im Gleichgewicht zu halten." (Müller/Meyer 2014 S. 85)

Die von den Studierenden angestrebte „Passung zwischen den Bereichen Arbeit, Lernen und Privatleben" (Antoni/Apostel/Syrek 2014, S. 104) bezieht sich sowohl auf die Ziel- und Rollenvorstellungen in diesen Bereichen als auch auf die zur Verfügung stehende Zeit. Da der temporale Aspekt der Vereinbarkeit in die bisherige Forschung noch nicht mit einbezogen wurde, möchte die vorliegende Forschungsarbeit einen Beitrag zu der Frage leisten, wie eine zeitliche Passung zwischen den Bereichen hergestellt wird. Der Analyseschwerpunkt liegt dabei jedoch nicht auf der Makroebene im Sinne der gesellschaftlichen Organisation von Lern- und Arbeitszeiten im Rahmen des Bildungs- und Beschäftigungssystems[2], sondern auf der Mikroebene im Sinne des individuellen Erlebens. Aus diesem Grund lautet die Fragestellung der vorliegenden Untersuchung:

> Welche Strategien wenden berufsbegleitende Studierende in der wissenschaftlichen Weiterbildung an, um die Bereiche Erwerbsarbeit, Lernen und Leben auf der temporalen Ebene zu vereinbaren?

---

2   Mit diesen Ebenen haben sich unter anderem Dobischat/Seifert/Ahlene 2003 näher beschäftigt.

Zur Beantwortung der Fragestellung wurde ein explorativ-qualitatives Forschungsdesign gewählt und leitfadengestützte Interviews mit berufsbegleitenden Studierenden in der wissenschaftlichen Weiterbildung geführt. Die daraus gewonnenen Ergebnisse werden im vorliegenden Forschungsbericht dargestellt. Um dem Leser jedoch zunächst einen vertieften Einblick in das Thema Work-Learn-Life-Balance zu geben, werden im zweiten Teil der Arbeit theoretische Überlegungen erläutert. Anschließend wird das methodische Vorgehen zur Beantwortung der Forschungsfrage ausführlich erläutert und begründet. Die Zusammenstellung der aus der Erhebung gewonnenen Ergebnisse erfolgt im vierten Teil der Arbeit. Aus dem vorliegenden Datenmaterial konnten insgesamt acht temporale Vereinbarkeitsstrategien bei Teilnehmenden in der wissenschaftlichen Weiterbildung herausgearbeitet werden, die jeweils näher beschrieben werden. Abschließend werden in einem Fazit alle relevanten Aspekte der vorliegenden Forschungsarbeit zusammengefasst.

2 Work- Learn-Life-Balance: theoretische Vorüberlegungen

Die breit geführt Debatte um das lebenslange Lernen hat im pädagogischen Fachdiskurs dafür gesorgt, dass auch der Kategorie Zeit mehr Beachtung zugekommen ist. Der Begriff „lebenslanges Lernen" beinhaltet bereits einen temporalen Bezug und „verweist mehr als seine Alternativen auf die Zeitstruktur von Lernen und Bildung" (Faulstich 2008b, S. 32). Trotz dieser vermehrten Betrachtung der Kategorie Zeit im Lern- und Bildungsprozess, die vor allem von Schmidt-Lauff (2008b, 2012) voran getrieben wurde, lässt sich für den erwachsenenpädagogischen Diskurs festhalten, dass sich die Diskussion hier vermehrt auf die „Ausweitung und Neuverteilung von Lernzeiten" (Dobischat/Seifert 2003, S. 9) zum Beispiel durch die Integration von Lern- und Arbeitszeiten oder E-Learning konzentrierte. Die Betrachtung der Auswirkungen dieser Ausdehnung der Lernzeiten auf andere Lebensbereiche und damit auch der Zusammenhang zwischen Lernzeit, Lebenszeit und Arbeitszeit wurden bisher im Diskurs jedoch vernachlässigt. So diagnostizieren Brödel und Yendell (2008, S. 82): „Die Untersuchungsgegenstände Familie und Familienbildung sowie das Verhältnis von Familie, Erwerbsarbeit, Weiterbildung und lebenslangem Lernen kommen im heutigen Forschungsdiskurs der Erwachsenenpädagogik erheblich zu kurz." Brödel und Yendel ihrerseits definieren den Bereich „Familie" jedoch überwiegend als „Elternpflichten" (ebd.) und vernachlässigen damit wesentliche andere Lebensaspekte, wie zum Beispiel die Pflege von Angehörigen oder das Ausüben von Freizeitaktivitäten. Somit kann festgehalten werden, dass eine umfassende Betrachtung des Themas der Vereinbarkeit von Erwerbsarbeit, Lernen und Leben aus erwachsenenpädagogischer Sicht bislang ausgeblieben ist.

Erste Ansätze zu einer Forschung im Bereich der Vereinbarkeit von Erwerbsarbeit, Lernen und Leben sind im Rahmen des Projektes „Allwiss – Arbeiten – Lernen – Leben in der Wissensarbeit" entstanden. Das Projekt, welches im Zeitraum von August 2009 bis April 2013 bearbeitet wurde, ist vor allem durch seine interdisziplinäre Herangehensweise an das Thema gekennzeichnet. Gemeinsam wurde das Forschungsvorhaben von Wissenschaftlerinnen und Wissenschaftlern aus der Betriebswirtschaftslehre, der Psychologie und der Pädagogik bearbeitet. Im Rahmen des Allwiss-Projektes kam der Begriff „Work-Learn-Life-Balance" erstmalig auf, da im Rahmen der Forschung das Konstrukt der Work-Life-Balance „um das Element des lebenslangen und selbst organisierten Lernens zur Work-*Learn*-Life-Balance (WLLB) erweitert [Hervorhebung im Original, K.S.]" (Josten 2014, S. 12) wurde. Das Ziel des Projektes bestand darin, „die spezifischen Belastungsfaktoren und Ressourcen im Bereich der Wissensarbeit sowie deren Wechselwirkungen in drei Dimensionen Arbeiten, Lernen und Leben zu untersuchen und einen kmU-geeigneten Instrumenten-Mix zur Verbesserung der Work-Learn-Life-Balance zum Nutzen der Unternehmen und deren Mitarbeiterinnen und Mitarbeiter zu entwickeln und betrieblich zu erproben." (Allwiss 2013) Das Konzept der Work-Learn-Life-Balance und die dazu entwickelten Instrumente für Unternehmen wurden im Kontext von IT-Beschäftigten untersucht und evaluiert.

Für die vorliegende Forschungsarbeit bedeutsam sind insbesondere die theoretischen Setzungen des Allwiss-Projektes. Work-Learn-Life-Balance wird beschrieben als eine Passung der „angestrebten Balancevorstellungen der Bereiche Arbeit, Lernen und Privatleben" (Antoni/Apostel/Syrek 2014, S. 103) und der tatsächlich realisierten Ausgestaltung. Aufbauend auf dem aus der Arbeitspsychologie stammenden Job-Demands-Resources Modell (vgl. Baker/Demerouti 2007) wurde unter Einbezug der eigenen empirischen Ergebnisse ein Work-Learn-Life-Balance-Rahmenmodell entworfen, welches in der folgenden Abbildung dargestellt wird.

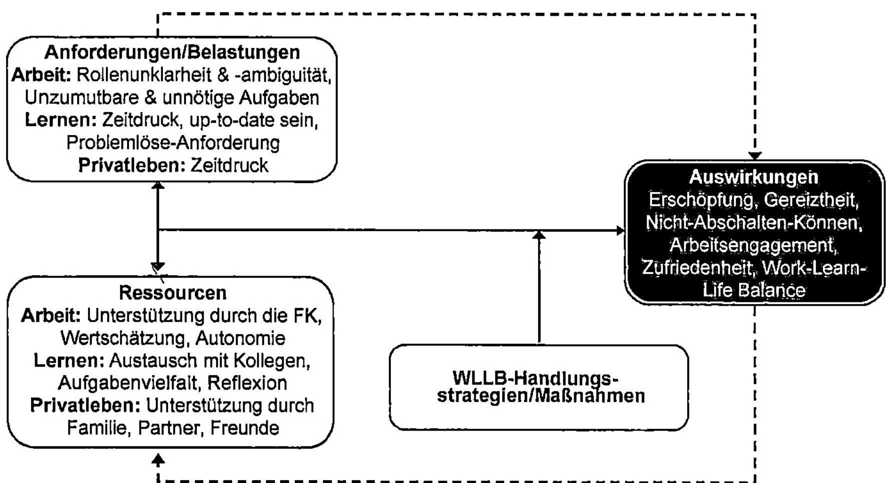

Abbildung 1:   WLLB-Rahmenmodell von Antoni/Apostel/Syrek 2014, S. 119

Das Modell postuliert einen Zusammenhang zwischen den Anforderungen der Bereiche auf der einen Seite und den Ressourcen der Bereiche auf der anderen Seite. Die zentrale Annahme besteht darin, dass Ressourcen die negativen Auswirkungen der Belastungen mildern können (vgl. Antoni/Apostel/Syrek 2014, S. 106). Das Job-Demands-Resources Modell wurde im Rahmen des Allwiss-Projektes durch WLLB-Handlungsstrategien ergänzt, „mit denen Beschäftigte, Arbeitsgruppen und Organisationen versuchen, eine bessere Vereinbarkeit der drei Bereiche Arbeit, Lernen und Privatleben zu erreichen. WLLB-Handlungsstrategien und -maßnahmen beeinflussen, wie sich Anforderungen und Ressourcen auf die einzelnen Beschäftigten, die Arbeitsgruppen und letztlich auf das Unternehmen als Ganzes auswirken." (Antoni/Apostel/Syrek 2014, S. 107) In den Kontext der weiteren Forschung zu WLLB-Handlungsstrategien ordnet sich auch die Fragestellung der vorliegenden Forschungsarbeit ein.

Das Allwiss-Projekt beschäftigte sich mit Beschäftigten in der Wissensarbeit[3], die „einem permanenten Lern- und Weiterbildungs*druck* [Hervorhebung im Original, K.S.]" (Hiestand/Haunschild 2014, S. 41) ausgesetzt sind. „Dem geschilderten Lern- und Weiterbildungsdruck begegnen Wissensarbeiter in der

---

3   „Wissensarbeit zeichnet sich durch stark variierende Ausführungsbedingungen, kaum standardisierbare Arbeitsprozesse und immaterielle Arbeitsergebnisse aus. Diejenigen Arbeitskräfte, die vorwiegend Wissensarbeit leisten, arbeiten in der Regel selbstorganisiert und sind aufgrund von Veränderungen der Arbeitsinhalte und -anforderungen sowie aufgrund wechselnder Projekt- bzw. Teamkonstellationen einem ständigen Lerndruck ausgesetzt. Lernen, so zeigen bisherige Studien, findet bei Wissensarbeitern in einem großen Umfang informell und im Prozess der Arbeit statt." (Antoni u.a. 2014a, S. 17)

Regel selbstorganisiert mit informellen Lernstrategien und Erfahrungslernen während der Aufgabenausführung." (Hiestand/Haunschild 2014, S. 42). Die vorliegende Untersuchung verortet sich im Kontext der wissenschaftlichen Weiterbildung, bei der es sich um „organisierte Lernprozesse" (Vogt 2010, S. 314) handelt. Somit unterscheiden sich die Kontexte der Forschungsvorhaben in Bezug auf das Lernarrangement. Trotzdem knüpft das vorliegende Forschungsvorhaben an die Allwiss-Forschung an, da auch Teilnehmende in der wissenschaftlichen Weiterbildung Teile ihres Lernprozesses selbstorganisiert steuern und dafür Zeit bereit stellen müssen. Temporale Vereinbarkeitsstrategien sind WLLB-Handlungsstrategien, die es Personen ermöglichen, eine bessere Vereinbarkeit der Bereiche Erwerbsarbeit, Lernen und Leben zu realisieren.

3 Zeitvereinbarkeit in der wissenschaftlichen Weiterbildung: zum Forschungs- und Methodendesign

3.1 Auswahl des Forschungsdesigns

Zur Beantwortung der Fragestellung wurde ein qualitatives Forschungsdesign gewählt, da das Thema Work-Learn-Life-Balance ein noch ein relativ wenig bearbeitetes Forschungsfeld darstellt. Durch seine offene Herangehensweise bietet ein qualitatives Forschungsdesign zudem die Möglichkeit, sich dem Feld explorativ zu nähern.

Zum anderen eignet sich das qualitative Forschungsparadigma besonders gut, um „den *subjektiv gemeinten Sinn* des untersuchten Gegenstandes aus der Perspektive der Beteiligten zu erfassen [Hervorhebung im Original, K.S.]" (Flick 2009, S. 25). Auch in der vorliegenden Forschung soll die Komplexität der temporalen Vereinbarkeitsstrategien aus der Sichtweise der handelnden Personen – der Studienteilnehmenden – beschrieben und rekonstruiert werden.

3.2 Das empirische Feld: berufsbegleitende Masterstudierende

Die Auswahl der Studienteilnehmenden erfolgte gezielt nach inhaltlichen Kriterien und der Relevanz der Fälle für die Beantwortung der Forschungsfrage. Aus unterschiedlichen Gründen wurden für die vorliegende Studie drei Masterstudierende der Evangelischen Theologie ausgewählt. Allen Studierenden ist gemeinsam, dass sie das Masterstudium berufsbegleitend absolvieren. Das Studium zeichnet sich durch einen hohen Anteil an Selbststudium aus. Nur ein Viertel der Studienzeit findet in organisierten Lernprozessen und drei Viertel der Studienzeit in selbstorganisierter Form statt. Das zeitliche Einplanen der Präsenzphasen als auch der hohe Anteil selbstorganisierter Lernprozesse bedeuten für die Teilnehmenden eine Integration des Bereiches Lernen in das bereits bestehende Zusammenspiel der Bereiche Leben und Erwerbsarbeit. Es kann davon ausgegangen werden, dass alle Studienteilnehmenden mit der Vereinbarkeit der Bereiche Erwerbsarbeit, Lernen und Leben konfrontiert sind.

Ein weiteres Kriterium für die Auswahl der Studienteilnehmenden war der momentane Standpunkt im Studienverlauf. Es wurden gezielt Studierende ausgewählt, die am Ende ihres Studiums stehen, um zu garantieren, dass sie bereits über einen längeren Zeitpunkt temporale Vereinbarkeitsstrategien entwickeln und anwenden mussten.

Des Weiteren spielte der berufliche Kontext der Studienteilnehmenden eine entscheidende Rolle im Sampling. Die Studierenden sind hauptamtlich im pastoralen Dienst tätig. Das pastorale Berufsfeld wurde dabei bewusst für die Beantwortung der Forschungsfrage ausgewählt, da dieses bereits durch zeitliche Entgrenzungstendenzen gekennzeichnet ist. Durch viele „disponible Zeitanteile, über deren Verwendung und Nutzung das Individuum selbst entscheiden kann", (Brödel/Yendell 2008, S. 74) verwischen die Grenzen zwischen Arbeit und Leben. Wenn dann noch der Bereich des Lernens hinzu kommt, ist hier vor allem die Notwendigkeit der Ausbildung temporaler Vereinbarkeitsstrategien gegeben.

Das Sample setzt sich aus zwei männlichen Studienteilnehmern (B1 und B3) und einer weiblichen Studienteilnehmerin (B2) zusammen. Die männlichen Studienteilnehmer stehen beide in einer Vollzeitanstellung als Pastoren, sind verheiratet und haben Kinder. Die Studienteilnehmerin arbeitet in einer Non-Profit-Organisation, ist verheiratet und hat keine Kinder.

3.3   Datenerhebung

Für die Datenerhebung wurde die Methode des leitfadengestützten Interviews ausgewählt. Dabei werden für die Beantwortung der Forschungsfrage relevante Fragen in einem Leitfaden festgehalten. „Ziel ist es, die individuelle Sicht des Interviewpartners auf das Thema zu erhalten, wozu ein Dialog zwischen Interviewer und Interviewten mit den Fragen initiiert werden soll." (Flick 2009, S. 114) Die Fragen sind zu diesem Zweck offen bzw. halboffen formuliert. Die Methode wurde ausgewählt, da sie den Studienteilnehmenden einerseits viel Spielraum für die Darstellung des eigenen Erlebens lässt und andererseits durch die Orientierung an einem Leitfaden einen klaren thematischen Bezug aufweist.

Der Interviewleitfaden gliederte sich in sechs thematische Blöcke. Zunächst wurden eingangs wichtige Vorbemerkungen bezüglich des Datenschutzes und des Forschungsthemas erläutert. Im zweiten thematischen Block des Leitfadens wurden die Teilenehmenden zunächst gebeten, ihre persönliche Situation in Bezug auf die drei Bereiche Erwerbsarbeit, Lernen und Leben zu beschreiben, um einen besseren Einblick in die individuelle Situation zu erhalten und nachfolgende Informationen besser einordnen zu können. Im anschließenden dritten Teil wurde gefragt, wie die vorher beschriebenen Bereiche und ihre jeweiligen zeitlichen Anforderungen organisiert bzw. vereinbart werden. Der vierte Block des Leitfadens beschäftigte sich dann thematisch mit zeitlichen Vereinbarkeitskonflikten. Hier wurden die Teilnehmenden gebeten, Situationen zu schildern, in welchen eine zeitliche Passung der drei Bereiche nur schwer herzustellen war. Im darauffolgenden thematischen Block wurde nach Bewältigungsstrategien für die zeitlichen Vereinbarkeitskonflikten gefragt. Abschließend konnten die Teilnehmenden Anmerkungen bzw. Ergänzungen zum Thema machen und das Interview wurde beendet. Die durchschnittliche Interviewdauer betrug dabei ca. 30 Minuten.

3.4 Auswertung der Interviews

Die Transkripte der Interviews wurden im weiteren Verlauf mit dem Verfahren der inhaltlich strukturierenden Inhaltsanalyse, wie sie von Kuckartz (2012, S. 77 ff.) beschrieben wird, ausgewertet. Die Auswertung erfolgte computergestützt durch die Software MAXQDA. Im Folgenden sollen die durchgeführten Auswertungsschritte kurz erläutert werden.

Nach Abschluss der Transkription wurde die Auswertung der Interviews mit „initiierender Textarbeit" (Kuckartz 2012, S. 79) begonnen. Bereits in dieser Phase zeigte sich, dass zwei thematische Hauptkategorien, die im Rahmen des Allwiss-Projektes bei der Auswertung qualitativer Daten im Hinblick auf Vereinbarkeitsstrategien gefasst wurden, sich auch als sinnvoll für das vorliegende Forschungsprojekt erweisen. Die zwei Hauptkategorien sind: „Strategien der Person selbst" und „Strategien im Kontakt mit anderen Personen" (Syrek u.a. 2014, S. 127). Somit wurden die Hauptkategorien deduktiv an das Material heran getragen. Die im Allwiss-Projekt gebildeten Subkategorien erwiesen sich jedoch als nicht passend für die in diesem Projekt erhobenen Daten, sodass die Subkategorien mit einer induktiven Vorgehensweise herausgearbeitet wurden. Das ausdifferenzierte Kategoriensystem wird in der folgenden Abbildung darstellt.

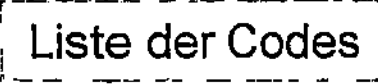

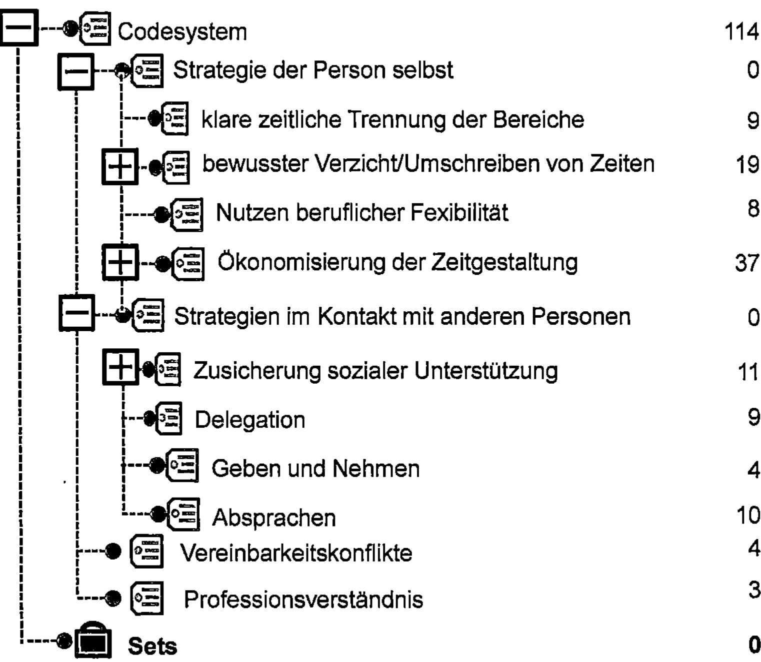

Abbildung 2:   Kategoriensystem

Abschließend wurden die Ergebnisse kategorienbasiert ausgewertet, indem die Kategorien zunächst einzeln betrachtet wurden. In einem zweiten Schritt wurde das Datenmaterial gezielt nach Zusammenhängen zwischen den Kategorien untersucht. Die dabei gewonnenen Ergebnisse werden im nächsten Teil der vorliegenden Arbeit näher erläutert.

4   Temporale Vereinbarkeitsstrategien von Beruf, Lernen und Leben

4.1   Strategien der Person selbst

Die erste Hauptkategorie „umfasst Strategien, die von der Person selbst angewendet werden" (Syrek u.a. 2014, S. 127) und somit keine anderen Personen oder Unterstützungssysteme einbinden. Die Bedeutung der individuellen temporalen Vereinbarkeitsstrategien zeigt sich bereits in der quantitativen Verteilung der Codierungen. Von 108 Codierungen, die insgesamt am Material gemacht wurden, verteilen sich bereits 73 auf die Hauptkategorie „Strategien der Person selbst". Somit liegt die Vermutung nahe, dass temporale Vereinbarkeitsstrategien zunächst auf der Ebene der handelnden Akteure selbst – im vorliegenden Fall der berufsbegleitenden Studierenden – ansetzen. In der folgenden Übersicht werden die gebildeten Subkategorien und die jeweiligen Anzahl der gefundenen Codierungen dargestellt.

Strategien der Person selbst	Anzahl der Codierungen
Ökonomisierung der eigenen Zeitgestaltung	37
Bewusster Verzicht zur Freisetzung von Zeit für das Studium	19
Klare zeitliche Trennung der Bereiche	9
Positives Nutzen der beruflichen Flexibilität	8

Abbildung 3:   Übersicht zu den Strategien der Person selbst

Aus der Tabelle wird bereits ersichtlich, dass die am häufigsten angewendete Strategie die Ökonomisierung der eigenen Zeitgestaltung ist. Im nächsten Abschnitt soll diese daher als erste der Strategien näher erläutert werden.

4.1.1   Ökonomisierung der eigenen Zeitgestaltung

Um zeitliche Vereinbarkeitskonflikte zu vermeiden, nutzen Teilnehmende in der wissenschaftlichen Weiterbildung gezielt die Strategie der Ökonomisierung der eigenen Zeitgestaltung. Dies bedeutet, dass Zeit als eine knappe Ressource begriffen wird, über deren Verwendung rational entschieden werden muss. Die folgenden zwei Sätze verdeutlichen, wie Zeit zu einem Gegenstand rationaler Verteilung wird: *„Und dann muss man sich mit Einberechnen, wie viel will ich studieren, das heißt wie viel Fächer auf einmal, wie viel usw. Davon hängt es natürlich mit ab. Also wie da das Verhältnis ist und wie viel noch übrig ist."* (B2, 31) Zeit wird berechnet, bewusst verteilt und das Verhältnisse der Zeitverteilung beurteilt.

Die Strategie der Ökonomisierung der eigenen Zeitgestaltung ist nicht nur die am häufigsten genannte Strategie, sondern sie lässt sich zudem bei allen Interviewten finden. In der Wortwahl der Befragten wird die Strategie benannt mit den Schlagwörtern: *„Selbstorganisation"* (B1, 35), *„das mit dem Planen"* (B2, 41) und *„Zeitplanung organisieren"* (B3, 49). In dem folgenden Auszug aus

dem Interview mit B3 wird deutlich, inwieweit die Aufnahme des berufsbegleitenden Studiums die eigene Zeitgestaltung in Richtung des bewussten Rationali-
sierens von Zeit verändert hat.

> „I: Also Planung ist sehr wichtig?
> B3: Ja, also das ist – ich merke, dass ich in der Zeit, wo ich die Weiterbildung gemacht habe,
> viel intensiver auch meine Zeitplanung organisiere – auch meine Freizeit. Früher war es so, da
> hab ich halt meine Arbeitszeiten aufgeschrieben und die Freizeiten irgendwo reingelegt. Die
> sind jetzt auch terminiert. Das ist natürlich zwanghaft einerseits, andererseits hätte es nicht
> geklappt ohne das. Wenn wir das nicht eingeplant hätten." (B3, 49-50)

Die Ökonomisierung der eigenen Zeitgestaltung wird durch zwei Unterstrate-
gien umgesetzt. Die erste Unterstrategie ist die *Antizipation der temporalen Arbeitsbelastung*, d.h. dass die Arbeitsbelastung im Beruf als auch im Studium
vorausschauend eingeschätzt wird. B3 beschreibt diesen Prozess wie folgt: *„Also bisher hat es so geklappt, dass ich ein bisschen voraussehen konnte, wie wird
– wie sieht dieses neue Semester aus."* (B3, 14) Je nach Beurteilung wird dann
entsprechend mit der Verringerung der Arbeitsbelastung durch das berufsbegleitende Studium reagiert. Die Form des berufsbegleitenden Studiums bietet die
Möglichkeit, *„selber die Anzahl der Module pro Jahr fest[zu]legen und damit
auch [zu] reagieren auf das persönliche Umfeld"* (B1, 3).

Aufgrund der Einschätzung werden den verschiedenen Lebensbereichen
dann Zeiten in Form von Zeitplänen z.B. einem *„ Wochenplan"* (B2, 7) oder
einer *„Jahresplanung"* (B3, 16) zugeteilt. Die *Zuteilung von Zeiten* kann auch
wie im Fall von B1 in Form eines Tagesplanes geschehen: *„[...] dass ich meinen beruflichen Alltag so plane, dass ich vormittags wirklich drei Stunden pro
Tag mir da rausschneide und dann von nachmittags bis spät abends dann beruflich unterwegs bin."* (B1, 9) Diese strategische Einteilung der eigenen Zeit wird
auch in folgendem Interviewauszug verdeutlicht:

> „Also ein Tipp ist dann halt, dass man sich wirklich bewusst macht, wenn man ein Modul
> bucht, dass man sich die Zeiten genau anguckt und schon auch Zeiten plant, in denen man
> dann auch die Arbeiten schreibt danach und so weiter." (B3, 52)

Interessant ist, dass der Umgang mit dem eigenen Zeitplan in der Realität relativ
flexibel gehandhabt wird. B1 merkt an, dass sich der Tagesplan *„nicht immer so
durchziehen lassen"* (B1, 9) wird. B2 berichtet, dass der *„ Wochenplan nochmal
geändert"* (B2, 7) und an die Rahmenbedingungen angepasst wurde, als sich
entscheidende Variablen veränderten. Auch B3 beschreibt, dass die in Form des
Zeitplanes zugeteilte Zeit schlussendlich flexibel gehandhabt wird: *„Letztendlich läuft es dann auch drauf hinaus, dass ich doch was anderes mache, aber
wenn ich nicht die Zeit terminiert habe, dann ist sie nicht frei. "* (B3, 50) Hier

fungieren die Zeitpläne mehr als rationale Strukturierung der eigenen Zeit, die bei Bedarf den Gegebenheiten und Handlungen angepasst wird.

Die Ökonomisierung der eigenen Zeitgestaltung – das Managen der knappen Ressource Zeit – wird jedoch nicht nur auf den Bereich des Lernens und des Arbeitens angewandt, sondern auch auf den Bereich des Lebens. So wird deutlich, dass bewusst Regenerationszeiten in den Plan eingearbeitet werden, wenn B2 schildert, dass der Sonntag als *„ einfach mal einen Tag, wo gar nichts ist"* (B2, 7), eingeplant wird und B3 die eigene Freizeit *„ terminiert"* (B3, 50).

4.1.2   Bewusster Verzicht zur Freisetzung von Zeit für das Studium

Das bewusste Verzichten im Sinne eines absichtlichen Unterlassens von Handlungen ist eine weitere Strategie, um die Bereiche Erwerbsarbeit, Lernen und Leben zu vereinbaren. Durch das bewusste Verzichten werden Zeitressourcen freigesetzt, die anderweitig investiert werden können, d.h. es passiert eine Neubesetzung der Zeit mit anderen Handlungen. Bereits Kade und Seitter (1996, S. 218) haben diesen Zusammenhang in Bezug auf die Bereitstellung von Zeit bei langjährigen Funkkollegteilnehmer herausgearbeitet:

> „Auch bei gutem Zeitmanagement ist die Funkkollegteilnahme der ständigen Konkurrenz durch andere persönliche Interessen, soziale Beanspruchungen oder institutionelle Angebote ausgesetzt. Zeit kann inhaltlich immer wieder neu definiert werden, alte Verpflichtungen können aufgelöst und durch neue ersetzt werden." (Kade/Seitter 1996, S. 218)

Die Auflösung von anderweitigen Verpflichtungen wird von den Studienteilnehmenden als bewusster Verzicht umschrieben: *„Ein bewusstes Nein auch zu vielen Dingen – also auch bewusstes Verzichten. Da muss man schon bereit dafür sein – privat wie auch für ein Hobby und allem her. "* (B1, 35) Die Strategie des bewussten Verzichtens konnte bei allen Studienteilnehmenden gefunden werden. In Bezug jedoch auf die Frage, auf was verzichtet wird, zeigt sich ein differenzierteres Bild. Alle Interviewten verzichten bewusst auf bestimmte Freizeitaktivitäten, z.B. Joggen (B1, 27), der Besuch von Veranstaltungen (B2, 9) oder mit Freunden ins Kino gehen (B3, 8). Interessant ist der Zusammenhang des bewussten Verzichtens von Freizeitaktivitäten mit der Frage der Prioritäten. In Aussagen wie: *„Aber das ist wirklich sowas, was dann auch als erstes gestrichen wird. "* (B1, 27) lässt sich erkennen, dass die Dinge, auf die bewusst verzichtet werden, für die Person meist keine hohe Priorität haben. B1 formuliert diesen Zusammenhang in Bezug auf das Hobby, was er zurzeit nur noch sehr selten ausübt, wie folgt: *„Aber jetzt ist das einfach für meine Gesamtlebensprioritäten der niedrigste Punkt [...]"* (B1, 27).

Weiterhin wurde auch *„an freien Tagen, an Urlaubstagen, so mal zwischendurch nachmittags"* (B1, 9) Zeit für das Studium bereit gestellt. Dies bedeutet jedoch, dass bewusst auf Regenerationszeiten verzichtet wird. Das bewusste Verzichten auf Regenerationszeiten war jedoch nur bei B1 und B3, die beide eine 100%-Anstellung haben, zu finden. Bei B2 zeigt sich ein anderes Bild, da hier eine Aufteilung der verfügbaren Zeit in 50% Erwerbsarbeit und 50% Studium gegeben ist. Das bewusste Verzichten auf Regenerationszeiten einerseits steht in einem paradoxen Verhältnis zum Einplanen von Regenerationszeiten andererseits, welches im vorherigen Abschnitt erläutert wurde. An dieser Stelle scheint es ein Spannungsverhältnis zu geben.

Neben dem bewussten Verzichten auf Freizeitaktivitäten und Regenerationszeiten verzichtet B1 zusätzlich auf die für die Familie gesellschaftlich bereit gestellte Zeit im Rahmen der Elternzeit.

> „Ich hatte ja auch schon zweimal vier Wochen Elternzeit. Die habe ich dann dafür verwendet bzw. einmal hab ich die Elternzeit für den Urlaub genommen und dann dafür den Urlaub für das Studium. Also, das kommt auf das gleiche raus." (B1, 9)

Zusammenfassend kann festgehalten werden, dass im Rahmen der Strategie des bewussten Verzichtens Zeit neu mit dem Bereich des Lernens besetzt wird. Bewusst verzichtet haben die Studienteilnehmenden vor allem auf Freizeitaktivitäten, jedoch auch auf Regenerationszeiten und gesellschaftlich bereitgestellte Zeiten, z.B. Elternzeit.

4.1.3 Klare zeitliche Trennung der Bereiche

Die Strategie der klaren zeitlichen Trennung der Bereiche Erwerbsarbeit, Lernen und Leben konnte nur bei zwei der drei Studienteilnehmenden – B2 und B3 – identifiziert werden. Bemerkenswert ist hier, dass beide zwar die gleiche Grundstrategie anwenden, jedoch zwei unterschiedliche Ausgestaltungsmodi dafür gefunden haben. B2 hat einen Wochenplan, in welchem den einzelnen Wochentagen Bereiche zugeordnet sind. Dieser gestaltet sich wie folgt:

> „Genau und deshalb hab ich jetzt meinen Wochenplan nochmal geändert, sodass ich quasi Montag, Freitag, Samstag arbeite, Dienstag, Mittwoch studiere und Donnerstag ist mein Samstag, wo ich halt (...) ein bisschen studiere, aber halt eher Schwerpunkt auch Sachen erledigen [...]" (B2, 7)

Darüber hinaus findet auch eine strickte räumliche Trennung der Bereiche statt: *„Also ich habe mein Zuhause, ich habe die Bibliothek, ich habe meinen Arbeitsplatz. Das sind auch verschiedene Häuser. Das hilft mir enorm, das zu trennen und dann auch zu wechseln [...]"* (B2, 39). Die zeitliche und auch räumliche

Trennung der Bereiche fungieren als Modi der Umgangsweise mit verschiedenen Handlungslogiken, denn wie B2 betont „ *[...] man muss ja dann auch vom Kopf her wechseln [...]* " (B2, 39).

B3 hingegen erachtet einen anderen Ausgestaltungsmodus der klaren zeitlichen Trennung der Bereiche für subjektiv funktional. Er präferiert das Einplanen von längeren Zeiten am Stück:

> „Ich plane mir Blocks ein, wo ich mich ganz auf die Arbeiten oder auf das Lesen von Material von der Weiterbildung – die plane ich mir ein terminlich entweder als Urlaub oder bei diesen zehn Tagen, die ich geschenkt bekommen habe, Fortbildungstage. Und die plane ich mir ein als Blöcke. Meistens eine Woche, mindesten jedoch fünf Tage, wo ich dann nur das mache und zwischendrin lese ich halt Sachen, aber ich teile mir das nicht ein. Ich habe feste Zeiten für meine Familie und für meine Arbeit. Das mache ich. Die Weiterbildung, die hat mich – deswegen funktioniert das bei mir ganz blockweise. Es gibt Zeiten, wo ich mich überhaupt nicht beschäftige mit der Weiterbildung (...) ein, zwei Monate lange und dann Zeiten, wo ich mich wieder intensiver mache – intensiver dran arbeite." (B3, 10)

Beide Ausgestaltungsmodi – das Besetzen von Wochentagen mit einem bestimmten Bereich oder das Einplanen von zeitlichen Blöcken, die einen bestimmten Bereich gewidmet sind – zielen darauf ab, eine temporale Überlappung der Bereiche Erwerbsarbeit, Lernen und Leben zu verhindern. Dies passiert einerseits, um mit den verschiedenen Handlungslogiken der Bereiche umzugehen. Andererseits wäre es in Bezug auf diese Strategie interessant zu überprüfen, in welchem Maß diese strikte Grenzziehung mit rollentheoretischen Aspekten zusammenhängt. Inwieweit wird die temporale Trennung der Bereiche genutzt, um „schnell die für die Rolle wichtigen Verhaltensweisen, Werte und Ziele abrufbar" (Antoni u.a. 2014b, S. 157) zu haben?

4.1.4   Positive Nutzung beruflicher Flexibilität

Im Gegensatz zu B2 und B3, die versuchen, die Bereiche Erwerbsarbeit, Lernen und Leben in Bezug auf die Zeit möglichst klar voneinander zu trennen, ist bei B1 eine andere Strategie zu finden – das positive Nutzen der beruflichen Flexibilität. Diese bezieht sich explizit auf die freie Aufgaben- und Arbeitszeiteinteilung im pastoralen Arbeitsalltag. Die berufliche Flexibilität wird von B1 mehrfach während des Interviews im Zusammenhang mit der Beschreibung des eigenen Berufsfeldes thematisiert. Das Arbeitsfeld eines Pastors beschreibt er als ein *„Berufsfeld, wo die Arbeit eher so nach einer Aufgabe definiert ist und nicht so nach Zeit"* (B1, 35). Zudem kommt es darauf an, *„dann da zu sein, wenn es drauf ankommt und wenn dann mal nichts ist, dann, wie gesagt, dann kann man auch mal nur 6 Stunden arbeiten und dann ist auch niemand böse. "* (B1, 21) Hier wird deutlich, dass Zeit kein Gegenstand ist, der durch die Quantität der zur Verfügung gestellten Stunden bestimmt wird, sondern ein dynamisches Konstrukt, dessen Bereitstellung sich nach der Aufgabenerfüllung richtet. Gibt es in einem Bereich mehr Anforderungen, so wird entsprechend mehr Zeit zur Verfügung gestellt. Auch der folgenden Interviewauszug verdeutlich diesen Zusammenhang: *„Also es gibt Phasen, wenn das dann drauf ankommt, dann ist da einfach mehr Zeit dafür da und der Hausbesuch, den mach ich dann halt erst zwei Wochen später. "* (B1, 23)

Dieses flexible Bereitstellen von Zeit, wenn es notwendig ist, kann nur durch die optimale Nutzung der beruflichen Flexibilität passieren. Die berufliche Flexibilität bezieht sich dabei nicht nur auf die freie Zeiteinteilung im Pastorenberuf, sondern auch auf die freie Aufgabeneinteilung, wie der folgende Interviewauszug verdeutlicht.

> „Also durch die freien Tage, durch die Urlaubstage ist es Freizeit und natürlich gibt es in dem pastoralen Alltag auch immer – es gibt immer viel zu tun, aber es gibt auch Dinge, die kann man tun, aber man muss sie nicht tun. Es wäre gut, man würde sie tun, aber wenn man sie nicht tut, dann (...) geht es trotzdem weiter. Also von daher wird sicherlich auch mal der eine oder andere Hausbesuch mal hier oder da, die ein oder andere Predigtvorbereitung dafür echt nicht so lang gehen, wie sie machen würde, wenn ich das Studium nicht hätte. Klar." (B1, 12)

Hier wird deutlich, dass die freie Zeit- und Aufgabeneinteilung genutzt wird, um bewusst Zeiträume für den Bereich des Lernens zur Verfügung zu stellen. Wohlwissend, dass auch der Bereich des Lernens zurück gestellt werden kann, *„wenn das dann drauf ankommt"* (B1, 23) in anderen Bereichen. Eine feste Zeiteinteilung, wie sie in der vorherigen Strategie zu finden war, gibt es hier nicht. Zeit wird flexibel geplant und zur Verfügung gestellt. Dennoch wird trotz dieser anforderungsorientierten Bereitstellung von Zeit eine Harmonisierung der drei Bereiche angestrebt. Wird an einem Tag viel Zeit für einen Bereich zur Verfügung gestellt, wird an den Tagen darauf ein Ausgleich angestrebt:

> „Es ist halt eher so (...) diese Fortbildungstage im Jahr und ich mach das dann einfach so, dass ich den halben Tag dann mach oder den Tag, wenn es für mich so passt, ich meine Aufgaben erfülle und ich arbeite ja wie gesagt auch manchmal 14 Stunden und dann gleicht sich das so aus. Ja, da bin ich recht frei." (B1, 11)

4.2   Strategien im Kontakt mit anderen Personen

Das Herstellen einer temporalen Vereinbarkeit der Bereiche passiert jedoch nicht nur durch Strategien, welche die Person selbst anwendet, sondern auch durch Strategien, die im Kontakt mit anderen Personen entwickelt werden. Rein quantitativ betrachtet, wurden im Material 35 Codierungen mit Strategien, die im Kontakt mit anderen Personen entwickelt werden, gefunden. Dies entspricht ungefähr der Hälfte der Codierungen der ersten Hauptkategorie – Strategien der Person selbst. Somit liegt die Vermutung nahe, dass temporale Vereinbarkeitsstrategien primär auf der individuellen Ebene ansetzen.

Eine interessante Auffälligkeit am vorliegenden Material ist weiterhin, dass sich Strategien im Kontakt mit anderen Personen vermehrt bei B1 und B3 finden lassen konnten, welche beide eine 100%-Anstellung als Pastoren und Familie mit Kindern haben. Explizit konnte nur eine Strategie im Kontakt mit anderen Personen – Absprachen – bei B2 gefunden werden. An dieser Stelle lässt sich vermuten, dass vermehrt andere Personen in die Vereinbarkeitsstrategien eingebunden werden, je höher die Arbeitsbelastung in den einzelnen Bereichen ist. So erfordert zum Beispiel die Pflege und Erziehung von Kindern bei einer Vollzeitanstellung in jedem Fall soziale Unterstützung.

Um zeitliche Vereinbarkeitskonflikte zu vermeiden, konnten vier Strategien im Kontakt mit anderen Personen herausgearbeitet werden. In der folgenden Tabelle finden sich eine Auflistung sowie eine Übersicht über die quantitative Verteilung der Strategien, die in den nächsten Absätzen ausführlicher erläutert werden sollen.

Strategien im Kontakt mit anderen Personen	Anzahl der Codierungen
Zusicherung sozialer Unterstützung	11
Zeitliche Absprachen	10
Delegation von Aufgaben zur Freisetzung von Zeit	9
Geben und Nehmen von Zeit	4

Abbildung 4:   Übersicht zu den Strategien im Kontakt mit anderen Personen

4.2.1   Zusicherung sozialer Unterstützung

Immer wieder betonen B1 und B3 im Interview, wie wichtig es ist, dass das Umfeld die Teilnahme am berufsbegleitenden Studium unterstützt. Mit dem Umfeld ist einerseits die Partnerin bzw. Ehefrau gemeint und andererseits der Arbeitgeber. Kristallisiert findet sich der Aspekt des Zusicherns der sozialen Unterstützung vor allem in dem folgenden Interviewauszug:

„Also es braucht alle Beteiligten, die in diesem ganzen systemischen Netzwerk da beteiligt sind, sollten das natürlich auch unterstützen. Also zunächst einmal der Ehepartner, wenn der vorhanden ist. (...) Dann natürlich (...) soweit wie möglich der Arbeitgeber. Ich mein, wenn das natürlich ein 8 Stunden Job ist mit Stempel dann ist das relativ einfach. Dann mein Arbeitgeber – aber in einem Berufsfeld, wo die Arbeit eher so nach einer Aufgabe definiert ist und nicht so nach Zeit, da ist es besonders wichtig, dass man da die Unterstützung hat von allen Beteiligten. Dass man auch für eine gewisse Zeit auch da ein besonderes Entgegenkommen erwarten kann." (B1, 35)

Durch das Zusichern der Unterstützung durch die Beteiligten soll im Gegenüber eine Bereitschaft für *„ein besonderes Entgegenkommen"* (B1, 35), *„ Vorschussvertrauen und Zeit"* (B1, 37) ausgelöst werden. Damit verbunden ist zugleich die Bereitschaft der anderen Person, eigene Interessen und Bedürfnisse zugunsten des berufsbegleitenden Studiums zurück zu stecken. B3 umschreibt diesen Zusammenhang in Bezug auf seine Ehefrau mit dem Begriff des Mittragens: *„Sie hat es aber mitgetragen. Da bin ich sehr glücklich. "* (B3, 58). Das Mittragen bezieht sich in diesem Zusammenhang auf die zeitliche Belastung durch das berufsbegleitende Studium. Auch hier wird die Bereitschaft des Ehepartners zum Verzicht beschrieben.

Der Verzicht bezieht sich explizit auf gemeinsame Zeit. B1 formuliert dies in Bezug auf seine Ehefrau wie folgt: „Also sie unterstützt das dann sehr und ist da auch bereit, dass wir da dieses *Jahr dann auch manches als Familie weniger machen. "* (B1, 37) Durch das *„Entgegenkommen"* (B1, 35) und das Zurückstecken der beteiligten Personen werden ganz konkret zeitliche Ressourcen freigesetzt, die es den Studierenden dann ermöglichen, Zeit in den Bereich des Lernens zu investieren. In diesem Sinne wird die Strategie des Zusichern sozialer Unterstützung genutzt, um zeitliche Vereinbarkeitskonflikte zu vermeiden.

Auch die Zusicherung der Unterstützung des Arbeitgebers ist von zentraler Bedeutung zum Herstellen einer temporalen Vereinbarkeit der Bereiche. Auch hier wird mit der Kommunikation der Tatsache, dass ein berufsbegleitendes Studium begonnen wird, *„ein besonderes Entgegenkommen"* (B1, 35) auf Seiten des Arbeitgebers erwartet. Ganz praktisch zeigt sich die Zusicherung der Unterstützung des Arbeitgebers in der Bereitstellung von bezahlten Weiterbildungszeiten. Auch hier verzichtet der Arbeitgeber auf Zeit, welche die Studierenden dann für das berufsbegleitende Studium nutzen können. Die Quantität der bereitgestellten Zeit kann dabei von Arbeitgeber zu Arbeitgeber variieren. B1 bekommt von seinem Arbeitgeber *„sechs Fortbildungstage im Jahr"* (B1, 11), während B3 *„zehn Schulungstage im Jahr"* (B3, 4) bereit gestellt bekommt. Beide Studierenden geben an, dass sie diese bereit gestellten Weiterbildungszeiten ausschließlich für das berufsbegleitende Studium nutzen. Die Aussage *„Ich habe von meiner Gemeinde zehn Schulungstage im Jahr geschenkt bekommen."* (B3, 4) verdeutlicht sehr prägnant, dass die zugestandene Weiterbildungszeit keinesfalls als eine Selbstverständlichkeit betrachtet wird, sondern als eine besondere Unterstützungsleistung.

4.2.2 Zeitliche Absprachen

Neben der Zusicherung der sozialen Unterstützung und das damit verbundene besondere *„Entgegenkommen"* (B1, 35) ist im Kontakt mit anderen Personen eine zweite Strategie von Bedeutung: das Treffen von konkreten Absprachen. B1 bringt dies in folgendem Interviewauszug prägnant auf den Punkt: *„Dann Transparenz und Absprachen – denke ich – sind wichtig mit allen Beteiligten – Familie aber auch Beruf. Dass da keine Missverständnisse auftreten. "* (B1, 35). Die Absprachen dienen dazu, Konflikte zu vermeiden. Diese Konflikte können einerseits ganz konkret zeitliche Vereinbarkeitskonflikte sein. Anderseits ist die Konfliktklärung – ganz gleich welcher Natur die Konflikte sind – zeitintensiv. Durch gezielte Absprachen kann auch die Bereitstellung von Zeit zur Konfliktklärung vermieden werden.

Bei B1 und B3 beziehen sich die Absprachen vor allem auf das familiäre System und werden aus diesem Grund primär mit der Ehefrau getroffen. B3 umschreibt die Absprachen mit seiner Ehefrau als penible Abstimmung von wöchentlichen Terminen: *„Also wir haben unsere Termine – also wir haben die ganze Woche eigentlich voll terminiert und die haben wir – müssen wir sehr penibel abstimmen, dass das gut klappt. "* (B3, 22) Die von B3 erwähnten Termine beziehen sich in erster Linie auf die Teilnahme an Aktivitäten im Sportverein der einzelnen Familienmitglieder und die dazu gehörigen Fahrdienste. An dieser Stelle wird jedoch noch einmal deutlich, dass die Ökonomisierung der eigenen Zeitgestaltung auch Auswirkungen auf das Umfeld hat. So wird – wie in diesem Fall – durch die konkreten Absprachen auch die gemeinsame Zeitgestaltung ökonomisiert.

Die Absprachen werden zum einen mündlich getroffen, aber zum anderen auch mit Hilfe von medialer Unterstützung wie zum Beispiel im Fall von B1 eines gemeinsamen Online-Kalenders: *„Sonst ganz konkret haben wir natürlich Kalender, wo wir sehen Auto und wann sie mal weg ist und wann ich die Kinder mal nehme. "* (B1, 37) Hier werden Absprachen über die Verwendung des Familienautos und die Betreuungszeiten der Kinder getroffen.

B2 nutzt auch die Strategie der Absprachen, um zeitliche Vereinbarkeitskonflikte zu vermeiden, allerdings beziehen diese sich auf das berufliche System. So hat sie, um konkret zeitliche Ressourcen für das Schreiben der Masterarbeit freizusetzen, folgende Absprache mit ihrem Arbeitgeber getroffen:

> „Also, ich weiß auch, dass ich es jetzt gekürzt habe und (...) nach – also wenn die Jüngerschaftsschule ist im März zu Ende – dann wird sich das Verhältnis umdrehen. Also, da werde ich auch Minusstunden machen. Das ist auch abgesprochen. Die kann ich dann, wenn die Masterarbeit fertig ist auch wieder nachholen durch Überstunden, was auch für mich den positiven Effekt hat, dass ich in dieser Zeit keine Überstunden machen werde [...]." (B2, 29)

Die Minusstunden entstehen dadurch, dass sie in der Zeit, in der sie ihre Masterarbeit schreibt, nicht arbeiten wird. Somit wird die Zeit, die regulär mit dem Bereich der Erwerbsarbeit besetzt gewesen wäre, neu besetzt durch die Arbeit an der Masterarbeit und damit Zeit, die in den Bereich des Lernens fällt. Auch B1 überlegt für den Zeitraum der Masterarbeit eine Absprache mit seinem Arbeitgeber zu vereinbaren und *„Sonderurlaub"* (B1, 11) zu beantragen. So wird deutlich, dass Absprachen mit dem Arbeitgeber besonders in Zeiten, in denen explizit Zeitdruck entsteht – zum Beispiel durch die Auslösung der Bearbeitungsfrist für die Masterarbeit –, mehr an Bedeutung erlangen, während Absprachen im familiären Bereich während des gesamten berufsbegleitenden Studiums bedeutsam sind. Zudem scheinen Absprachen im familiären Bereich auf die Konfliktvermeidung abzuzielen, wohingegen Absprachen im beruflichen Bereich eher die Funktion der Freisetzung von Zeit für das berufsbegleitende Studium erfüllen.

4.2.3   Delegation von Aufgaben zur Freisetzung von Zeit

Delegation als temporale Vereinbarkeitsstrategie beschreibt das Übertragen von Aufgaben an eine andere Person oder an eine Gruppe von Personen, durch welches gezielt zeitliche Ressourcen freigesetzt werden, die dann wiederum für das weiterbildende Studium eingesetzt werden können. Delegation von Aufgaben und Pflichten findet als Strategie nur in den Bereichen Leben und Erwerbsarbeit statt, da Pflichten und Aufgaben im Bereich des Lernens nicht an Dritte delegiert werden können. Interessant ist an dieser Stelle nicht nur, welche Aufgaben an andere delegiert werden, sondern auch, an wen sie delegiert werden.

B1 und B3 befinden sich in einer ähnlichen Lebenssituation. Sie sind beide in einer 100%-Anstellung und haben Familie mit Kindern. In dieser Konstellation spielt die Ehefrau als Unterstützungssystem eine zentrale Rolle. In Aussagen wie *„Ich hab drei kleine Kinder. Meine Frau ist zu Hause derzeit."* (B1, 3) wird deutlich, dass die Ehefrau einen Großteil der familiären Pflichten (z.B. Pflege und Erziehung der Kinder, Haushalt, ...) übernimmt. Bei B3 arbeitet die Ehefrau *„Teilzeit von 8 bis 12 Uhr"* (B3, 3), solange die Kinder in der Schule bzw. im Kindergarten sind. Explizit thematisiert B3 diesen Zusammenhang in folgendem Interviewauszug: *„Also haushaltsmäßig macht meine Frau bestimmt 70% und ich nur 30% und bei den Kindern macht sie vielleicht 60 und ich 40. Aber das ist jetzt grob geschätzt."* (B3, 20) Hier wird deutlich, dass B3 die familiären Pflichten nicht komplett an seine Ehefrau delegiert, sondern nur teilweise. Er selbst beteiligt sich auch an den familiären Pflichten, dennoch wird der Großteil von seiner Ehefrau getragen.

An dieser Stelle bleibt jedoch fragwürdig, ob diese Konstellation der Aufgabenverteilung und die vermehrte Übernahme familiärer Pflichten durch die Ehefrau eine bewusst arrangierte temporale Vereinbarkeitsstrategie oder ein Resultat von traditionellen Rollenvorstellungen ist. Hier bedarf es konkret weiterer Forschung, um diese Frage zu klären. Besonders interessant ist, ob berufsbegleitende Studentinnen mit Kindern dieselbe Strategie anwenden und wenn ja, an wen sie delegieren.

Im Bereich der Erwerbsarbeit können auch bestimmte Aufgaben delegiert werden. B1 benennt diese Strategie konkret, macht jedoch zugleich deutlich, dass damit im pastoralen Berufsfeld Schwierigkeiten verbunden sind: *„Man könnte auch noch was delegieren auch das. [I: Ja.] Jetzt habe ich eine Andacht mal delegiert. Aber das ist eher selten. Ich mein, das ist ja – so viel delegieren kann ich jetzt nicht, weil ich jetzt auch nicht so viel mach, was man delegieren kann."* (B1, 45) Einerseits macht die Spezifität der Aufgabe als Pastor das Delegieren schwierig, andererseits thematisiert B3 in diesem Zusammenhang, dass das Delegieren für ihn schwierig ist aufgrund eines Mangels an Personen, denen er berufliche Aufgaben übertragen kann: *„Das heißt, an mir hängt sehr viel in der Gemeinde an Planungen und durch viele Arbeiten, weil ich nicht viele Mitarbeiter habe."* (B3, 4)

Trotz der eben erwähnten Schwierigkeiten, berufliche Aufgaben zu delegieren, hat B1 einen interessanten Weg gefunden, eine berufliche Pflicht zu delegieren, die er im folgenden Interviewauszug beschreibt:

> „Aber das werde ich hier und da – also zum Beispiel wäre jetzt noch, dass ich in einer Gemeinde drei Gottesdienste im Monat machen soll. Wenn ich das so mache, dann habe ich drei Vorbereitungen in dem Monat und da habe ich jetzt so meinen persönlichen Plan, dass ich zwei selber mache und mit einem – den dritten mache ich einen Kanzeltausch. Also dann gehe ich wo anders hin und ein anderer kommt zu uns. Effektiv sind es auch drei Gottesdienste, die ich mache, aber ich habe nur zwei Vorbereitungen. Das will ich dieses Jahr auch – wenn es geht – sehr konsequent durchziehen. Für die Gemeinde ist es kein Nachteil in dem Sinne, weil (...) das sind jetzt nicht mehr Kosten oder so. Das ist neutral. Aber ich kann schauen, dass ich eine Vorbereitung weniger hab im Monat. Das ist ja auch so ein Punkt." (B1, 45)

Durch die Einsparung einer Gottesdienstvorbereitung werden ungefähr zehn Arbeitsstunden eingespart – wie B1 im weiteren Verlauf des Interviews erwähnt –, die dann wiederrum für andere berufliche Aufgaben oder das weiterbildende Studium zur Verfügung gestellt werden können, sodass auch hier von einer Delegation gesprochen werden kann.

4.2.4   Geben und Nehmen von Zeit

Die Strategie des Gebens und Nehmens bezieht sich darauf, dass im Kontakt mit der Familie als auch mit dem Arbeitgeber eine Balance gehalten werden muss zwischen dem eigenen Verzicht und dem Verzicht der anderen Partei. Der folgende Interviewauszug verdeutlicht diesen Aspekt im Bezug auf den Bereich des Lebens sehr gut:

> „Also sie unterstützt das dann sehr und ist da auch bereit, dass wir da dieses Jahr dann auch manches als Familie weniger machen. (...) Ich denke, da ist schon auch eine Sensibilität wichtig. Schwierig wäre es wahrscheinlich auch, wenn ich jetzt die Zeit mit den Kindern und ihr total vernachlässige, aber dann sag: ‚Jetzt geh ich dreimal die Woche laufen.‘ Also das wäre sicherlich problematisch, aber das kann man sich ja auch selber denken. (...) Auch da ist es ein Geben und Nehmen. Das man einfach dann auch das nicht ausnutzt und dann (...) Sachen vielleicht auch macht, die jetzt gar nicht so unbedingt notwendig sind. Also, wenn man da schon der Familie vieles zumutet, sollte man schon auch überlegen, was bringe ich selber – wo verzichte ich selber auch, damit das nicht schief wird." (B1, 37)

Darin wird zunächst deutlich, dass das Ziel der Strategie des Gebens und Nehmen die Aufrechterhaltung einer Balance ist oder in den Worten des Interviewten ausgedrückt *„damit das nicht schief wird"* (B1, 37). Das Aufrechterhalten dieser Balance erfordert eine *„Sensibilität"* (B1, 37), verschiedene Interessen und Ansprüche wahrzunehmen, nach ihrer Wichtigkeit zu beurteilen und darauf entsprechend mit der Zuteilung von Zeit zu reagieren. Es wird weiterhin deutlich, dass das komplette Vernachlässigen eines Bereiches für das Aufrechterhalten der Balance destruktiv wäre, da das besondere *„Entgegenkommen"* (B1, 35) der anderen Personen damit verschwinden würde.

Alltagspraktisch schlägt sich dieses Bestreben nach Balance zwischen eigenem und kollektivem Verzicht auch in der Zeitgestaltung des freien Tages von B1 nieder, welcher sich wie folgt aufteilt: *„Also es ist tatsächlich so, dieser freie Tag versuche ich zur Hälfte mit der Familie zu gestalten und zur anderen Hälfte für das Studium."* (B1, 15) B1 scheint sich bewusst darüber zu sein, dass er die Familie als wichtigstes Unterstützungssystem zur Aufrechterhaltung des berufsbegleitenden Studiums braucht und teilt ihnen aus diesem Grund die Hälfte der zur Verfügung stehenden Zeit zu.

Die Strategie des Gebens und Nehmens zeigt sich nicht nur im familiären Kontext, sondern auch im Bereich der Erwerbsarbeit. In folgendem Interviewauszug wird darüber hinaus deutlich, was das Ziel der Strategie in Bezug auf das Vermeiden von zeitlichen Vereinbarkeitskonflikten ist.

> „Und dann denke ich sicherlich auch eine Nachsicht und keine – für mich ist es zum Beispiel wichtig, wenn dann was wichtiges in der Gemeinde ist, dann nicht zu sagen: ‚Nee, jetzt hab ich hier zwei Stunden Studienzeit eingeplant. Das geht jetzt nicht.‘ Aber da muss man dann einfach – das ist ein Geben und Nehmen. Da muss man dann einfach sagen: ‚Zack. Jetzt lass ich das Studium. Jetzt geh ich dahin.‘ Und dann ist das dann auch ein Bonus, den man danach auch wieder hat an einer anderen Stelle. Also so kleinkariert darf man dann da auch nicht sein." (B1, 35)

Das Ziel der Strategie ist es, durch das eigene Zurückstecken bzw. den Verzicht von Zeit in anderen Situationen selbst einen *„Bonus"* (B1, 35) bzw. Nachsicht zu bekommen. Dies trägt dann wiederrum dazu bei, zeitliche Vereinbarungskonflikte zu vermeiden.

Die Strategie konnte interessanterweise nur bei B1 gefunden werden und die Vermutung liegt nahe, dass es einen Zusammenhang zur Strategie der positiven Nutzung der beruflichen Flexibilität gibt, welche auch nur bei B1 zu finden war. Darin wird Zeit nicht als statisches, sondern als dynamisches Konstrukt betrachtet, dessen Bereitstellung sich nach den aktuell zu bewältigenden Anforderungen richtet. Zeit wird flexibel geplant und zur Verfügung gestellt. Dies ist jedoch nur möglich, wenn auch das Umfeld diese Form des Umgangs mit Zeit toleriert. Die Strategie des Gebens und Nehmens könnte dazu beitragen.

5 Fazit

Das Thema Work-Learn-Life-Balance bzw. die Vereinbarkeit der Bereiche Erwerbsarbeit, Lernen und Leben hat im erwachsenenpädagogischen Diskurs bislang wenig Beachtung erfahren. Erste Ansätze zu einer interdisziplinären Forschung im Bereich der Vereinbarkeit von Erwerbsarbeit, Lernen und Leben sind im Rahmen des Projektes „Allwiss – Arbeiten – Lernen – Leben in der Wissensarbeit" entstanden. Im Rahmen des Projektes wurde ein WLLB-Modell entworfen, in welchem WLLB-Handlungsstrategien eine bedeutende Rolle spielen, um eine Vereinbarkeit der drei Bereiche herzustellen.

Aus dem Datenmaterial der vorliegenden Studie im Kontext der wissenschaftlichen Weiterbildung konnten acht temporale Vereinbarkeitsstrategien herausgearbeitet werden. Vier davon sind Strategien, welche die Person selbst anwendet: Ökonomisierung der eigenen Zeitgestaltung (mit den Unterkategorien Antizipation des Arbeitsaufwandes und der Erstellung von Zeitplänen), bewusster Verzicht, klare zeitliche Trennung der Bereiche und das positive Nutzen der beruflichen Flexibilität. Die anderen vier herausgearbeiteten Strategien werden im Kontakt mit anderen Personen angewandt. Diese sind: Zusicherung sozialer Unterstützung, zeitliche Absprachen, Delegation von Aufgaben zur Freisetzung von Zeit, Geben und Nehmen von Zeit.

Auffällig war die rein quantitative Verteilung der Codierungen zwischen den beiden Hauptkategorien. Fast Dreiviertel der Codierungen bezogen sich auf Strategien der Person selbst. Dies legt die Vermutung nahe, dass temporale Vereinbarkeitsstrategien in erster Linie bei der Person selbst ansetzen. Die Teilnahme an einem weiterbildenden Studiengang im Kontext der wissenschaftlichen Weiterbildung erfordert somit eine gewisse Form des temporalen Selbstmanagements, um eine Work-Learn-Life-Balance aufrecht zu erhalten. Inwieweit sich diese Form des temporalen Selbstmanagement von anderen Formen unterscheidet und ob das Lernen in der wissenschaftlichen Weiterbildung eine spezifische Form des temporalen Selbstmanagements erfordert, bedarf weiterer Forschung in diesem Bereich.

Ein weiteres Viertel der Codierungen verteilte sich auf Strategien im Kontakt mit anderen Personen. Dies verdeutlicht die Bedeutung des Umfeldes der berufsbegleitenden Studierenden. Ein tragfähiges Unterstützungsnetzwerk trägt nach den vorliegenden Ergebnissen eindeutig positiv zur temporalen Vereinbarkeit der Bereiche und damit zu einer gelungenen Work-Learn-Life-Balance bei. Hier bedarf es jedoch gleichzeitig einer gezielten Koordination der Unterstützung bzw. eines „Unterstützungsmanagements". Auch in diesem Bereich kann weitere Forschung darüber Aufschluss geben, wodurch genau sich dieses auszeichnet und unter welchen Voraussetzungen (auch auf Seiten der zu unterstützenden Personen) dieses gelingt. Im vorliegenden Datenmaterial konnten vor allem der/die Lebenspartner/in und der Arbeitgeber als wichtige Unterstützungssysteme herausgearbeitet werden.

Die praktische Relevanz der Ergebnisse kann in erster Linie in Bezug auf die Konzipierung von Schulungsmaßnahmen zum Thema Work-Learn-Life-Balance für berufsbegleitende Studierende in der wissenschaftlichen Weiterbildung gesehen werden. Ein Ziel der Schulungsmaßnahmen könnte sein, den Studierenden eine gewisse Work-Learn-Life-Balance-Handlungskompetenz zu vermitteln und sie beim Entwickeln eigener, funktionaler Strategien zur Vereinbarkeit der Bereiche zu unterstützen. In diesem Zusammenhang müsste jedoch auch die Bedeutung der Schaffung von unterstützenden Umfeldbedingungen (z.B. durch die Zusicherung sozialer Unterstützung) erläutert werden und ggf. beteiligte Personen in die Entwicklung funktionaler Strategien einbezogen werden. Das „Einüben" der oben erwähnten speziellen Form des temporalen Selbstmanagements könnte durch Schulungen gezielt gefördert werden.

Die Schulungen von berufsbegleitenden Studierenden in der wissenschaftlichen Weiterbildung könnten dann wiederum nicht nur dazu beitragen, dass die Studierenden eine gelungenere zeitliche Passung der Bereiche Erwerbsarbeit, Lernen und Leben realisieren können, sondern auch dazu, dass auf Hochschulebene die Abbrecherquoten in der wissenschaftlichen Weiterbildung sinken. Somit hätten die vorliegenden Ergebnisse auf der individuellen und zudem auf der hochschulpolitischen Ebene Relevanz.

Dennoch sei an dieser Stelle angemerkt, dass die vorliegenden Ergebnisse ihre Grenzen haben, denn zur abschließenden Beantwortung der Forschungsfrage braucht es eine größere Datengrundlage und ein in Bezug auf das Merkmal Geschlecht ausgewogeneres Sample. So ist für weitere Forschungsvorhaben vor allem auch die Frage der Geschlechterspezifik relevant. Inwieweit unterscheiden sich temporale Vereinbarkeitsstrategien geschlechterspezifisch? Dabei kann auch der Einbezug von rollentheoretischen Aspekten für die Forschung fruchtbar sein zum Beispiel in Bezug auf den Zusammenhang der Strategie „klare zeitliche Trennung" im Umgang mit verschiedenen Rollen. Des Weiteren bedarf es weiterer Forschung in Bezug auf den Zusammenhang mit Lebensphasen. Inwieweit unterscheiden bzw. verändern sich temporale Vereinbarkeitsstrategien in bestimmten Lebensphasen?

Für die Zukunft lässt sich hoffen, dass das Thema Work-Learn-Life-Balance in der wissenschaftlichen Weiterbildung stärker Berücksichtigung in der erwachsenenpädagogischen Forschung erhält, um das Thema sowohl theoretisch stärker zu untermauern als auch für die weitere praktische Ausgestaltung der wissenschaftlichen Weiterbildung zu nutzen.

Literatur

Allwiss (2013): Allwiss – Arbeiten – Lernen – Leben in der Wissensarbeit. Online-Ressource. URL: http://www.allwiss.de/projekt/index.htm [01.02.2016].

Antoni, Conny H./Friedrich, Peter/Haunschild, Axel /Josten, Martina/Meyer, Rita (Hrsg.) (2014a): Work-Learn-Life-Balance in der Wissensarbeit. Herausforderungen, Erfolgsfaktoren und Gestaltungshilfen für die betriebliche Praxis.Wiesbaden: Springer VS.

Antoni, Conny H./Syrek, Christine J./Apostel, Ella/Müller, Julia K./Hiestand, Stefanie (2014b): Entgrenzen oder Abgrenzen? Ein Vergleich von vier Arten des Boundary Managements und Typen der Work-Learn-Life-Balance. In: Antoni, Conny H. u.a. (2014a), S. 149-175.

Antoni, Conny H./Apostel, Ella/Syrek, Christiane J. (2014): Work-Learn-Life-(Im)Balance in der Wissensarbeit: Ein empirisch fundierter Erklärungsansatz. In: Antoni, Conny H. u.a. (2014a), S. 101-122.

Bakker, Arnold/Demerouti, Evangelia (2007): The job demands-resources model: State of the art. In: Journal of Managerial Psychology, 22(3), S. 309-328.

Berk, Laura E. (2011): Entwicklungspsychologie. 5., aktualisierte Auflage. München: Pearson Studium.

Brödel, Rainer/Yendell, Alexander (2008): Weiterbildungsverhalten und Eigenressourcen. NRW-Studie über Geld, Zeit und Erträge beim lebenslangen Lernen. Bielefeld: W. Bertelsmann Verlag.

Dobischat, Rolf/Seifert, Hartmut/Ahlene, Eva (Hrsg.) (2003): Integration von Arbeit und Lernen. Erfahrungen aus der Praxis des lebenslangen Lernens. Berlin: edition sigma.

Dobischat, Rolf/Seifert, Hartmut (2003): Einleitung: Verbindung von Lern- und Arbeitszeiten im Konzept des Lebenslangen Lernens. Gegenwärtig mehr Desiderat als praktizierte Realität. In: Dobischat, Rolf/Seifert, Hartmut/Ahlene, Eva (Hrsg.) (2003), S. 7-15.

Faulstich, Peter/Graeßner, Gernot/Bade-Becker, Ursula/Gorys, Bianca (2007): Länderstudie Deutschland. In: Hanft, Anke/Knust, Michaela (Hrsg.): Internationale Vergleichsstudie zur Struktur und Organisation der Weiterbildung an Hochschulen, S. 84-188.

Faulstich, Peter (2008a): Lernen und Widerstände. In: Bayer, Mechthild/Faulstich, Peter: Lernwiderstände. Anlässe für Vermittlung und Beratung. 2. Auflage. Hamburg: VSA-Verlag, S. 7-25.

Faulstich, Peter (2008b): Temporalstrukturen des ‚lebenslangen' Lernens. In: DIE Zeitschrift für Erwachsenenbildung. Heft 1, S. 32-34.

Flick, Uwe (2009): Sozialforschung. Methoden und Anwendungen. Ein Überblick für die BA-Studiengänge. Reinbeck bei Hamburg: Rowohlt Taschenbuch Verlag.

Flick, Uwe (2010): Qualitative Sozialforschung. Eine Einführung. Reinbeck bei Hamburg: Rowohlt Taschenbuch Verlag.

Hiestand, Stefanie/Haunschild, Axel (2014): Die Entgrenzung von Arbeit, Lernen und Leben in der Wissensarbeit – Tendenzen, Belastungen und Vereinbarkeitsproblematik. In: Antoni, Conny H. u.a. (2014a), S. 39-55.

Holzer, Daniela (2004): Widerstand gegen Weiterbildung. Weiterbildungsabstinenz und die Forderung nach lebenslangem Lernen. Wien: Lit Verlag (= Reihe Arbeit – Bildung – Weiterbildung).

Josten, Martina (2014): Einleitung: Im magischen Dreieck von Arbeiten – Lernen – Leben. In: Antoni, Conny H. u.a. (2014a), S. 9-18.

Kuckartz, Udo (2012): Qualitative Inhaltsanalyse. Methoden, Praxis, Computerunterstützung. Weinheim/Basel: Beltz Juventa.

Müller, Julia K./Meyer, Rita (2014): Individuelle Kompetenzentwicklung und betriebliche Organisationsentwicklung als Faktoren der Work-Learn-Life-Balance. In: Antoni, Conny H. u.a. (2014a), S. 81-97.

Schmidt-Lauff, Sabine (2008a): Mühsam aufgebracht, hart umkämpft. Lernzeiten in individueller Perspektive. In: DIE Zeitschrift für Erwachsenenbildung. Heft 1, S. 38-41.

Schmidt-Lauff, Sabine (2008b): Zeit für Bildung im Erwachsenenalter. Interdisziplinäre und empirische Zugänge. Münster: Waxmann Verlag.

Schmidt-Lauff, Sabine (Hrsg.) (2012): Zeit und Bildung. Annäherungen an eine zeittheoretische Grundlegung. Münster: Waxmann Verlag.

Syrek, Christiane J./Apostel, Ella/Müller, Julia K./Antoni, Conny H. (2014): Wie Work-Learn-Life-Balance gelingen kann: Handlungsstrategien zur Förderung der Vereinbarkeit. In: Antoni, Conny H. u.a. (2014a), S. 123-147.

Vogt, Helmut (2010): Wissenschaftliche Weiterbildung. In: Arnold, Rolf/Nolda, Sigrid/Nuissl, Ekkehard (Hrsg.) (2010): Wörterbuch Erwachsenenbildung. 2., überarbeitete Auflage. Bad Heilbrunn: Verlag Julius Klinkhardt, S. 314-315.

Wolter, Andrä (2011): Die Entwicklung wissenschaftlicher Weiterbildung in Deutschland: Von der postgradualen Weiterbildung zum lebenslangen Lernen. In: Beiträge zur Hochschulforschung 33. (4), S. 8-35. Online verfügbar unter http://www.bzh.bayern.de/uploads/media/2011_4_Wolter.pdf, [01.02.2016].

Zeitliche Rahmenbedingungen von Angeboten wissenschaftlicher Weiterbildung aus der Sicht institutioneller Adressaten und Adressatinnen

Bianca Fehl[1]

Zusammenfassung

Im Mittelpunkt des vorliegenden Beitrags steht die Frage, wie Lernzeiten für wissenschaftliche Weiterbildung generiert werden können. In den Blick genommen werden dabei Arbeitgeberinnen und Arbeitgeber als institutionelle Stakeholder und Partner bei der Entwicklung von Angeboten der wissenschaftlichen Weiterbildung. Es werden die wichtigsten Faktoren für eine Passung zwischen individuellen und institutionellen Adressaten und Adressatinnen dargestellt.

Schlagwörter

Lernzeiten, Zeitmanagement, Betriebliche Zeittaktungen

Inhalt

---

1 *Bianca Fehl* | Pädagogische Mitarbeiterin im Bildungswerk der Hessischen Wirtschaft e.V.

1   Einleitung

Lernen – in welcher Lebensphase auch immer – benötigt Zeit und steht in Konkurrenz zu anderen Formen und Inhalten der Zeitverausgabung. Dies zeigt sich besonders in der Erwerbsphase. In arbeitsrechtlicher Perspektive wird Zeit lediglich in zwei Bereiche unterteilt: Arbeitszeit und Freizeit (vgl. Faulstich 2003, S. 17). Doch auch Lernen braucht Zeit, und „der hierfür zu investierende Zeitaufwand muss alternativen zeitlichen Verwendungsmöglichkeiten entzogen werden" (Dobischat/Seifert 2003, S. 7). Aus diesem Grund wird besonders in der Erwachsenenbildung von einer Zeitknappheit gesprochen. Lernzeiten sind im Erwachsenenalter neben vielen anderen Zeiten verortet: In den 1960er Jahren entstand so eine Debatte über die arbeitsrechtliche Relevanz von Lernen neben Erwerbs- und Freizeit. Ihren Ursprung hatte diese Debatte in den Überlegungen zur Durchsetzung des Bildungsurlaubs und setzte sich fort in der Diskussion um Lernzeitansprüche in Betriebs- und Tarifvereinbarungen (vgl. Faulstich 2012, S. 83). Laut Faulstich hängt der Erfolg von Weiterbildung vor allem davon ab, inwieweit Lernzeiten durch wirtschaftspolitische sowie finanz- und steuerpolitische Rahmenbedingungen institutionell abgesichert sind (vgl. Faulstich 2008, S. 33–34). Dennoch ist diese Absicherung prekär, denn „Lernzeiten als ‚dritte Zeitform'" (Faulstich 2008, S. 34) geraten immer wieder unter Druck.

> „Aktuell erscheinen Lernzeiten eher gefährdet. Wieder einmal ist feststellbar, dass auf Konjunktureinbrüche mit Kürzungen der Weiterbildungsetats reagiert wird. Bei weiter bestehendem permanenten [sic!] Lerndruck droht eine Verschiebung von Weiterbildung in die Freizeit. Zeitstress in der Erwerbsarbeit und beim Lernen hören nie auf. Die Zeit zum Leben wird aufgefressen: Arbeiten und Lernen ohne Ende" (Faulstich 2002a, S. 150).

Um Lernzeiten während der Erwerbsarbeitsphase zu etablieren, gehen Dobischat und Seifert der Frage nach, wie die benötigte Zeit für berufliche Weiterbildung aufgebracht werden kann. Ihrer Meinung nach sind zwei Modelle vorstellbar. Einerseits könnten Teile der Arbeitszeit, Teile der Freizeit oder eine Mischung der beiden Zeiten als Lernzeiten verwendet werden. Andererseits könnte aber auch eine Verkürzung der Zeit für berufliche Erstausbildung vorgenommen werden und die so freiwerdenden Zeitkontingente für anschlussfähige berufliche Weiterbildung auf die Erwerbsarbeitsspanne verteilt werden (vgl. Dobischat/Seifert 2003, S. 8). Um dem Modell des Lebenslangem Lernens gerecht zu werden, schlägt Faulstich vor, sich von der traditionellen arbeitsrechtlichen Zweiteilung in Arbeitszeit und Freizeit zu verabschieden. Das Konstrukt der Zeit solle in diesem Sinne erweitert werden zu: Erwerbszeiten, Eigenzeiten, Gemeinschaftszeiten und Lernzeiten (vgl. Faulstich 2003, S. 40). Dabei macht er ebenfalls deutlich, dass Lernzeitansprüche nur erfolgreich verwirklicht werden können, wenn auf betrieblicher Ebene entsprechende Umsetzungsschritte vorgenommen werden. Besonders das Engagement der Beschäftigten ist dabei notwendig (vgl. Faulstich 2002b, S. 14).

Dies ist eine verkürzte Darstellung der Ausgangslange, in der sich zeitintensive Lernformate der wissenschaftlichen Weiterbildung, konkret berufsbegleitende Masterstudiengänge oder Zertifikatslehrgänge, zu etablieren versuchen. Doch wie kann ein lernzeitintensiver Studiengang neben Familie und Beruf Platz im Leben finden? Wie bereits oben herausgestellt wurde, ist der Wille von Arbeitnehmern und Arbeitnehmerinnen allein meist nicht ausreichend, um Lernzeiten im Arbeitskontext zu etablieren. Neben der persönlichen Zeitgestaltung und dem Verzicht auf Freizeit muss auch innerbetrieblichen Zeittaktungen Rechnung getragen und somit eine Passung zwischen individuellen und institutionellen Adressatinnen und Adressaten hergestellt werden. Aus diesem Grund werden im vorliegenden Artikel die Wünsche, Meinungen und Perspektiven von Unternehmen bzw. Arbeitgebern und Arbeitgeberinnen in den Blick genommen. Es soll gezeigt werden, welche Aspekte der zeitlichen Ausgestaltung von berufsbegleitenden Weiterbildungsstudiengängen aus Sicht möglicher institutioneller Nachfragender Berücksichtigung finden sollten. Dazu unterzieht die Autorin das Datenmaterial eines bereits abgeschlossenen empirisch-qualitativen Forschungsprojektes zur wissenschaftlichen Weiterbildung (Potentialanalyse) einer Sekundäranalyse (2). Zentral ist dabei die Beantwortung der Fragestellung, welche Rahmenbedingungen für Angebote der wissenschaftlichen Weiterbildung von Stakeholdern/Arbeitgeberinnen und Arbeitgebern in Hinblick auf die zeitliche Ausgestaltung weiterbildender Studiengänge gewünscht werden (3). Abschließend werden die Ergebnisse diskutiert und Ausgestaltungsvorschläge formuliert (4).

2 Das Forschungsprojekt ‚Potentialanalyse': Kontext und methodisches Vorgehen

Die Datengrundlage der vorliegenden Untersuchung entstammt dem Forschungsprojekt Potentialanalyse als einem Teilprojekt des Verbundvorhabens „WM³ – Weiterbildung Mittelhessen". Das Verbundvorhaben WM³ der drei mittelhessischen Hochschulen (Justus-Liebig-Universität Gießen, Philipps-Universität Marburg und Technische Hochschule Mittelhessen) wird im Rahmen des Bund-Länder-Wettbewerbs „Aufstieg durch Bildung – Offene Hochschulen" finanziert[2] und setzt sich zum Ziel, „[...] ein an wirtschaftlichen und gesellschaftlichen Interessen optimal ausgerichtetes Weiterbildungsangebot für die Region Mittelhessen und darüber hinaus zu schaffen und zu einer nachhaltigen Stärkung der wissenschaftlichen Weiterbildung an den Hochschulen beizutragen" (www.wmhoch3.de./start/ueber-uns). In der ersten Förderperiode (2011-2015) gliederte sich das Verbundvorhaben WM[3] in vier Phasen: die Bedarfserhebung, die Angebotsentwicklung, die Entwicklung eines didaktischen Konzepts sowie die Evaluation und Optimierung. Die Bedarfserhebung umfasste die drei Forschungsprojekte „Bedarfsanalyse", „Potentialanalyse" und „Akzeptanzanalyse" (für den integrierten Endbericht der drei Forschungsprojekte vgl. Seitter/Schemmann/Vossebein 2015). Während die Bedarfsanalyse die Interessen der individuellen Adressaten und Adressatinnen erhob und die Akzeptanzanalyse die Perspektiven der Hochschulangehörigen auf wissenschaftlicher und administrativer Ebene fokussierte, untersuchte die Potentialanalyse Erfahrungen und Wünsche institutioneller Adressatinnen und Adressaten bezüglich einer Zusammenarbeit mit Hochschulen und der Gestaltung gemeinsamer Angebote. Um eine größtmögliche institutionelle Differenzierung zu erreichen, wurde das Feld möglicher Adressaten und Adressatinnen in Profit-Organisationen (PO), Non-Profit-Organisationen (NPO) und Stiftungen unterteilt. Konkret wurden 48 leitfadengestützte Experteninterviews mit Vertreterinnen und Vertretern von Wirtschaftsclustern, Unternehmen, Verbänden und Stiftungen in Hessen geführt. Die erhobenen Daten wurden transkribiert und inhaltsanalytisch ausgewertet.[3]

Das Thema Zeit hat sich im Rahmen der Potentialanalyse als eine induktive Kategorie aus dem Material heraus gebildet. Die Interviewpartner und –partnerinnen wurden nicht nach ihren spezifischen (zeitlichen) Vorstellungen von einem Angebot der wissenschaftlichen Weiterbildung gefragt, sondern eher allgemein danach, worin sie gute Möglichkeiten einer Zusammenarbeit zwischen Hochschulen und ihrem Unternehmen oder ihrer Organisation sehen und ob sie eine Vorstellung einer möglichen Kooperation im Kontext der wissenschaftlichen Weiterbildung haben. Aus den Antworten leiteten die Forscherinnen und Forscher u.a. die Kategorie ‚Angebote' ab, welche im Verlauf des Forschungsprozesses in die Unterkategorien ‚Rahmenbedingungen', ‚Lehr-/Lernarrange-

---

2   Der Wettbewerb „Aufstieg durch Bildung – Offene Hochschule" wird aus Mitteln des Bundesministeriums für Bildung und Forschung und aus dem Europäischen Sozialfonds der Europäischen Union gefördert. Insgesamt umfasst das Programm eine Laufzeit von zehn Jahren (2011-2020) und ist in zwei Wettbewerbsrunden mit je zwei Förderphasen unterteilt.

3   In der aktuell laufenden zweiten Förderphase des Projekts werden die zentralen Gelingensfaktoren wissenschaftlicher Weiterbildung in Master- und Zertifikatsprogrammen erforscht und differenziert. Zudem sollen Bausteine für eine integrierte organisationale Dienstleistungsorientierung entwickelt werden.

ments', ,Vermarktung' und ,Wirkungskontrolle' unterteilt wurde. Dabei konnte festgestellt werden, dass die den Rahmenbedingungen zugeordneten Aussagen mehrheitlich das Thema Zeit betrafen. In der Ergebnispräsentation der Potentialanalyse wurde dann eine erste Einteilung dieser Aussagen in Bezug auf die Dauer und Veranstaltungszeit von Lerneinheiten sowie die Gesamtlaufzeit getroffen (vgl. Habeck/Denninger 2015, S. 259).

Diese erste und summarische Unterteilung soll nun mittels einer erneuten qualitativen Inhaltsanalyse aller Aussagen zum Thema Zeit weiter vertieft und konkretisiert werden. Die erkenntnisleitende Frage lautet dabei: „Welche Rahmenbedingungen für Angebote der wissenschaftlichen Weiterbildung wünschen sich Stakeholder/Arbeitgeber und Arbeitgeberinnen in Hinblick auf die zeitliche Ausgestaltung?" Ziel dieser expliziten Betrachtung der Interviews mit Stakeholdern ist eine systematisierende Beschreibung der komplexen Aussagen bezüglich zeitlicher Rahmenbedingung für mögliche Angebote der wissenschaftlichen Weiterbildung.

3   Zeitliche Rahmenbedingungen wissenschaftlicher Weiterbildung

Mittels induktiver Kategorienbildung haben sich im Hinblick auf die verfolgte Fragestellung drei Kategorien herausgebildet.

- Formalia/Zeitmanagement
- Innerbetriebliche Zeittaktungen
- Flexibilität der Angebote

Die häufigsten Aussagen der Interviewpartnerinnen und -partner bezüglich ihrer Vorstellungen der zeitlichen Rahmenbedingung möglicher Angebote der wissenschaftlichen Weiterbildung lassen sich der Kategorie ,Formalia/Zeitmanagement' zuordnen. Insgesamt wurden 36 Fundstellen codiert. Aus diesem Grund wird bei der Darstellung der Ergebnisse mit dieser Kategorie begonnen. Dem folgen die Kategorie ,Innerbetriebliche Zeittaktungen' mit 13 Fundstellen und die Kategorie ,Flexibilität der Angebote' mit 6 Fundstellen.

3.1 Formalia/Zeitmanagement

Fast alle Befragten weisen darauf hin, wie wichtig berufsbegleitende Angebote aus ihrer Sicht sind. In zehn Fundstellen findet sich lediglich der Hinweis auf den Wunsch nach berufsbegleitenden Formaten, in 19 Fundstellen werden zudem Aussagen über konkrete mögliche Zeitformate gemacht. Die Spannbreite reicht dabei von Halbtagesveranstaltungen bis zu dreimonatigen Blockveranstaltungen. Auch die Laufzeit der Angebote umfasst eine große Spannbreite von Tagesveranstaltungen (die in Modulstruktur beliebig kombiniert werden können), bis hin zu geplanten Laufzeiten von eineinhalb Jahren und auf ihre Wiederholung angelegte Formate. Bezüglich der Dauer sprechen sich die meisten Befragten für kürzere, für die Teilnehmenden überschaubare Laufzeiten aus:

> BP1: „[J]e kürzer, umso bereitwilliger sind die Leute, das zu machen" (P1, PO, Abs. 36).
> BP12: „Also die Bedingung müsste sein, dass man neben dem Beruf begleitend dazu, eine Weiterbildung durchführen könnte in einem Zeitraum, der überschaubar ist" (P12, NPO, Abs. 36).

Bei Angeboten mit einem umfangreichen Inhalt, der nicht in einzelnen Tagesveranstaltungen vermittelt werden kann (die in drei Fundstellen favorisiert werden), wird sich in jeweils fünf Fundstellen für Wochenendveranstaltungen (vgl. P30, NPO, Abs. 8) sowie die Kombination von Wochenendveranstaltungen mit Veranstaltungen oder Selbstlernphasen an Abenden von Wochentagen ausgesprochen.

> BP15: „[A]lso ich sage mal, die Woche über fernstudieren. Und bedingt durch die geografische Nähe kann man ja durchaus am Samstag oder an einem Freitagnachmittag zu einem Präsenztag an die Uni kommen" (P15, PO, Abs. 11).

In einer Fundstelle spricht ein Interviewpartner zudem von der Möglichkeit, Abendveranstaltungen an Wochentagen mit Blockveranstaltungen zu kombinieren (vgl. P 20, PO, Abs. 67). Für ein Zeitformat bestehend ausschließlich aus Blockveranstaltungen oder ausschließlich aus Veranstaltungen in den Nachmittags-/Abendstunden spricht sich jeweils nur ein Befragter aus (vgl. P3, NPO; Abs. 26; P41, PO, Abs. 88). Zudem weisen die Befragten in vier Fundstellen darauf hin, dass Angebote die speziellen Interessen und Zeitfenster verschiedener Zielgruppen berücksichtigen sollen. Berufsrückkehrer und Berufsrückkehrerinnen könnten Veranstaltungen an anderen Tageszeiten wahrnehmen als Vollzeitbeschäftigte:

> BP33: „Also da vielleicht nochmal zu gucken, wenn es um Zielgruppen geht, jetzt nicht nur nach den Berufsbildern, sondern auch, wenn es berufsbegleitend ist, vielleicht sich die Zielgruppen sich nochmal anzugucken nach Alter oder nach Bedarfen, also – irgendwo habe ich gelesen auf der WM³-Seite auch Berufsrückkehrerinnen oder so. Die haben natürlich einen anderen auch Zeitbedarf oder Zeitmöglichkeiten, als jemand, der irgendwie berufsbegleitend in einem Job steht von 8 bis 5, ja. Also da muss man, glaube ich, nochmal, oder ist dann ihre Aufgabe genau hinzugucken, wie kreiert man so einen Studiengang gut, dass es an die Bedürfnisse angepasst ist" (P33, NPO, Abs. 66).

Auch sollten die Teilnehmenden in ihrer Ganzheit betrachtet werden und der Umfang der Lerninhalte sie nicht überfordern:

> BP6: „[I]ch finde es ganz wichtig, dass, und da kommt jetzt dann vielleicht doch noch ein Wunsch an die Unis, dass man sehr sorgfältig guckt, was können Berufstätige leisten an Zeitaufwand, dass sie Studiengänge entwickeln, die leistbar sind" (P6, PO, Abs. 53).

Ferner geben die Befragten in drei Fundstellen an, dass ein zusätzlicher Zeitaufwand zum Erreichen der Veranstaltungen möglichst vermieden bzw. klein gehalten werden soll:

> BP26: „Ja, weil, die sagen, wir arbeiten ja auch noch und wenn ich jetzt um vier in [Stadt] sein muss, dann muss ich natürlich dann auch früher aufhören. Ist die Frage, kann man dann immer noch Vollzeit machen und packt man das woanders hin usw. Da sind natürlich kurze Wege für die schon besser" (P26, PO, Abs. 28).

Zusammenfassend lässt sich feststellen, dass sich das Feld der gewünschten Angebote sehr heterogen darstellt. Bei eingehender Betrachtung des Materials ist allerdings zu erkennen, dass Interviewpartnerinnen und -partner, die sich für kurze Formate aussprechen, durchaus bereit sind, Arbeitszeit als Lernzeit zur Verfügung zu stellen. In Tagesveranstaltungen oder ‚Crashkursen' sollen die Mitarbeitenden das gewünschte Profil erhalten. Bei Formaten mit einer Laufzeit ab etwa einem halben Jahr bis zu eineinhalb Jahren sprechen sich die Befragten mehrheitlich für Veranstaltungen in der Freizeit der Arbeitnehmer und Arbeitnehmerinnen aus. Eine Kombination der zum Lernen genutzten Zeit bestehend aus Freizeit und Arbeitszeit ist stark abhängig von innerbetrieblichen Zeittaktungen, die im folgenden Abschnitt näher betrachten werden.

3.2   Innerbetriebliche Zeittaktungen

Zwei Fundstellen zeigen an, dass aus Sicht der Befragten eine Freistellung des Mitarbeitenden für Angebote der wissenschaftlichen Weiterbbildung gar nicht oder nur begrenzt möglich ist. Dabei spielen vor allem innerbetriebliche Abläufe und Zeitstrukturen eine bedeutende Rolle:

> BP35: „Also für solche Kurse würde ich eher nur den Samstag sehen. Es kann natürlich immer mal sein, dass also es gibt ja auch so Blockveranstaltungen, dass das mal so eine ganze Woche. Das finde ich schwierig, oft aus dem Berufsalltag heraus. Also das kann ich ganz klar sagen, das wäre hier in unseren Projekten, oft, also es gibt halt einfach Zeiträume, wo das nicht möglich wäre. Also das heißt, definitiv, ein Mitarbeiter könnte an solchen Lehrgängen kaum teilnehmen, wenn es in einen Block fällt, wo jetzt grade die Hochphase ist in einem Wettbewerb oder sonst wie, da kann er einfach nicht. Punkt" (P35, Stiftung, Abs. 43).

Zwei weitere Interviewpartnerinnen und -partner nennen die Möglichkeit der Freistellung, ohne weitere Angaben zu Umfang oder eventuellen Bedingungen zu machen (vgl. P3, NPO, Abs. 36; P33, NPO, Abs. 34). Ferner geben vier Interviewpartner und -partnerinnen an, eine Kombination der Lernzeit aus Arbeitszeit und Freizeit des Mitarbeitenden als adäquate Zeitform zu erachten. Ein Befragter führt aus, dass je nach Laufzeit des Weiterbildungsangebots eine komplette oder teilweise Freistellung möglich sei, knüpft diese Kombination aber zusätzlich an betriebsinterne Ziele:

> BP28: „Wir sagen bis zu fünf Tage im Jahr stellen wir denen frei bei vollen Bezügen und wir zahlen ja auch in der Regel die Fortbildung und dann kann er das machen. Wenn es um berufsbegleitende Fortbildungen geht, die auch teurer sind in der Regel und die länger dauern, dann ist das immer eine Einzelverhandlung. Dann gucken wir schon, ist das im betrieblichen Interesse für uns, also ist es für uns als Arbeitgeber interessant, dass derjenige sich da fortbildet und dann stellen wir den auch frei erst mal dafür, übernehmen in der Regel auch einen Teil der Kosten. Aber oft ist es auch so, wenn das dann zum Beispiel mehrere Wochen im Jahr sind, dann sagen wir auch, machen wir so einen Deal. Was weiß ich, sind das 4 Wochen im Jahr, dann nimmst du 2 Wochen Urlaub und 2 Wochen stellen wir dich frei, oder so was. Aber das machen wir immer im Einzelfall" (P28, NPO, Abs. 54).

Wichtig für die Arbeitgeberseite scheint zudem, dass die Mitarbeitenden nicht zu lange am Stück im Unternehmen oder der Organisation fehlen. Wenige Präsenztermine während der Arbeitszeit (vgl. P1, PO, Abs. 36), nicht zu lange Blockveranstaltungen (vgl. ebd.) oder auch flexible Selbstlerneinheiten, die in Leerlaufzeiten während der Arbeitszeit studiert werden können, werden im Zuge dessen gewünscht.

> BP11: „Und je, je offener solche Systeme sind, dass wir sie also [Satzabbruch]. Also wir wissen, dass die Präsenzseminare oder Präsenzzeiten sehr, sehr wichtig sind. Aber vorbereitende und begleitende Sachen, die man zu einem Zeitpunkt machen kann, zu dem, was weiß ich, auf einer Rettungsdienstwache zum Beispiel, gerade wenn einsatzfreie Zeit ist, das sind ja die Ansätze, die uns sehr interessieren" (P11, NPO, Abs. 24).

Ein weiterer Befragter schlägt zudem die Reduzierung von Arbeitszeit zugunsten der Lernzeit vor (vgl. P20, PO, Abs. 66). Allerdings wird von dieser Person keine Angabe darüber gemacht, ob die dadurch frei werdende und zum Lernen genutzte Zeit durch den Arbeitgeber vergütet wird. Es ist aber zu vermuten, dass die Lernzeit in diesem Fall in die Freizeit des Mitarbeitenden fällt.

Insgesamt zeigt sich in diesen Ergebnissen, dass sich die Interviewpartnerinnen und -partner Angebote wünschen, deren Zeittaktung mit der des eigenen Unternehmens oder der eigenen Organisation kompatibel bzw. auf diese abgestimmt ist. Lange Fehlzeiten der Mitarbeitenden sind unerwünscht. Die meisten Befragten geben an, Freistellungen an einzelnen Arbeitstagen, vorzugsweise freitags, gewähren zu wollen, wenn der Mitarbeitende ebenfalls einen Teil seiner Freizeit investiert. Doch auch diese Kombinationsmodelle sind in der Regel einzeln zwischen Arbeitgeberin/Arbeitgeber und Arbeitnehmerin/Arbeitnehmer auszuhandeln und unterliegen ebenfalls den individuellen Zeitstrukturen und -taktungen des Unternehmens oder der Organisation. Diese Beobachtung spiegelt sich auch in dem Wunsch nach der Flexibilität der Angebote wieder, der im nächsten Abschnitt beleuchtet wird.

3.3 Flexibilität der Angebote

Während zwei Fundstellen darauf hinweisen, dass sich die Befragten eine langfristige Planbarkeit der Angebote mit zumindest teilweise vorgegebener Studienstruktur wünschen, plädieren fünf Interviewpartner und -partnerinnen für eine hohe Flexibilität der Angebote. Vor allem der Wunsch nach Selbstlernphasen ist dabei von zentraler Bedeutung:

> BP14: „Und, dann ist dann aber eben meistens die Frage: Wie kann ich das machen? Kann ich das arbeitsbegleitend machen? [O]der mache ich das an einer Fernhochschule? Wie groß ist der Präsenzanteil?" (P14, PO, Abs. 5)

Drei Befragte berücksichtigen dabei auch die Perspektive der Mitarbeitenden. Dabei werden zusätzlich zu flexiblen Lernzeiten auch zeitliche Spielräume für Krankheitsfälle oder andere nicht planbare Ereignisse (vgl. 9, NPO, Abs. 33) sowie individuell wählbare Start- und Endzeiten der Angebote gewünscht:

> BP36: „Und was natürlich auch enorm förderlich wäre für eine Kooperation, wären flexible Start- und Endzeiten. Das heißt, es fällt dann schwer, genau diesen Personenkreis am 1.8. alle dann zu dem Termin dann und dann. Also je mehr Flexibilität darin ist und je mehr man den Mitarbeitern sagen kann du kannst auch am Dienstag lernen oder am Mittwoch, das ist uns gleich, nur dann und dann muss der Lernerfolg da sein. Je flexibler das wird, je individueller der Mitarbeiter das selbst in seine Lebensphase einbauen kann, umso passgenauer wird das für uns. Also es ist dann immer schwierig, wenn es dann heißt: Ok, 1.8. und dann gibt es das zwei Jahre nicht" (P36, PO, Abs. 64).

4 Fazit

Insgesamt betrachtet lässt sich feststellen, dass Angebote der wissenschaftlichen Weiterbildung sowohl für Arbeitnehmerinnen und Arbeitnehmer sowie Arbeitgeberinnen und Arbeitgeber langfristig planbar sein, als auch große Spielräume für deren individuelle Interessen und Bedürfnisse offen halten sollen. Dabei ist zu beachten, dass die drei Kategorien „Formalia/Zeitmanagement", „Innerbe-

triebliche Zeittaktungen" und „Flexibilität der Angebote" eine hohe Abhängigkeit voneinander aufweisen. Vor allem die innerbetrieblichen Zeittaktungen
scheinen ausschlaggebend für die gewünschten Zeitformate, das Zeitmanagement sowie die Flexibilität der möglichen Angebote wissenschaftlicher Weiterbildung zu sein. Dies zeigt sich besonders in dem Wunsch nach hoher Flexibilität der Lernzeiten bei gleichzeitig hoher Planbarkeit für alle Beteiligten. Die
Studie zeigt zudem, dass Arbeitgeberinnen und Arbeitgeber nur in sehr begrenz-
tem Maße dazu bereit sind, Arbeitszeiten als Lernzeiten für ihre Mitarbeitenden
zur Verfügung zu stellen. Viel häufiger wird gefordert, die Lernzeit zu einem
großen Teil oder sogar komplett in die Freizeit zu verlagern. Zudem sind die
individuellen Interessen und Bedürfnisse der Organisationen und Unternehmen
maßgebend dafür, wann es den Mitarbeitenden möglich ist, Lernzeiten wahrzunehmen. Eine ausgewogene Passung von Flexibilität und Planbarkeit ist die
große Herausforderung, die durch Angebote der wissenschaftlichen Weiterbildung erreicht werden soll.

Umgesetzt werden könnte dieser Spagat durch einen speziell auf das jeweilige Unternehmen/die Stiftung abgestimmten Lehrplan. Dieser könnte, je nach
Lehrinhalt Selbstlernphasen, die flexibel in die Arbeitszeit einzubetten sind, mit
Blockseminaren an Wochenenden oder in den Abendstunden kombiniert, vorse-
hen. Besonders Selbstlernphasen, die beispielsweise durch E-Learning Module
realisiert werden können, scheinen aus Sicht der Befragten für eine solche
Kombination gut geeignet zu sein. Allerdings lassen die Ergebnisse der Potentialanalyse auch darauf schließen, dass die Mehrheit der Interviewpartner
und -partnerinnen E-Learning-Modellen trotz der enormen Vorteile im zeitlichen Bereich eher ablehnend gegenüberstehen (vgl. Habeck/Denninger 2015, S.
264f.). Eine enge Zusammenarbeit von Hochschulen und institutionellen Stakeholdern scheint demnach nicht nur bei der Konzeption der zeitlichen Rahmenbedingungen von Angeboten der wissenschaftlichen Weiterbildung erforderlich,
sondern auch bei der didaktischen Gestaltung der Selbstlernphasen, um die jeweils bestmöglichen Lernvoraussetzungen für die Teilnehmenden zu schaffen.

Literatur

Dobischat, Rolf/Seifert, Hartmut (2003): Einleitung: Verbindung von Lern- und Arbeits-
    zeiten im Konzept des lebenslangen Lernens. Gegenwärtig mehr Desiderat als prak-
    tizierte Realität. In: Dobischat, Rolf/Seifert, Hartmut/Ahlene, Eva (Hrsg.): Integra-
    tion von Arbeit und Lernen. Erfahrungen aus der Praxis des lebenslangen Lernens.
    Berlin: Edition Sigma (38), S. 7-16.

Faulstich, Peter (2002a): Lernen ohne Ende? Lernzeiten absichern und sichtbar machen. In: Ders. (Hrsg.): Lernzeiten. Für ein Recht auf Weiterbildung. Eine Initiative von GEW, IG Metall und ver.di. Hamburg: VSA, S. 150-163.

Faulstich, Peter (2002b): Zeit zum Lernen sichern – Lernmöglichkeiten eröffnen. In: Ders. (Hrsg.): Lernzeiten. Für ein Recht auf Weiterbildung. Eine Initiative von GEW, IG Metall und ver.di. Hamburg: VSA, S. 7-17.

Faulstich, Peter (2003): Weiterbildung und Arbeitszeit. Begründung alternativer Zeitstrukturen für Lernchancen. In: Dobischat, Rolf/Seifert, Hartmut/Ahlene, Eva (Hrsg.): Integration von Arbeit und Lernen. Erfahrungen aus der Praxis des lebenslangen Lernens. Berlin: Edition Sigma (38), S. 17-46.

Faulstich, Peter (2008): Temporalstrukturen ‚Lebenslangen' Lernens. Lebenslängliche Zumutung und lebensentfaltendes Potenzial. In: DIE Zeitschrift für Erwachsenenbildung 15 (1), S. 32-34.

Faulstich, Peter (2012): Lernen in der Kontinuität der Momente. Vorüberlegungen zu einem bildungswissenschaftlichen, kritisch-pragmatischen Begriff der Zeit. In: Schmidt-Lauff, Sabine (Hrsg.): Zeit und Bildung. Annäherungen an eine zeittheoretische Grundlegung. Münster: Waxmann, S. 71-90.

Habeck, Sandra/Denninger, Anika (2015): Potentialanalyse. Forschungsbericht zu Potentialen institutioneller Zielgruppen. Profit-Einrichtungen, Non-Profit-Einrichtungen, Stiftungen. Unter Mitarbeit von Bianca Fehl, Heike Rundnagel und Ramin Siegmund. In: Seitter, Wolfgang/Schemmann, Michael/Vossebein, Ulrich (Hrsg.): Zielgruppen in der wissenschaftlichen Weiterbildung. Empirische Befunde zu Bedarf, Potential und Akzeptanz. Wiesbaden: Springer VS, S. 189-289.

Seitter, Wolfgang/Schemmann, Michael/Vossebein, Ulrich (Hrsg.) (2015): Zielgruppen in der wissenschaftlichen Weiterbildung. Empirische Befunde zu Bedarf, Potential und Akzeptanz. Wiesbaden: Springer VS.

Individuumsbezogene Zeitbudgetstudie – Konzeptionen zur Erhebung der Zeitverausgabung von Teilnehmenden wissenschaftlicher Weiterbildung

Anika Denninger/Ramona Kahl/Sarah Präßler[1]

Zusammenfassung

Der Beitrag stellt ein Forschungsprojekt zur Zeitverausgabung von Teilnehmenden wissenschaftlicher Weiterbildung in der zweiten Förderphase des Verbundprojekts „WM³ Weiterbildung Mittelhessen" vor. Grundlage hierfür ist die Betrachtung des aktuellen Forschungsstandes zu den Thematiken der Zeitvereinbarkeit in der Weiterbildung sowie dem (Lern-)Zeitbudget unter methodisch-konzeptionellen sowie thematischen Gesichtspunkten.

Schlagwörter

Forschungsdesign, Vereinbarkeit, wissenschaftliche Weiterbildung, Zeitbudget, Zeitverausgabung, Studierende

Inhalt

---

1   *Anika Denninger* | Justus-Liebig-Universität Gießen.
Ramona Kahl | Philipps-Universität Marburg | kahl@staff.uni-marburg.de.
Sarah Präßler | Technische Hochschule Mittelhessen.

1   Einleitung

„Wir haben genug Zeit, wenn wir sie nur richtig verwenden." (Johann Wolfgang von Goethe)

Zeit ist ein wesentlicher Strukturfaktor in der Gesellschaft. Vor dem Hintergrund der *technischen und sozialen Beschleunigung* (Rosa/Celikates 2013) wächst auch die Bedeutung von theoretischen Überlegungen und empirischen Untersuchungen zu den Themen der Zeitverausgabung und Vereinbarkeit in der Erwachsenenbildung. Zeit ist ein konditionaler Faktor der Weiterbildungsteilnahme. Trotz objektiver Messbarkeit kann die Zeitwahrnehmung interindividuell verschieden sein (vgl. Schmidt-Lauff 2011, S. 213f.). Im Unterschied zu Schule und Ausbildung existieren in den rechtlichen und organisatorischen Rahmenbedingungen sowie in der Betreuung keine *„festgelegten Zeitinstitutionen"* (ebd., S. 213) in der Weiterbildung. Die Verteilung und die Disposition von Zeit haben daher einen großen Einfluss auf die Weiterbildungsteilnahme (vgl. Bachmayer/Faulstich 2002, S. 1f.).

In diesem Kontext stellen sich Fragen, zu welchem Zeitpunkt Weiterbildung angestrebt wird und wie diese mit dem Alltag koordiniert werden kann. Dabei wird die Knappheit der Ressource Zeit häufig thematisiert und als Grund für die Nichtteilnahme an Weiterbildung genannt. Hinter dieser Zeitknappheit steckt eine Vielzahl an individuellen, sozialen, gesellschaftlichen und beruflichen Faktoren, die eine Weiterbildungsteilnahme beeinflussen. Oftmals werden die interagierenden und zum Teil stark konkurrierenden zeitlichen Faktoren nicht näher analysiert (vgl. Schmidt-Lauff 2008, S. 237ff.). Ein solches Anliegen verfolgt die „Individuumsbezogene Zeitbudgetstudie" für die wissenschaftliche Weiterbildung. Die Studie ist Grundlage dieses Beitrags und gehört zum Projekt „WM³ Weiterbildung Mittelhessen", ein vom Bundesministerium für Bildung und Forschung (BMBF) in dem Zeitraum von 2011 bis 2017 gefördertes Verbundprojekt der drei mittelhessischen Hochschulen (Philipps-Universität Marburg, Technische Hochschule Mittelhessen, Justus-Liebig-Universität Gießen).[2] Aus den Ergebnissen der Untersuchungen des Arbeitspaketes „Bedarfserhebung" der ersten Förderphase (2011-2015) hat sich ein Forschungsbedarf bezüglich des Zeitbudgets ergeben. Das Arbeitspaket setzte sich aus den drei Studien Bedarfs-, Potential- und Akzeptanzanalyse zusammen, welche die regi-

---

2   Als Teil der Qualifizierungsinitiative „Aufstieg durch Bildung: offene Hochschulen" besteht das übergeordnete Ziel des Projekts darin, „Konzepte für berufsbegleitendes Studieren und lebenslanges, wissenschaftliches Lernen besonders für Berufstätige, Personen mit Familienpflichten und Berufsrückkehrer/-innen zu fördern" (BMBF). Das Verbundprojekt WM³ fokussiert konkret die Erforschung zentraler Gelingensfaktoren wissenschaftlicher Weiterbildung sowie die nachhaltige Verstetigung der wissenschaftlichen Weiterbildung an den drei Hochschulen mit einem regionalen Bezug. Vgl. www.wmhoch3.de.

onalen Bedarfe nicht-traditioneller individueller Zielgruppen von Hochschulen (z.B. Berufstätige, Familienpflichtige), die Potentiale zur thematischen Ausrichtung der profilbildenden Angebote sowie die Akzeptanz der wissenschaftlichen Weiterbildung an den drei Hochschulen untersuchte. Über alle Zielgruppen (Individuen, regionale Stakeholder, Hochschulmitglieder) hinweg trat die Knappheit der Ressource Zeit immer wieder als zentrales Thema auf verschiedenen Ebenen hervor.

In der „Individuumsbezogenen Zeitbudgetstudie" werden deshalb im Rahmen der zweiten Förderphase des Projektes (2015-2017) Problemfelder disparater Zeitlogiken von Bildungsangeboten bzw. Lernzeitbudgets zu individuellen Lernzeitstrukturen analysiert und für die Adaptierung von Angebotsstrukturen verwendet. Das Erkenntnisinteresse des hochschulübergreifenden Forschungsprojektes ist es, zu ermitteln, wie die Zeitanforderungen der wissenschaftlichen Weiterbildung und die individuellen Zeitressourcen der Teilnehmenden miteinander verknüpft werden können, damit Weiterbildungsangebote unter dem Gesichtspunkt zeitlicher Knappheitsressourcen auf dem Markt bestehen können. Den Kern der „Individuumsbezogenen Zeitbudgetstudie" bilden die zwei parallel laufenden Untersuchungen „Individuumsbezogene Zeitvereinbarkeitsstudie" sowie „Individuumsbezogene Lernzeitbudgetstudie". Die zwei Studien wählen unterschiedliche methodische Zugänge, um die verschiedenen Teilaspekte der Zeitressourcen im (wissenschaftlichen) Weiterbildungsbereich – die Vereinbarkeit mit anderen Lebensbereichen sowie die Zeitverausgabung – zu erfassen.

Zum Zeitpunkt der Erstellung des Beitrages befand sich das Forschungsprojekt am Anfang der Erhebungsphase, daher richten die Autorinnen den Blick auf methodische Zugänge. Bevor die methodisch-konzeptionellen Überlegungen der „Individuumsbezogenen Zeitbudgetstudie" entfaltet werden, wird der aktuelle Forschungsstand zu der Zeitverausgabung von Teilnehmenden an (wissenschaftlicher) Weiterbildung insbesondere unter methodischen Gesichtspunkten dargestellt. Dies bildet die Basis für die eigene Untersuchungskonzeption. Aufgrund der Zweigliederung des Forschungsprojektes ist der Beitrag nach den Thematiken Zeitvereinbarkeit in der Weiterbildung (1) sowie (Lern-)Zeitbudget (2) untergliedert. Die beiden Kapitel folgen hierbei demselben Aufbau. Nach der Reflexion methodischer Zugänge folgt die Darstellung des Forschungsstandes zum jeweiligen Themengebiet. Im Fazit (3) ist das aus diesen Erkenntnissen abgeleitete Forschungsdesign zur „Individuumsbezogenen Zeitbudgetstudie" erläutert.

2 Zeitvereinbarkeit in der Weiterbildung

Vereinbarkeit ist in Zusammenhang mit zeitlichen Ressourcen auf Aspekte der temporalen Kompatibilität und Harmonisierung verschiedener Lebensbereiche bezogen. Eine zentrale Betrachtungsebene diesbezüglicher Studien stellt die Vereinbarkeit von Berufs- und Privatleben dar, wobei mit letzterem zumeist das Familienleben fokussiert ist (vgl. Böhm 2015; Keller/Haustein 2012; Klenner/Schmidt 2007; Klenner u.a. 2013; Koschel/Ferber 2005; Oechsle-Grauvogel 2009; Rump/Eilers 2006; Weßler-Poßberg 2014). Angesichts des demographischen Wandels und der Veränderungen im Erwerbsleben, die eine Weiterqualifizierung, Spezialisierung oder auch Neuorientierung von Arbeitnehmenden strukturell erforderlich machen, gerät Weiterbildung als weiterer Lebensbereich zunehmend in den Blick der Forschung. Die Frage der Vereinbarkeit tritt dabei in eigener Weise hervor, da der Lernbereich nicht per se unter Erwerbstätigkeit oder Freizeit zu subsumieren ist, sondern abhängig vom konkreten Weiterbildungsfall im Rahmen der Erwerbstätigkeit, der privaten Zeit oder anteilig in beiden stattfinden kann. Um die möglichen Vereinbarkeitsherausforderungen für Weiterbildung im Erwachsenenalter untersuchen zu können, ist Weiterbildung als eine gesonderte Sphäre neben Arbeit, Familie und Freizeit zu fokussieren. Vor diesem Hintergrund ist der Begriff Work-Learn-Life-Balance geprägt worden (vgl. Antoni u.a. 2014).

Im Folgenden werden empirische Methoden, die in der Vereinbarkeitsforschung zum Einsatz kommen, sowie zentrale Befunde einschlägiger Studien zur zeitlichen Vereinbarkeit von Weiterbildung im Erwachsenenalter dargelegt. Beide Teilkapitel fokussieren dieselben Forschungsprojekte, um Erhebungsweisen und deren Ergebnisse zu präsentieren. Sie fungieren als Ansatzpunkte für die Untersuchungskonzeption der „Individuumsbezogenen Zeitbudgetstudie".

2.1 Methodenspektrum in der Vereinbarkeitsforschung

Die methodischen Zugänge von Vereinbarkeitsstudien nutzen das gesamte Spektrum sozialwissenschaftlicher empirischer Forschung. Verfahren, die ausschließlich zur Analyse von Vereinbarkeitsfragen entwickelt worden sind, lassen sich im Unterschied zur Zeitbudgetforschung nicht ausmachen. Je nachdem, ob betriebliche Strukturen, gesellschaftliche Bestandsaufnahmen, soziokulturelle Prozesse oder individuelle Balancierungsleistungen im Fokus stehen, werden unterschiedliche qualitative und quantitative Forschungsmethoden verwendet. Dies lässt sich exemplarisch an drei unterschiedlichen Vereinbarkeitsstudien, in denen der Zeitfaktor eine zentrale Rolle spielt, veranschaulichen und für das vorliegende Forschungsanliegen fruchtbar machen.

Das Forschungsprojekt „Neue Zeitfenster für Weiterbildung" (1998) von Nahrstedt u.a. untersuchte von 1995 bis 1998 die temporalen Muster der Weiterbildungsteilnahme an Volkshochschulen und anderen Weiterbildungseinrichtungen. Die Untersuchung gliedert sich in drei Teilstudien, die eine Programmheftanalyse, Einzelinterviews mit Mitarbeitenden sowie Teilnehmenden als auch eine Straßenbefragung mittels Fragebogen umfasste. Demnach kombiniert die Erhebung die institutionelle Perspektive (Angebotsseite) mit der von Weiterbildungsteilnehmenden und -interessierten. Methodisch wird die Studie sowohl über eine Dokumentenanalyse als auch über mündliche und schriftliche Befragungen umgesetzt. Insbesondere die Interviewstudie mit Fokus auf den Teilnehmenden von Weiterbildungsangeboten stellt einen methodischen Referenzpunkt für die „Individuumsbezogene Zeitvereinbarkeitsstudie" dar. Auch wenn der Fokus auf den Teilnehmenden nicht-wissenschaftlicher Weiterbildungsangebote liegt, können Fragestellungen zur Vereinbarkeit auch auf den wissenschaftlichen Weiterbildungsbereich übertragen werden (etwa zur Weiterbildungsmotivation oder zu Vereinbarkeitsherausforderungen).

In ihrer Arbeit „Zeit für Bildung im Erwachsenenalter" (2011) untersucht Schmidt-Lauff mit einem interdisziplinären wie empirischen Zugang Bildungs- und Lernzeiten von Erwachsenen. Neben einer theoretischen Auseinandersetzung mit temporalen Aspekten in unterschiedlichen disziplinären Perspektiven führt sie eine empirische Untersuchung durch. Dabei kombiniert sie eine qualitative Gruppenbefragung unter Teilnehmenden mit einer quantitativen Fragebogenerhebung *„mit Beschäftigten in Kleinst- und Kleinunternehmen"* (Schmidt-Lauff 2011, S. 20). In der qualitativen Studie sind in acht Seminargruppen von Weiterbildungsveranstaltungen Zeitstrukturen sowie ihre Bewertung erhoben worden, die sich *„sowohl auf organisatorische und instrumentelle Zugriffe auf Zeit (Zeitstrukturierung) als auch auf deren Einflüsse auf das Zeiterleben"* (ebd., S. 272) beziehen. Für die „Individuumsbezogene Zeitvereinbarkeitsstudie" sind insbesondere die Fragestellungen zu Teilnahmemotivationen, hinderlichen und förderlichen Teilnahmefaktoren, Zeitkonkurrenzen zwischen den Lebensbereichen sowie zu (Lern)Zeitwünschen als Anknüpfungspunkte herauszustellen (vgl. ebd. S. 274).

Die Analyse „Hochschulweiterbildung als biografische Transition" (2015) von Lobe untersucht den Einfluss von Weiterbildung auf die Biografie von berufsbegleitenden Studierenden. Hierzu arbeitet sie theoretische und empirische Zugänge aus der Biografie-, Teilnehmenden- und Transitionsforschung ausführlich aus und führt darauf aufbauend eine problemzentrierte Interviewstudie mit sechs Studierenden berufsbegleitender Studienangebote durch. Das Ziel besteht darin, *„ein berufsbegleitendes Studium als bewusst herbeigeführte Transition in der Biografie in den Blick zu nehmen und seine biografische Bedeutung in der Wechselwirkung mit dem biografischen Gesamtzusammenhang herauszuarbeiten"* (Lobe 2015, S. 7). Als *„wesentliche Transitionsaufgabe"* (ebd., S. 33) wird dabei die Integration der Weiterbildung in den beruflichen und privaten Lebensalltag betrachtet. Hierfür entwirft die Autorin drei biografische Bedeutungshorizonte, die die Studierenden erleben: neue Erfahrungen in der Weiterbildung (sog. Differenzerfahrungen), die notwendige Neuausgestaltung des Alltags sowie den biografischen Wandel durch das Studium. Von Interesse für diese Untersuchung ist vor allem der zweite biografische Bedeutungshorizont, der sich mit den Fragen beschäftigt, wie das Studium in den Alltag integriert wird, woher die zeitlichen Ressourcen stammen und welche Auswirkungen dies auf den Alltag und das soziale Umfeld hat (vgl. ebd. S. 211).

Die in der ersten Phase des WM³-Projekts durchgeführte Bedarfsanalyse von Präßler widmet sich in eigener Weise dem Thema der zeitlichen Vereinbarkeit (vgl. Präßler 2015). Anliegen der Studie ist die Erhebung der individuellen Bedarfe von nicht-traditionellen Zielgruppen der wissenschaftlichen Weiterbildung, um *„deren Bedürfnissen im hochschulischen Weiterbildungsbereich besser gerecht werden zu können"* (ebd., S. 64). Bei den untersuchten nicht-traditionellen Zielgruppen handelt es sich um *„Erwerbstätige, Personen mit Familienpflichten, Berufsrückkehrer_innen, Bachelorabsolvent_innen und Studienabbrecher_innen"* (Seitter/Schemmann/Vossebein 2015, S. 30). Das Erkenntnisinteresse der Studie ist auf die förderlichen und hinderlichen Faktoren der Weiterbildungsteilnahme, die Rolle der Hochschule als Weiterbildungsort sowie die Anforderungen an wissenschaftliche Weiterbildungsformate gerichtet. Diesen Aspekten ist gleichermaßen zielgruppenspezifisch wie zielgruppenübergreifend nachgegangen worden. Methodisch ist ein Triangulationsansatz gewählt worden, der qualitative und quantitative Erhebungsformen kombiniert. Als quantitative Zugänge sind eine repräsentative OMNIBUS-Befragung sowie eine Fragebogenerhebung durchgeführt worden; leitfadengestützte Experteninterviews stellen das eingesetzte qualitative Verfahren dar.[3] In der vielschichtigen

---

[3] Aufgrund der Herausforderungen in der Untersuchung der Bedarfe der benannten Zielgruppen ist ein aufwendiges vierstufiges Forschungsdesign zur Anwendung gekommen, in dem die einzelnen Erhebungen aufeinander aufbauen. Die zuerst durchgeführte OMNIBUS-Umfrage dient einer Erfassung der quantitativen Relevanz der verschiedenen nicht-traditionellen Zielgruppen sowie der Erhebung der beruflichen Weiterbildungsabsichten und Weiterbildungsthemen der Befragten. Bezogen auf die Bundesrepublik Deutschland ist ein repräsentatives Sample erstellt worden, in dem insgesamt 150 Personen in Hessen befragt worden sind. Auf Grundlage der Befunde sind 14 Einzelinterviews mit Angehörigen der verschiedenen nicht-traditionellen Weiterbildungszielgruppen erhoben worden, wobei in jeder der fünf Zielgruppen mindestens zwei Interviews stattgefunden haben. Anliegen der Gespräche ist es, mögliche Spezifika der Zielgrup-

Bedarfsanalyse von Präßler tritt die zeitliche Vereinbarkeit in den verschiedenen Zugängen als relevanter Faktor einer Weiterbildungsteilnahme in Erscheinung. Die „Individuumsbezogene Zeitvereinbarkeitsstudie" schließt daher vertiefend daran an.

Es fällt auf, dass alle vier Studien einen triangulierenden Ansatz gewählt haben und sowohl qualitative als auch quantitative Erhebungsinstrumente einsetzen. Dies kann damit zusammenhängen, dass es bei temporalen Vereinbarkeiten einerseits um die Quantifizierbarkeit von Zeitkontingenten geht, andererseits jedoch die subjektive Bewertung wie die Organisation von Zeit bedeutsam ist. Dies spiegelt sich im Ansatz der „Individuumsbezogenen Zeitvereinbarkeitsstudie" wider, der neben der qualitativen Interviewstudie gleichermaßen eine (quantifizierende) Lernzeitbudgetstudie durchführt.

2.2 Forschungsstand zur Zeitvereinbarkeit in der Weiterbildung

Der folgende Abschnitt fokussiert die gewonnenen Erkenntnisse der zuvor dargestellten Studien in Bezug auf die zeitliche Vereinbarkeit von Weiterbildung mit anderen Lebensbereichen.

Sowohl in den Studien „Neue Zeitfenster für Weiterbildung" (1998) und „Hochschulweiterbildung als biografische Transition" (2015) als auch in „Zeit für Bildung im Erwachsenenalter" (2011) werden die Lebensbereiche Arbeit und Familie (bzw. Familiengründung, Kindererziehung und täglich zu erledigenden Aufgaben) als die größten Konkurrenzfaktoren zu Lernzeiten ausgewiesen. Weiterführend stellt Lobe heraus, dass Lernzeitfenster zu großen Teilen aus der Freizeit und Familienzeit freigesetzt werden und weniger aus dem beruflichen Lebensbereich stammen (vgl. Lobe 2015, S. 211f.). Daher müssen insbesondere der private Lebensbereich und darin existierende soziale Beziehungen (Partnerschaft, Kinder, Familie, Freunde etc.) neu austariert werden. Diesen Akt beschreibt Lobe als „Spagat" und „innere Zerrissenheit" (ebd., S. 269). Die Integration des Lebensbereiches „Weiterbildung" führt zu zeitlichen Spannungsfeldern und teilweise Unvereinbarkeiten zwischen den Lebensbereichen. Hierbei erweist sich das Verständnis und die Unterstützung durch die Partnerin oder den Partner als bedeutsam für die Vereinbarkeit. Als besondere Belastung wird der Prüfungszeitraum ausgewiesen, da in diesem der Umfang der Lernzeiten steigt, was wiederrum zu Engpässen in der privaten Zeit führt (vgl. ebd. S. 241f.). Inwieweit das Studium in das Berufsleben integriert ist, hängt von individuellen

---

pen zu eruieren. Entsprechende Befunde sind dann in eine Fragebogenerhebung eingeflossen, die ein genaueres Bild der Bedarfe in der mittelhessischen Region zum Ziel hat.

Aushandlungsprozessen ab. Beispielweise werden flexible Arbeitszeitregelungen als bedeutsamer Faktor für die Vereinbarkeit betrachtet (vgl. ebd. S. 236).

Es werden kompakte Präsenztermine vor regelmäßigen und zeitintensiven Angeboten priorisiert, da diese als starker Einschnitt in das Privatleben wahrgenommen werden. Je länger eine Weiterbildung andauert, desto schwieriger werden die zeitliche Vereinbarkeit mit anderen Lebensbereichen und der Verzicht auf Familie, Geselligkeit und Ruhe wahrgenommen, was zu Demotivation oder einem Abbruch führen kann. Darüber hinaus stellen zwei Studien geschlechtsspezifische Unterschiede heraus (vgl. Nahrstedt u.a. 1998, S. 9; Schmidt-Lauff 2011, S. 337ff.). Beispielsweise benennen Frauen mit betreuungspflichtigen Kindern den Vormittag als Zeitfenster für die Weiterbildung, wenn die Betreuung gewährleistet ist. Hingegen stehen Lernzeiten am Abend und Blockzeiten aufgrund ihrer Überschneidung bzw. der (zeitlichen) Nähe in Konkurrenz zum familiären Bereich. Die Vereinbarkeit mit den jeweiligen externen Zeitgebern sowie die Koordination der eigenen Präferenzen erweisen sich daher als wesentlich für die Vereinbarkeit.

Des Weiteren ist die subjektive Bewertung der Lernzeiten von Relevanz. Denn auch Aktivitäten, die vor der Weiterbildung stattfinden oder danach folgen, bestimmen die Zeitqualität (vgl. Nahrstedt u.a. 1998, S. 19). Der körperliche Zustand kann die Lernfähigkeit in den verfügbaren Zeiträumen unter Umständen stark einschränken. So wird der Vormittag als Tagesabschnitt benannt, an dem subjektiv das größte Aufnahmevermögen besteht. Hingegen wird das Wochenende zur Entspannung und für Freizeitbedürfnisse genutzt, insbesondere der Sonntag wird als Ruhetag angesehen. Die Aufnahmefähigkeit am Abend – nach Erledigung der beruflichen und unter Umständen familiären Verpflichtungen – kann wesentlich geringer sein als am Vormittag und als anstrengender empfunden werden (vgl. Schmidt-Lauff 2011, S. 376ff.).

Der Beitrag „Bedarfsanalyse. Forschungsbericht zu Bedarfen individueller Zielgruppen" von Präßler (2015) beschäftigt sich unter anderem mit dem Thema der Zeitvereinbarkeit in der wissenschaftlichen Weiterbildung. Dabei können die Erkenntnisse aus den vorherigen Studien auch für den wissenschaftlichen Weiterbildungsbereich bestätigt werden. In Bezug auf die zeitliche Vereinbarkeit spielen die Frequenz und die Lage der Präsenzveranstaltungen sowie die Entfernung zum Veranstaltungsort eine Rolle. Lange Anfahrtswege werden als „Zeitfresser" wahrgenommen. Insbesondere längerfristige Weiterbildungen konkurrieren mit dem Privatleben, vor allem wenn Zeit für das Präsenz- und Selbststudium außerhalb der Arbeitszeit – abends und an den Wochenenden – aufgewendet werden muss. Diese Zeitkonkurrenz verstärkt sich insbesondere für Frauen mit familiären Verpflichtungen. Dem Zeitkonflikt schließen sich häufig auch Gewissenkonflikte an, da die Bedürfnisse der Familie und die Interessen des Partners über den eigenen priorisiert werden. Präsenzveranstaltungen außerhalb der institutionellen Betreuungszeiten – am Abend oder am Wochenende – werden daher als wenig kompatibel mit den anderen Lebensbereichen betrachtet (vgl. Präßler 2015).

Fazit

Obwohl die vier Studien sich in ihren methodischen Vorgehensweisen unterscheiden sowie unterschiedliche Forschungsfragen fokussieren, können übergreifende Erkenntnisse abgeleitet werden. Die Weiterbildungsteilnahme ist aufgrund verschiedenster sozialer, beruflicher oder gesellschaftlicher Verpflichtungen mit hohen Opportunitätskosten verbunden. Von daher ist die Zeitvereinbarkeit der Weiterbildung mit diesen Bereichen zwingende Voraussetzung. Neben der Schaffung von zeitlichen Räumen für die Weiterbildung ist auch die Qualität der zur Verfügung stehenden Zeit zentral. Diese ist unter anderem von äußeren Faktoren, aber auch von der eigenen körperlichen Verfassung abhängig. So wird der Vormittag als idealer Zeitraum für die Wissensaneignung beschrieben, der jedoch in zeitlicher Konkurrenz mit dem Arbeits- (in der Woche) und dem Privatleben (am Wochenende) steht. Des Weiteren werden Unterschiede zwischen den Geschlechtern herausgestellt. Dies betrifft insbesondere Männer und Frauen mit Familienpflichten. Bezogen auf die Zeitvereinbarkeit zeigen sich Unterschiede sowohl in der Wahrnehmung von Vereinbarkeitskonflikten als auch hinsichtlich der Lernzeiten. Ferner stellt sich studienübergreifend heraus, dass aus Individuumsperspektive kompakte Weiterbildungsformate mit einer flexiblen Zeitgestaltung präferiert werden.

Anschließend an die Erkenntnisse dieser Studien überprüft die „Individuumsbezogene Zeitvereinbarkeitsstudie", ob Teilnehmende eines wissenschaftlichen Weiterbildungsangebotes ähnliche Lernzeitfenster und damit verbundene Vereinbarkeitsproblematiken benennen. Denn im Gegensatz zum grundständigen Studium erfolgt die wissenschaftliche Weiterbildung berufsbegleitend und findet daher – wie in der allgemeinen und beruflichen Weiterbildung – häufig an Wochenenden oder in Form kompakter Blockzeiten statt. Dies erfordert eine (zeitliche) Abstimmung mit dem beruflichen Lebensbereich. Des Weiteren weisen Weiterbildungsstudierende häufiger als im grundständigen Bereich private Verpflichtungen auf, die insbesondere während des Selbststudiums einer Abstimmung bedürfen und daher zu anderen (Lern-)Zeitfenstern sowie umfangreicheren Abstimmungsprozessen als im grundständigen Bereich führen. Im Fokus der Zeitvereinbarkeitsstudie stehen daher Studienmotive, hinderliche und förderliche Faktoren der Zeitvereinbarkeit, das Lernverhalten sowie Zeitmanagementstrategien.

3   (Lern-)Zeitbudgetstudien

Zeitbudgeterhebungen „[...] dokumentieren, wie viel Zeit Menschen im Alltag für welche Aktivitäten aufwenden und zu welchem Zeitpunkt im Tagesverlauf sie diese Tätigkeiten ausüben" (Maier 2014, S. 672). Ziel ist es, unter anderem den Umgang und die Einteilung für verschiedene Lebensbereiche zu erfassen und somit Lebenswirklichkeiten unterschiedlicher Bevölkerungsgruppen abzubilden (vgl. ebd., S. 672f.). Die Erhebung des Zeitbudgets kann auf verschiedene Art und Weise erfolgen: Über ein Protokoll, ein Tage- oder ein Logbuch, welche die Abfolge, die Dauer und die Zeiteinteilung (sequence, duration, timing) der unternommenen Aktivitäten der Versuchsperson über einen bestimmten Zeitraum erfassen (vgl. Harvey 1984, S. 19f.).

In den folgenden Abschnitten wird das Teilgebiet der Lernzeitverausgabung innerhalb der Zeitbudgeterhebung näher betrachtet. Hierbei werden zuerst methodische Herangehensweisen zur Rekonstruktion von Tagesabläufen und dabei insbesondere zur Erfassung von Lernzeiten vorgestellt, worauf bisherige Erkenntnisse aus ebendiesem Bereich präsentiert werden. Es werden vornehmlich Studien zum Zeitbudget von Studierenden aus dem grundständigen Bereich betrachtet, da die Zeitverwendung von Weiterbildungsteilnehmenden noch kaum erforscht ist.

3.1   Methodenspektrum in der (Lern-)Zeitbudgetforschung

Die Zeitbudgetforschung ist ein empirischer Forschungsansatz zur Erfassung und Rekonstruktion von Tagesabläufen. Die Zeit ist dabei das zentrale Erhebungsmerkmal (vgl. Merz 2001, S. 7). Ziel ist es, zu erfassen, wieviel und welche Zeit Probandinnen und Probanden in einem zuvor festgelegten Zeitraum mit bestimmten Tätigkeiten verbringen. Ergänzend zu diesen Daten werden soziodemographische Merkmale erfasst, die die Zeitmuster in einen räumlichen und sozialen Kontext setzen (vgl. Ehling 2001, S. 214). Hinter der Erhebung von Zeitbudgets steht der Fakt, dass keine Person mehr als 24 Stunden am Tag zur Verfügung hat. Unterschiedliche (Lern-)Zeitkontingente entstehen daher mit der zeitlichen Verlagerung von einer zur anderen Aktivität. Dies gilt es anhand der Zeitbudgets zu evaluieren und in Beziehung zueinander zu setzen (vgl. Harvey 1984, S. 19f.).

Mit Hilfe der Zeitbudgetforschung können wichtige Erkenntnisse zu Arbeits- und Lebensverhältnissen einer Bevölkerung sowie zur Lebenswirklichkeit unterschiedlicher Bevölkerungsgruppen und zahlreicher weiterer sozialer Phänomene gewonnen werden. Aufgrund dieser breiten Relevanz sind Zeitbudgetstudien unter anderem in Deutschland Teil der amtlichen Statistik (vgl. Merz 2001, S. 7).

> „It is not time as such that is the object of time budget research. It is rather the arrangement and the fit of people's activities in a temporal frame of reference, in general the human „use of time" and the time-related aspects of the behavior of man and society, that are being studied by the means of time budget research" (Harvey 1984, S. 20).

In der Vergangenheit haben sich im Rahmen der Zeitbudgetforschung zahlreiche Methoden entwickelt. In der Forschung vielfach erprobt wurden u.a. Time-Use-Studies, aktivitätsorientierte Befragungen, Yesterday Interviews und Tagebücher.

Time-Use-Studies erfassen vorwiegend die Zeitanteile, die die Bevölkerung eines Landes für Tätigkeiten wie Arbeit, Haushalt, Erziehung, Ehrenamt, Bildung, Freizeit etc. aufwendet. Im Kern bestehen sie zumeist aus einem von den Teilnehmenden auszufüllenden Zeit-Tagebuch, welches mit mehreren Fragebögen oder Interviews zu soziodemographischen Variablen und Haushaltsstruktur kombiniert wird (vgl. Merz 2001, S. 9; vgl. Schulmeister/Metzger 2011, S. 21).

Im Rahmen einer *aktivitätsorientierten Befragung* – u.a. im Studierendensurvey (siehe Kapitel 2.2) eingesetzt – werden Fragen zur Häufigkeit und Dauer von vorgegebenen Aktivitäten gestellt, welche Teilnehmende mittels einer Selbsteinschätzung über die Dauer beantworten. Nur selten werden dabei ganze Tagesabläufe und konkrete Zeitfenster bzw. Uhrzeiten erfasst. In der Regel fokussieren aktivitätsorientierte Befragungen einige ausgewählte Aktivitäten. Ein Problem dieser Methode ist, dass die Dauer der Aktivität überschätzt werden kann, wodurch gleichzeitig auch die 24-Stunden-Grenze überschritten wird. Dies führt schnell zu Verzerrungen der Ergebnisse (vgl. Ehling 2001, S. 215f.).

Beim sogenannten *Interview über den Vortag (Yesterday-Interview)* handelt es sich um ein retrospektives Interview, bei dem der Ablauf des Vortages rekonstruiert wird. Es besteht ähnlich wie bei der aktivitätsorientierten Befragung die Gefahr, dass während des Interviews ein „normaler" Tagesablauf in den Fokus gerät und nicht der tatsächliche Ablauf geschildert wird (vgl. ebd., S. 216). Beim Einsatz retrospektiver Interviews und/oder Befragungen mit längeren Zeitabständen zu den Aktivitäten kann es außerdem zu Verfälschungen kommen, da das Stattfinden sowie die zeitliche Dauer der Aktivitäten nicht mehr exakt rekonstruiert werden können und zudem gesellschaftlich angesehene Aktivitäten, wie z.B. dem Lernen, mehr Zeit zugeschrieben wird als negativ besetzten Aktivitäten (Effekt der sozialen Erwünschtheit) (vgl. Schulmeister/Metzger 2011, S. 22ff.).

Als eine in diesen Punkten verlässlichere Methode der Zeitbudgetforschung wird in der Fachliteratur die Methode des sogenannten *selbstgeführten Tage-*

buchs angesehen. Hierbei haben die Teilnehmenden die Möglichkeit, die Aktivitäten noch am gleichen Tag in eigenen Worten zu notieren. Dies ermöglicht eine größere Bandbreite an zu erfassenden Aktivitäten. Zudem besteht die Option, Haupt- und Nebenaktivitäten getrennt voneinander zu erheben. Aufgrund der genauen Tageszeitangaben in den Fragebögen lässt sich präzise erfassen, wann die Aktivitäten stattfanden bzw. zu welchen Überschneidungen es mit Nebenaktivitäten kam (vgl. ebd., S. 24). Grundvoraussetzung für eine Teilnahme ist eine gewisse sprachliche Kompetenz, was dazu führen kann, dass bestimmte Personengruppen wie z.B. Analphabetinnen und Analphabeten von der Studie nicht erfasst werden. Zudem handelt es sich bei dieser Methode insgesamt um eine der kostspieligeren und in der Auswertung aufwendigeren der Zeitbudgetforschung (vgl. Ehling 2001, S. 217).

Die beschriebenen Methoden sind allesamt durch unterschiedliche Vor- und Nachteile gekennzeichnet. Ein Vergleich verschiedener Methoden der Lernzeitstudien aus dem Jahr 2013 kommt jedoch zu dem Schluss, dass punktuelle, stichtagsbezogene Erhebungen eine signifikant höhere Anzahl an Stunden aufweisen als Untersuchungen, die die Lernzeit über einen längeren Zeitraum messen. Hierbei werden insbesondere die Schätzwerte aus der Retrospektive als Grund für den Unterschied gesehen. Des Weiteren kritisieren die Autoren die geringe Anzahl und die unklare Erfassung der Dauer von Aktivitäten (vgl. Behm/Beditsch 2013, S. 24f.).

ZEITLast-Studie (2011)

Die vom BMBF geförderte ZEITLast-Studie aus den Jahren 2009 bis 2012 untersucht vor dem Hintergrund der Bologna-Reform und damit einhergehender Veränderungen, wie stärkere zeitliche Reglementierungen die Studierbarkeit von Bachelorstudiengängen beeinflussen (vgl. Metzger/Schulmeister 2010, S. 2).

Im Gegensatz zu anderen Lernzeitbudgeterhebungen, wie die der Sozialerhebung des Deutschen Studierendenwerks, dem Studierendensurvey oder der Projektgruppe Studierbarkeit, wird das Lernzeitbudget nicht mittels einer einzigen Frage nach einem Schätzwert über eine „typische Semesterwoche" retrospektiv erfragt, sondern über fünf Monate täglich detailliert erfasst. Die Belastung der Studierenden wird mittels sogenannter Zeitbudget-Analysen erhoben. Dadurch *„soll untersucht werden, wieviel Zeit Studierende unterschiedlicher Fächer für welche Aktivitäten verwenden"* (Schulmeister/Metzger 2011, S. 38). Um einen interdisziplinären Vergleich zu ermöglichen, werden insgesamt 13 Studiengänge aus den Geistes-, Sozial-, Kultur-, Medien- und Ingenieurwissenschaften, der Betriebswirtschaftslehre sowie der Mathematik abgedeckt.

Für die Durchführung der Erhebung ist ein spezieller Online-Zeiterfassungsbogen entwickelt worden, der die studienrelevanten Aktivitäten der Teilnehmenden erfasst. Die private Zeitverwendung wird ebenfalls erhoben, aber nicht weiter ausdifferenziert. Der Zeiterfassungsbogen ist von den Studierenden ein volles Semester (fünf Monate) lang täglich ausgefüllt worden (vgl. ebd.). Um Erinnerungslücken und damit Verfälschungen vorzubeugen, ist es den Teilnehmenden nur bis maximal 17 Uhr am Folgetag möglich gewesen, den Tag zu erfassen. Die Erhebungen sind von den Forschenden intensiv begleitet und täglich auf Plausibilität und Vollständigkeit der Angaben überprüft worden (vgl. ebd., S. 41).

Zeitverwendungserhebung des Statistischen Bundesamtes

Das statistische Bundesamt führt seit 1991/1992 in regelmäßigen Abständen repräsentative Erhebungen zur Zeitverwendung durch, welche die Arbeits- und Lebensverhältnisse unterschiedlicher Bevölkerungsgruppen und Haushaltstypen widerspiegeln. Primäres Ziel ist es, zu erfassen, *„wie viel Zeit Menschen im Alltag für welche Aktivitäten aufwenden und zu welchen Zeitpunkt im Tagesverlauf sie diese Tätigkeiten ausüben"* (Maier 2014, S. 672f.).

Methodisch gehört die Zeitverwendungsstudie zu den klassischen Time Use Studies. Sie setzt auf eine schriftliche Erhebung mit insgesamt drei Befragungsteilschritten (vgl. Ehling 2001, S. 218-224). Der erste Teil der Studie beinhaltet einen Haushaltsfragebogen, Teil zwei umfasst Personenfragebögen zur Lebenssituation und zum jeweiligen subjektiven Zeitempfinden der Haushaltsmitglieder, der letzte, zentrale Teil stellt schließlich das Ausfüllen eines dreitägigen tabellarischen Tagebuchs dar. Die Tagestabelle selbst ist stark vorstrukturiert und mit Erläuterungen sowie Ausfüllbeispielen angereichert, um möglichen Problemen beim Ausfüllen der Fragebögen entgegenzuwirken. Sie ist dabei in zehn-Minuten-Schritte unterteilt und enthält eine Spalte für eine Hauptaktivität plus weitere Spalten für etwaige Nebentätigkeiten, genutzte Verkehrsmittel und beteiligte Personen. Den Abschluss eines Fragebogentages bilden gezielte Fragen zur subjektiven Einschätzung des jeweiligen Tagesverlaufs. Um zeitlich bedingten Datenverlusten und Ungenauigkeiten vorzubeugen, haben die Teilnehmenden die Möglichkeit, die Angaben am Erhebungstag direkt zu notieren (vgl. ebd., S. 673-677).

3.2   Forschungsstand zum (Lern-)Zeitbudget

In den folgenden Abschnitten werden – neben Erkenntnissen aus den bereits unter methodischen Aspekten vorgestellten Studien – weitere Analysen zum

(Lern-)Zeitbudget von vornehmlich grundständig Studierenden vorgestellt. Darüber hinaus werden auch Erhebungen aus dem Weiterbildungsfeld sowie methodische Ansätze und Überlegungen zur Übertragbarkeit von (Lern-)Zeitbudgetstudien auf den Weiterbildungsbereich betrachtet.

In der Zeitverwendungserhebung des Statistischen Bundesamtes (siehe Kapitel 3.1) spielt die differenzierte Betrachtung von Lernzeitbudgets eine untergeordnete Rolle. In der Erhebung von 2012/2013 wird die durchschnittliche Zeitverwendung für Weiterbildung auf täglich vier Minuten beziffert, wobei für Weiterbildung außerhalb der Arbeitszeit durchschnittlich zwei Minuten pro Tag in Anspruch genommen werden. Fünf Minuten fallen täglich für Wegezeiten zur Weiterbildung an (vgl. Statistisches Bundesamt 2015). Zwar sind ein Vergleich des Lernzeitbudgets anhand verschiedener soziodemographischer Daten und das Herausstellen von Einflussfaktoren der Weiterbildungsbeteiligung möglich, eine Ausdifferenzierung hinsichtlich Weiterbildungsart, Lernort, Lernform, Zweck sowie Tätigkeit findet jedoch nicht statt.

Zeitbudget im grundständigen Studium

Detailliertere Analysen liefern (Lern-)Zeitbudgetstudien aus dem Hochschulbereich, wie die Sozialerhebung des Deutschen Studentenwerkes. In dieser regelmäßigen Erhebung wird u.a. der geschätzte *„Umfang des studienbezogenen Zeitaufwands in einer typischen Woche"* (Middendorff u.a. 2013, S. 31) des jeweils aktuellen Semesters aus der Retrospektive erhoben. Fokussiert wird dabei die Gruppe der Vollzeitstudierenden, um die Vergleichbarkeit zu gewährleisten. Studierende anderer Formate werden aufgrund der unterschiedlichen Organisation des Studienalltags und ihrer individuell verschiedenen Lebenssituationen nicht näher betrachtet (vgl. ebd., S. 315f.). Dennoch wird ein wesentlich höherer Zeitaufwand für Studium und Erwerbstätigkeit im dualen (49 h/Woche) oder berufsbegleitenden Studium (53 h/Woche) angegeben als im Vollzeitstudium (vgl. ebd., S. 361f.). Des Weiteren geben post-gradual Studierende im Vergleich zu (Vollzeit-)Studierenden im Erststudium einen geringeren Zeitaufwand an, wobei der Anteil des Selbststudiums deutlich höher liegt. Zudem gehen 80 Prozent dieser Gruppe einer Beschäftigung mit einem Umfang von 19 Stunden pro Woche nach. Trotz der höheren Gesamtbelastung bewerten 57 Prozent der post-gradualen Studierenden den Studienaufwand als angemessen. Aufgrund dieser Merkmale weisen sie womöglich Parallelen zu Weiterbildungsteilnehmenden auf und können bei Auswertungen der eigenen Erhebungen als Vergleichsgruppe herangezogen werden (vgl. ebd., S. 317ff.).

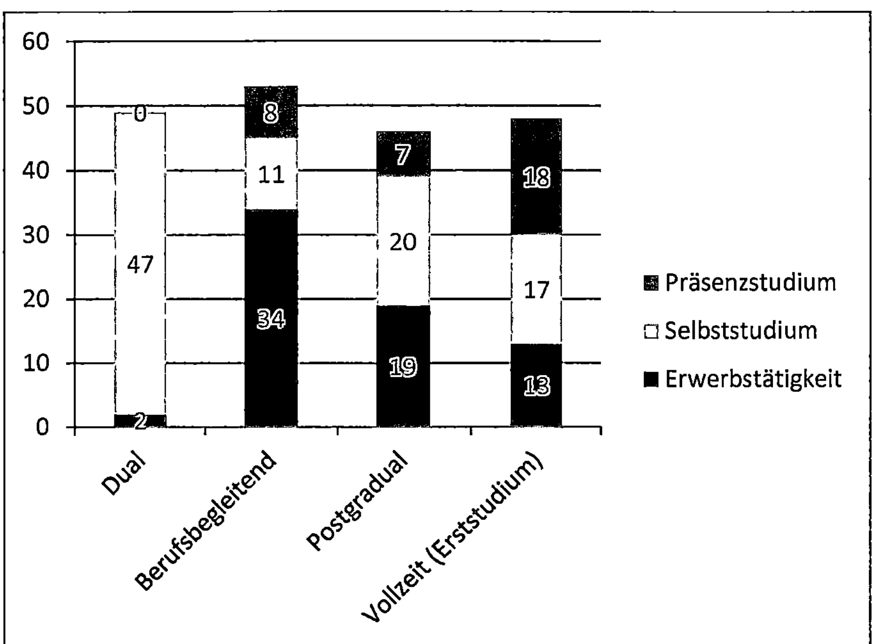

Abbildung 1:   Durchschnittliches Zeitbudget nach Studienform[4] (vgl. Midden-dorff u.a. 2013, S. 361ff.)

Im Vergleich zur Sozialerhebung fällt der im *Studierendensurvey* geschätzte wöchentliche Zeitaufwand grundständig Vollzeit-Studierender für das Winter-semester 2012/2013 mit 33 Stunden pro Woche etwas niedriger aus. Den höchs-ten zeitlichen Aufwand weisen Studierende der Medizin und der Naturwissen-schaften ($\geq$ 40h/Woche) auf. Der geringste zeitliche Studieraufwand wird in den Fächern Kunstwissenschaft sowie Psychologie (25h/Woche) angegeben (vgl. Ramm u.a. 2014, S. 29ff.). Auch die Ergebnisse der *Projektgruppe Studierbar-keit*[5] (2007) zeigen fach- und zeitpunktespezifische Unterschiede im Lernzeit-budget von Studierenden der Humboldt-Universität zu Berlin. So weisen natur-wissenschaftliche Studienfächer die höchsten Präsenzzeiten mit durchschnittlich 20 Semesterwochenstunden auf. Im Mittel geben die Studierenden 16 Semes-terwochenstunden an. Die Arbeitsbelastung der Studierenden ist insgesamt un-

---

4   Eine Differenzierung zwischen Präsenz- und Selbststudium ist aufgrund der unterschiedlichen Formen des dualen Studiums nicht möglich gewesen.

5   Die Studie untersucht das Lernzeitbudget von Studierenden der Humboldt-Universität zu Berlin anhand des Besuchs von Lehrveranstaltungen und retrospektiv geschätzter Zeiten für die Vor- und Nachbereitung in einer durchschnittlichen Woche des Sommersemesters 2006.

gleichmäßig verteilt. Sie konzentriert sich einseitig auf die Vorlesungszeit (vgl. Projektgruppe Studierbarkeit 2007, S. 31ff.).

Um einen Vergleich des festgelegten mit dem tatsächlichen Workload von Studierenden zu ermöglichen, ist im Rahmen der *FELZ-Studie* (2006) das Fragebogeninventar zur Erfassung der studienbezogenen Lernzeit (i.a.W. FELZ-Inventar[6]) entwickelt worden. Im Unterschied zu den bereits genannten Studien wird das Lernzeitbudget nicht nur mittels einer Frage aus Retrospektive erhoben, sondern mittels regelmäßiger Protokollierungen. Trotz des z.T. geringen Rücklaufs kommen die Forschenden zu dem Schluss, dass der tatsächliche Workload unter den festgelegten Werten liegt. Zudem ist die Streuung innerhalb eines Studienganges sehr hoch (vgl. Blüthmann/Ficzko/Thiel 2006).

Einen ähnlichen methodischen Ansatz zur Lernzeitbudgeterhebung im grundständigen Bereich verfolgt die *ZEITLast-Studie* (siehe Kapitel 3.1). Der hierbei gemessene Zeitaufwand kann die häufig subjektiv empfundene hohe Belastung in den Bachelorstudiengängen jedoch nicht bestätigen. Der tatsächliche studentische Arbeitsaufwand liegt fächerübergreifend unterhalb des theoretisch bemessenen Wertes des Workloads. Hierin kommt die ZEITLast-Studie zu demselben Ergebnis wie die FELZ-Studie. Statt des Umfangs von 40 Stunden pro Woche werden im Mittel wöchentlich 23 Stunden[7] für studienrelevante Tätigkeiten aufgewendet (vgl. Schulmeister 2011, S. 2f.). Auch hier lässt sich eine Ungleichverteilung des zeitlichen Aufwandes erkennen, die zu einer hohen Belastung in den Prüfungsräumen und zu sinkenden Werten nach dem Prüfungsmonat (durch geringe Zeitaufwände für das Präsenz- und Selbststudium) tendiert (vgl. Schulmeister/Metzger 2011, S. 47f.). Schulmeister vermutet entsprechend, dass Prüfungszeiträume das subjektive Stressempfinden beeinflussen und neben Effekten der sozialen Erwünschtheit zu Verzerrungen bei der Angabe retrospektiver Schätzwerte führen (vgl. Schulmeister 2011, S. 3).

Aus der ZEITLast-Studie geht ferner hervor, dass das Selbststudium in einem weitaus geringeren Umfang stattfindet als durch den Workload abgebildet (vgl. Berg 2013, S. 16). Der Zweck des Selbststudiums ist zu einem Großteil auf eine punktuelle Prüfungsvorbereitung ausgerichtet, während die Vor- und

---

6   Das FELZ-Inventar setzt sich aus drei Fragebögen zusammen: Einen Fragebogen für die Vorlesungszeit, in welchem täglich Vor- und Nachbereitungszeiten sowie die Anwesenheit und mögliche beeinträchtigende Faktoren protokolliert werden. Einen Fragebogen für die vorlesungsfreie Zeit, welcher die studienbezogenen Aktivitäten außerhalb des Vorlesungszeitraums wöchentlich protokolliert. Die wöchentliche Erfassung ist mit der geringeren zeitlichen Belastung für diesen Semesterabschnitt begründet. Der dritte, personenbezogene Fragebogen erfasst soziodemografische Daten, welche Einfluss auf die Lernzeitbudgets der Studierenden haben könnten.

7   Die Streuung beträgt 20 bis 27 Stunden zwischen den Studiengängen und 9 bis 53 Stunden wöchentlich zwischen den Probandinnen und Probanden.

Nachbereitung von Lehrveranstaltungen lediglich am Anfang des Semesters von erhöhter Bedeutung sind. Auch studienbezogene Aktivitäten außerhalb des regulären Lehrveranstaltungsbetriebs, wie studentische Selbstverwaltung und Studienorganisation, die sich negativ auf die Lernzeit auswirken können, spielen eine untergeordnete Rolle. Vielmehr werden die Studienstruktur, die Lehrorganisation sowie individuelle Faktoren, wie das Lernverhalten und das Zeit- und Stressmanagement, als Ursachen herangezogen. Darüber hinaus wird hervorgehoben, dass Studierende mit Kindern einen erheblich höheren Vereinbarkeitsdruck haben, die Studienanforderungen zu erfüllen, als kinderlose Studierende. Ein Vergleich zwischen den Studiengängen wird kritisch bewertet, aufgrund variierender Anforderungen, des Einflusses von Dozentinnen und Dozenten sowie des individuellen Lernverhaltens. Es kann weiterhin kein Zusammenhang zwischen investierter Lernzeit und der Benotung festgestellt werden (vgl. Schulmeister/Metzger 2011, S. 46ff.).

Die folgende Tabelle gibt einen Überblick über die methodischen Zugänge sowie die Lernzeiten der betrachteten Zeitbudgeterhebungen. Diese orientiert sich an der Tabelle von Behm und Beditsch (2013), wobei die Daten zum Teil aktualisiert und Studien ergänzt worden sind:

Studie	Methodik	Ø Workload/Woche
20. Sozialerhebung	Aktivitätsorientierter Fragebogen	35 Stunden (Vollzeitstudium) 27 Stunden (Postgraduales Studium) 19 Stunden (berufsbegleitendes Studium)
12. Studierendensurvey	Aktivitätsorientierter Fragebogen	33 Stunden
Studierbarkeit an der Humboldt-Universität	Aktivitätsorientierter Fragebogen	38-45 Stunden (53% der Befragten)
ZeitLast	Online-Zeiterfassungsbogen	23 Stunden
FELZ	2 Fragebögen (täglich, wöchentlich)	21 Stunden
Trendstudie Fernstudium	Aktivitätsorientierter Onlinefragebogen	> 10 Stunden (55 % der Befragten) 11-15 Stunden (25%) 16-20 Stunden (18%) > 20 Stunden (12%)

Tabelle 1: Zeitbudgetstudien im Überblick[8] (vgl. Behm/Beditsch 2013, S. 24)

---

8   Die Tabelle wurde um die Studien „Studierbarkeit an der Humboldt Universität" und die „Trendstudie Fernstudium" ergänzt. Des Weiteren wurden die Daten der Sozialerhebung und des Studierendensurveys aktualisiert.

Zeitbudget im Fernstudium

Behm und Beditsch (2013) untersuchen die Rahmenbedingungen, Herausforde-rungen sowie die Übertragbarkeit der Workloaderfassung auf ein Fernstudium, welches im Vergleich zum Präsenzstudium insbesondere durch einen hohen Anteil des Selbststudiums und einem dementsprechend geringeren Präsenzanteil gekennzeichnet ist. Die Autoren vergleichen das Selbststudium mit einer Art *„Blackbox"*, über dessen Umfang und Art bisher wenig bekannt ist. Sie vermu-ten eine wesentlich höhere interpersonelle Streuung als bei der „ZEITLast"-Studie (10-50h/Monat). Ein Einflussfaktor, der das Selbststudium im Fernstudi-um negativ beeinflussen könnte, ist die Belastung durch die Berufstätigkeit. Brandstätter und Farthofer (2003) stellten bereits einen negativen Zusammen-hang zwischen Studienleistung und einer wöchentlichen Arbeitszeit von mehr als 19 Stunden fest. Zugleich kann die Berufstätigkeit den Zeitaufwand im Selbststudium durch die darin erworbenen Fachkenntnisse beeinflussen. Über-schneiden sich die Vorkenntnisse mit den Inhalten des Selbststudiums, kann dies selbstgesteuertes Lernen unterstützen und damit den Umfang für das Selbststudium reduzieren. Auch Motivation und Interesse an den Inhalten des jeweiligen Moduls sowie die Anwendbarkeit in der beruflichen Praxis beein-flussen die Lernzeit (vgl. Behm/Beditsch 2013, S. 23ff.).

Aus den Erkenntnissen der verschiedenen Workload-Erhebungen leiten die Autoren ein – noch in der Praxis zu erprobendes – Instrument zur Lernzeiterfas-sung ab, das die Einflussvariablen der Lernzeit im Fernstudium an der betrach-teten Hochschule beinhaltet. Dabei werden sowohl das Lehr-/Lernsystem (z.B. die Präsenzzeiten oder das Studienmaterial), Lerninhalte, individuelle Voraus-setzungen (z.B. Vorwissen durch Berufserfahrung oder soziodemografische Merkmale) als auch persönliche Einstellungen zum Studium (z.B. Motivation oder Leistungsanspruch) als sich gegenseitig beeinflussende Größen identifiziert (vgl. ebd., S. 25ff.).

Auch Berg (2013) erforscht die Übertragbarkeit der Ergebnisse aus der ZEITLast-Studie auf das Fernstudium. Dabei geht er näher auf das Lernmedium der Studienhefte ein. Die Bearbeitungsdauer dieser Lernmaterialien lässt sich aufgrund individueller Faktoren kaum ermitteln. Er kritisiert die – wie im grundständigen Bereich – fehlende Strukturierung und Begleitung des Selbst-studiums und empfiehlt, *„das richtige Maß an vorgegebenem Lernen, geleite-tem Selbstlernen und freiem Selbstlernen zu finden"* (Berg 2013, S. 18). Zur besseren Strukturierung des Selbststudiums sollten verschiedene E-Learning-Methoden eingesetzt werden. Als Beispiele für die Umsetzung der Empfehlun-gen aus der ZEITLast-Studie nennt er E-Lectures, Virtual Classroom Seminare sowie elektronische Portfolioarbeiten, um den Lernprozess besser zu strukturieren und anzupassen. Der Preis für die engere Verknüpfung von Vorlesung (E-Lecture), Seminar (Webinar) und Selbststudium ist jedoch eine geringere zeitliche Flexibilität. Hierbei gilt es von dem Einzelnem abzuwägen, ob ein solches Modell, welches die Zeitkonkurrenzen zu anderen Lebensbereichen verschärft und eine Vereinbarkeit erschweren kann, für mehr Studienerfolgssicherheit in Kauf genommen wird (vgl. ebd., S. 21).

Einen Einblick in den tatsächlichen Zeitaufwand von Fernstudierenden liefern die *Trendstudien Fernstudium* (vgl. Thuy/Höllermann 2011; Sommerfeldt/Höllermann 2014). In einer onlinebasierten Befragung werden neben zeitlichen Aspekten auch Motive, Informationsbeschaffung, Betreuung, Lehr-Lernformate, Arbeitgeberunterstützung sowie die Rentabilität eines Fernstudiums abgefragt. Die verfügbaren Zeitfenster werden von den Teilnehmenden retrospektiv angegeben. Es überwiegt die Anzahl derjenigen, die in Teilzeit mit einer wöchentlichen Studienzeit zwischen 15 und 30 Stunden (39%) studieren. Ein ausgeglichenes Verhältnis ergibt sich bei den Vollzeitstudierenden (über 30 Stunden pro Woche) und denjenigen, die weniger als wöchentlich 15 Stunden Zeit in das Studium investieren (31% zu 30%) (vgl. Sommerfeldt/Höllermann 2014, S. 8). Das Lernzeitbudget wird von den Autoren als eine der zentralen Problemstellungen identifiziert und unterteilt sich folgendermaßen:

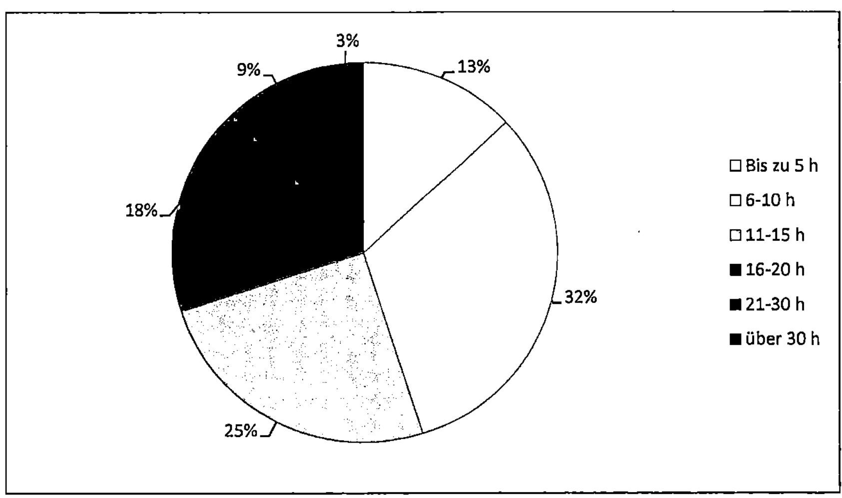

Abbildung 2:   Zeitbudget im Fernstudium (Stunde/Woche) (vgl. Sommerfeldt/Höllermann 2014, S. 23)

Über alle Gruppen hinweg wird das Wochenende (89%) als ein Zeitraum für das Selbststudium angegeben, aber auch die Urlaubszeit wird hierfür genutzt (52%). Bezogen auf verfügbare Zeitfenster innerhalb eines Tages werden die späten Abendstunden nach 20 Uhr (60%) sowie der frühe Abend ab 18 Uhr (41%) angegeben. Nur eine Minderheit (6%) setzt sich mit den Lerninhalten in den frühen Morgenstunden auseinander oder nutzt Wegezeiten zum Arbeitsort als Möglichkeit zum Lernen (18%). Die Lernzeitfenster verdeutlichen die starke Konkurrenz zu anderen Lebensbereichen, insbesondere zum Privat- und Familienleben. So empfinden 51 Prozent der Befragten das Fernstudium als starke Belastung für ihr soziales Leben. Einschränkend gilt jedoch, dass dieser Personenkreis die zusätzliche Belastung als lohnenswert betrachtet. Eine zeitliche Entlastung und bessere Vereinbarkeit mit dem Privatleben könnte durch eine Unterstützung des Arbeitgebers erreicht werden. Diese erhalten 35,5 Prozent der Befragten. Überwiegend leistet der Arbeitgeber in diesen Fällen Unterstützung in organisatorischen (50%), zeitlichen (43%) sowie finanziellen Fragen (39%). Dies betrifft etwa Regelungen zur Arbeitszeitgestaltung, Freistellung oder zur Kostenübernahme. Dahingegen betrachten 45 Prozent aller Befragten eine Unterstützung von der Arbeitgeberseite als wünschenswert, erhalten diese jedoch nicht. In der Befragung wurden ebenfalls gewünschte und erhaltene Unterstützungsleistungen vergleichend betrachtet. Dabei ist zu erkennen, dass sich die Befragten an erster Stelle eine zeitliche Entlastung (51%) wünschen, gefolgt von finanziellen Unterstützungsmaßnahmen (48%). Des Weiteren wünschen sich 40 Prozent der Befragten eine Entwicklungsperspektive im Unternehmen nach erfolgreichem Studienabschluss. Tatsächlich erhalten diese Aussichten jedoch nur 23 Prozent der Befragten. 19 Prozent lehnt eine Unterstützung durch den Arbeitgeber gänzlich ab. Die Ergebnisse der Trendstudie Fernstudium geben einen Einblick in das Zeitmanagement von berufstätigen Studierenden. Es wird deutlich, dass die Mehrzahl der Studierenden mehr als zehn Stunden pro Woche für das Studium aufwendet. Da die Lernzeiten häufig auf die Wochenenden oder auf die Abendzeiten gelegt werden, kollidieren diese mit dem Privatleben und werden als Belastung wahrgenommen. Daher wünscht sich die große Mehrheit der Befragten die Unterstützung durch den Arbeitgeber oder erhält diese bereits, um das Studium mit den anderen Lebensbereichen besser zu vereinbaren (vgl. ebd., S. 22ff.).

Fazit

Die dargestellten Studien zeigen, dass die Erfassung von (Lern-)Zeitbudgets vielfältige Methoden nutzt und unterschiedliche Erkenntnissinteressen verfolgen kann. Die Zeitverwendung des Statistischen Bundesamtes errechnet zwar die durchschnittliche tägliche Zeit für Weiterbildung, diese ist jedoch sehr undifferenziert und gibt daher wenig Einblick in das Lernzeitbudget von Weiterbildungsteilnehmenden. Detaillierte Analysen vermitteln dahingegen Zeitbudgetstudien aus dem Hochschulbereich. Häufig liegt der Fokus auf traditionell (Vollzeit-)Studierenden, während nicht-traditionell Studierende meist nur am Rande oder gar nicht betrachtet werden. So geben die Sozialerhebung des Deutschen Studentenwerkes sowie der Studierendensurvey als etablierte aktivitätsorientierte Langzeitbefragungen unter anderem Auskunft über den Zeitaufwand für den Besuch von Lehrveranstaltungen sowie für das Selbststudium. Diese Erhebungen beschreiben eine „typische Woche" in der Vorlesungszeit. Dahingegen legen die Studien „FELZ" sowie „ZEITLast" ihren Schwerpunkt auf die Überprüfung des Workloads. Um den theoretisch festgelegten mit dem tatsächlichen Zeitaufwand zu vergleichen, beziehen sie daher sowohl die Vorlesungszeit als auch die vorlesungsfreie Zeit in die Erhebung ein. Des Weiteren werden Aktivitäten im Präsenz- und Selbststudium genauer ausdifferenziert. Das Lernzeitbudget ist in diesen Studien nicht nur wesentlich geringer als in den aktivitätsorientierten Befragungen, sondern auch als der theoretisch bemessene Wert des Workloads. Die häufig beschriebene zeitliche Belastung, die primär in den Bachelorstudiengängen beklagt wird, wird vor allem der neuen Studienstruktur der Bologna-Reform zugeschrieben und hier insbesondere den studienbegleitenden Prüfungen, welche zu einer hohen Belastung am Ende der Vorlesungszeit und letztlich zu einem verzerrten Stressempfinden führe. Von Interesse für die „Individuumsbezogene Lernzeitbudgetstudie" sind vor allem das Verhältnis von Präsenz- und Selbststudium sowie von Weiterbildung und anderen Lebensbereichen. Ferner werden „studienrelevante Tätigkeiten" während der Selbstlernphase untersucht.

Allen betrachteten Studien ist gemein, dass die Zeitaufwendung eine große interpersonelle Streuung aufweist. Dies lässt darauf schließen, dass das Lernzeitbudget auch von Faktoren geprägt wird, die nicht von der Studienorganisation abhängen, wie beispielsweise individuelles Zeitmanagement und Lernverhalten.

Für den Bereich der wissenschaftlichen Weiterbildung sind bisher nur vereinzelt methodische Überlegungen oder Zeitbudgeterhebungen zu finden. In der aktivitätsorientierten Befragung „Trendstudie Fernstudium" gibt die Mehrzahl der befragten Studierenden an, mehr als zehn Stunden die Woche für das Fernstudium aufzuwenden. Vor allem die Zeit am Wochenende und abends nach der Arbeit wird genutzt, um sich mit den Themen des Fernstudiums auseinanderzusetzen. Somit stehen Lage und Ausmaß der Lernzeiten in direkter Konkurrenz zum Arbeits- und Privatleben. Das Selbststudium scheint daher eine wichtigere Rolle zu spielen als das Präsenzstudium. Als Einflussfaktoren auf die Lernzeit im Selbststudium werden interpersonelle Faktoren sowie fachliche Kenntnisse und der zeitliche Umfang der Erwerbstätigkeit genannt. Darüber hinaus werden E-Learning-Methoden als mögliche Strukturgeber im Selbststudium benannt (vgl. Behm/Beditsch 2013; Berg 2013; Sommerfeldt/Höllermann 2014). Daher legt die „Individuumsbezogene Lernzeitbudgetstudie" ihren Fokus auf die Erforschung des Selbststudiums.

Aus den betrachteten Studien zur Zeitvereinbarkeit und zu (Lern-)Zeitbudgets lässt sich ein gegenwärtiger Forschungsbedarf zum (Lern-)Zeitbudget in der wissenschaftlichen Weiterbildung ableiten. Die Auswertung der Sekundäranalyse liefert dabei wichtige Erkenntnisse über die Möglichkeiten des methodischen Vorgehens sowie zur konzeptionellen Ausgestaltung der „Individuumsbezogenen Zeitbudgetstudie". Die hierfür aus der Sekundäranalyse der Forschungsliteratur gewonnenen Erkenntnisse und abgeleiteten Hypothesen werden im folgenden Forschungsdesign dargelegt.

4   Forschungsdesign der Individuumsbezogenen Zeitbudgetstudie

Einen Ansatz zur Erfassung und Analyse von Zeitbudgets und Zeitlogiken von individuellen Zielgruppen in der wissenschaftlichen Weiterbildung verfolgt das Verbundprojekt „WM³ Weiterbildung Mittelhessen" durch die „Individuumsbezogene Zeitbudgetstudie". Die Studie beschäftigt sich mit der Frage, welche zeitlichen Vereinbarkeitsstrategien und Lernzeitbudgets Teilnehmende von wissenschaftlichen Weiterbildungsangeboten im Kontext ihres konkreten beruflichen, sozialen und familiären Umfeldes nutzen (vgl. Philipps-Universität Marburg u.a. 2014, S. 9). Um dieser Fragestellung nachzugehen, werden zwei Forschungsansätze verfolgt. In der Interviewstudie „Individuumsbezogene Zeitvereinbarkeitsstudie" werden Teilnehmende zu ihren persönlichen Vereinbarkeitsstrategien und damit einhergehenden Konflikten befragt. In einer zweiten Erhebung, der „Individuumsbezogenen Lernzeitbudgetstudie", wird die Lernzeitverausgabung von Weiterbildungsteilnehmenden mittels Zeitprotokollen erfasst.

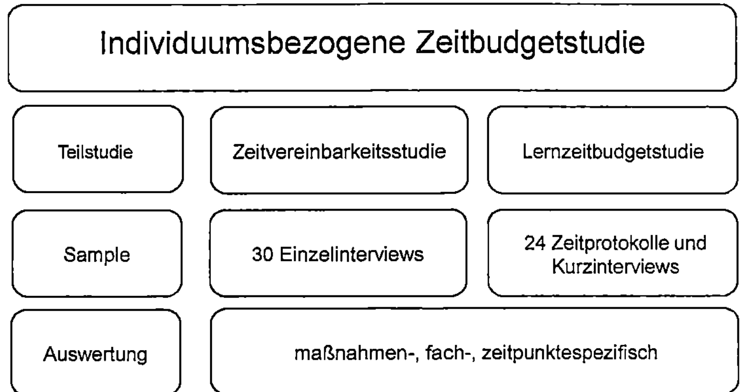

Abbildung 3:   Forschungsdesign der „Individuumsbezogenen Zeitbudgetstudie"

Die Studienteilnehmenden stammen aus insgesamt drei Fachclustern, die die institutionellen Profile der drei Verbundhochschulen (Wirtschafts-, Ingenieurs-, Sozialwissenschaften und Medizin) im Bereich der wissenschaftlichen Weiterbildung abdecken. Zudem umfasst das Sample unterschiedliche Maßnahmen (Master- und Zertifikatskurse) sowie Studienzeitpunkte (zu Beginn, in der Mitte und am Ende des Studienangebots).

Die Stichprobe maßnahmen-, zeitpunkte- und fachspezifisch zusammenzustellen, dient dazu, die möglichen Effekte dieser Dimensionen auf die zeitliche Vereinbarkeit zu eruieren. Theoretisch basiert die Sampleauswahl auf den generierten Erkenntnissen aus der Forschungsliteratur (siehe Kapitel 2.2 und 3.2). Verschiedene Studien zur Lernzeitverausgabung – wie die Sozialerhebung, der Studierendensurvey oder die Projektgruppe Studierbarkeit – weisen Studierenden der Natur- und Ingenieurwissenschaften sowie der Medizin hohe Werte zu, während die Sozial-, Gesellschafts- und Geisteswissenschaften zu den Studiengängen mit den niedrigsten wöchentlichen Lernzeiten zählen (vgl. Middendorff u.a. 2013, S. 318; Ramm u.a. 2014, S. 30; Projektgruppe Studierbarkeit 2007, S. 32). Da diese zumeist den grundständigen Bereich betreffen, verfolgt die „Individuumsbezogene Zeitbudgetstudie" unter anderem das Ziel, Vergleiche im Bereich des Weiterbildungssektors zu ziehen.

Die Zeitpunktespezifik liegt den Erkenntnissen aus dem grundständigen Bereich zugrunde, dass die Arbeitsbelastung nicht gleichmäßig auf das gesamte Semester verteilt ist. Diese konzentriert sich auf den Prüfungszeitraum und sinkt in der vorlesungsfreien Zeit auf ein Minimum (vgl. Schulmeister/Metzger 2011, S. 57f.; Projektgruppe Studierbarkeit 2007, S. 208). Zudem ist der Zeitaufwand an den Werktagen höher als am Wochenende (vgl. Middendorff u.a. 2013, S. 320f.). Es wird vermutet, dass sich der Zeitaufwand in der wissenschaftlichen

Weiterbildung vom grundständigen Bereich unterscheidet. Gestützt wird diese Annahme durch die Erkenntnisse aus der Trendstudie Fernstudium (2014), welche herausstellt, dass Lernzeiten vor allem auf das Wochenende und auf den Abend fallen (vgl. Sommerfeldt/Höllermann 2014, S. 22f.). Zudem unterliegt der Studienalltag im Weiterbildungsbereich einer anderen Organisation. Beispielsweise findet häufiger eine projektbezogene Auseinandersetzung mit Inhalten in Blockeinheiten statt, sodass auch der Prüfungszeitraum zeitlich entzerrt wird. Des Weiteren werden häufiger E-Learning- bzw. Blended-Learning-Konzepte umgesetzt, die sich durch das orts- und zeitflexiblere Lernen auch auf das Lernzeitbudget auswirken können.

4.1   Individuumsbezogene Zeitvereinbarkeitsstudie

Die Frage, wie eine Teilnahme an wissenschaftlichen Weiterbildungsangeboten unter zeitlichen Gesichtspunkten mit den anderen Lebensbereichen kompatibel ist, bildet ein zentrales Untersuchungsinteresse der geplanten „Individuumsbezogenen Zeitvereinbarkeitsstudie". Ihr Fokus ist auf die Teilnehmenden und ihre individuellen Handlungsweisen gerichtet, da der aktuelle Forschungsstand Vereinbarkeit als einen permanenten *„Akt des Ausbalancierens"* (Weßler-Poßberg 2014, S. 85) durch die Akteurinnen und Akteure im alltäglichen Wechseln zwischen den Lebensbereichen beschreibt. Bei der entsprechenden *„Grenzgestaltung"* (ebd., S. 82ff.) zwischen den Sphären können Abstimmungsschwierigkeiten und Konflikte auftreten, die von den Akteurinnen und Akteuren zu bearbeiten sind. Vor diesem Hintergrund gilt das zentrale Erkenntnisinteresse der geplanten Studie den *„zeitlichen Vereinbarkeitsstrategien von Teilnehmenden der wissenschaftlichen Weiterbildung im Kontext ihres konkreten beruflichen, sozialen und familiären Umfeldes"* (vgl. Philipps-Universität Marburg 2014, S. 9).

Zur Bearbeitung ist ein qualitativer Untersuchungsansatz gewählt worden, der es ermöglicht, *„Situationsdeutungen oder Handlungsmotive in offener Form zu erfragen"* (Hopf 2005, S. 350). Mittels 30 leitfadengestützter Interviews sollen die individuellen Handlungsstrategien und Prioritätensetzungen der Studienteilnehmenden erhoben werden. Aufgrund dieser Einzelbefragungen können *„Abläufe, Deutungsmuster und Strukturmerkmale"* (Flick/von Kardoff/Steinke 2005, S. 14) aus *„der Perspektive der Betroffenen"* (ebd., S. 17) untersucht werden. Mit der Interviewstudie werden Ursachen erforscht, die sich auf das Zeitbudget von Weiterbildungsteilnehmenden auswirken können. Dazu können, wie bei der ZEITLast-Studie herausgestellt, nicht nur die Studienstruktur und Lehrorganisation, sondern auch individuelle Faktoren, wie das Lernverhalten und

Zeitmanagementstrategien, zählen. Der Leitfaden umfasst fünf zentrale Fragebereiche: den Zeitumfang des wissenschaftlichen Weiterbildungsstudiums, die Vereinbarkeit der Teilnahme an wissenschaftlicher Weiterbildung mit anderen Lebensbereichen sowie diesbezüglichen beruflichen wie privaten Unterstützungsstrukturen, die Vereinbarkeitskonflikte und ihre Lösungsstrategien, individuelle Handlungskonzepte und Bewältigungsmuster zeitlicher Konflikte sowie die Zufriedenheit mit dem individuellen Zeitbudget bzw. Zeitwünschen und -visionen. Mit diesen Bereichen werden verschiedene Aspekte aufgegriffen, die in den referierten Studien zum Tragen gekommen und für das Erkenntnisinteresse relevant sind. Dazu gehören Vereinbarkeitsherausforderungen (Nahrstedt 1998), hinderliche und förderliche Teilnahmefaktoren, Zeitkonkurrenzen zwischen Lebensbereichen oder (Lern)Zeitwünsche (Schmidt-Lauff 2011) sowie (zeitliche) Anforderungen an wissenschaftliche Weiterbildungsformate (Präßler 2015). Mit den Fragen zu diesen Themenfeldern und Aspekten sollen sowohl Schwierigkeiten und erfolgreiche Strategien der Work-Learn-Life-Balance als auch individuelle Strukturierungs- und soziale Abstimmungsleistungen in den Blick genommen werden.

Zielsetzung der „Individuumsbezogenen Zeitvereinbarkeitsstudie" ist es, individuelle Einschätzungen und Strategien zur Vereinbarkeit der Weiterbildungsteilnahme mit anderen Lebensbereichen zu erschließen. Des Weiteren wird der Einfluss familiärer Verpflichtungen auf die Vereinbarkeit überprüft. Sowohl Studien aus dem grundständigen Bereich als auch aus dem Weiterbildungsbereich weisen Personen (und hierbei insbesondere Frauen) mit Kindern einen höheren Vereinbarkeitsdruck zu als Kinderlosen (vgl. Schulmeister/Metzger 2011; Nahrstedt u.a. 1998; Schmidt-Lauff 2011; Präßler 2015). Dabei findet die Rolle betrieblicher wie privater Unterstützungsangebote ebenso Berücksichtigung wie die zeitliche Gestaltung des Weiterbildungsangebots. Darüber hinaus können die Befunde im Gesamtkontext der „Individuumsbezogenen Zeitbudgetstudie" zur Anpassung und Verbesserung der zeitlichen Organisation und Lage von Studiengängen an die Bedarfe der Teilnehmenden nutzbar gemacht werden. Denn die individuelle Einschätzung einer zeitlichen Bewältigung des Studienaufwands ist sowohl ein Entscheidungskriterium zur Weiterbildungsteilnahme als auch ein Einflussfaktor hinsichtlich Abschluss oder Abbruch der Weiterbildungsmaßnahme.

4.2 Individuumsbezogene Lernzeitbudgetstudie

Ziel der „Individuumsbezogenen Lernzeitbudgetstudie" ist es, zu erfassen, welche temporalen Muster bei Teilnehmenden der wissenschaftlichen Weiterbildung im Kontext ihres konkreten beruflichen, sozialen und familiären Umfeldes vorzufinden sind. Vorgesehen ist ein Sample aus insgesamt 24 Teilnehmenden der drei Verbundhochschulen.

Nach Analyse der mit den verschiedenen Methoden der Lernzeiterfassung einhergehenden Vor- und Nachteile ist ein Instrument zur Erfassung der individuellen Lernzeitbudgets entwickelt worden, welches sich den Erfassungsbogen der „ZEITLast"-Studie als Vorbild nimmt und darüber hinaus Elemente aus anderen Erhebungen ergänzt. Im Zentrum der Erhebung stehen dabei Zeitprotokolle, die den Tagesablauf der Teilnehmenden über einen Zeitraum von einem Monat (30 Tage) täglich (Wochenende eingeschlossen) erfassen sollen. Der tägliche Ausfüllrhythmus soll Erinnerungslücken vorbeugen und korrekte Zeitangaben fördern. Eine Protokollierung über den Zeitraum eines gesamten Semesters, wie bei der ZEITLast- und der FELZ-Studie, konnte aus forschungsökonomischen Gründen nicht umgesetzt werden. Daher ist eine Überprüfung des theoretischen mit dem geschätzten Workload in dieser Studie nicht möglich. Vielmehr legt das Forschungsteam den Fokus auf die Generierung von Erkenntnissen über die „*Blackbox*" des Selbststudiums (vgl. Behm/Beditsch 2013), welches im Vergleich zum grundständigen Vollzeitstudium aufgrund einer geringeren Anzahl an Lehrveranstaltungen einen wesentlich größeren Raum einnehmen sollte als das Präsenzstudium (vgl. ebd. S. 25). Zentral ist hierbei die Frage, welche Rolle das Selbststudium im Lebensalltag der Teilnehmenden spielt (v.a. bezogen auf den zeitlichen Rahmen), welche Formen es annehmen kann und wie sich das Lernzeitbudget über den Zeitraum eines Monats verändert. Die Methode der Zeitprotokolle ist gewählt worden, um möglichen Verfälschungen aufgrund sozialer Erwünschtheit vorzubeugen. Weiterhin ist mit der Protokollierung ein geringerer Aufwand für die Teilnehmenden verbunden als mit einem selbstgeführten Tagebuch oder dem Yesterday Interview. Um möglichen Problemen beim Protokollieren vorzubeugen, ist die Tagestabelle selbst stark vorstrukturiert (vgl. Ehling 2001). Die Entscheidung, wann und wo die Protokolle täglich ausgefüllt werden, obliegt den Teilnehmenden. Hierfür ist keine Terminabsprache nötig, wie es beispielsweise bei Befragungen und Interviews der Fall ist.

Start	Dauer	Studium & Freizeit	Lehrveranstaltungstyp	Arbeitsform	Zweck	Tätigkeit	Medien
		Lehrveranstaltungsname	Vorlesung	Lehrveranstaltung (real)	Unterrichtsvorbereitung	Lesen	Mit IT-Medien
		Studium allgemein (z.B. Wahlfach, Studiumorganisation)	Seminar	Lehrveranstaltung (online)	Unterrichtsnachbereitung	Schreiben	ohne IT-Medien
		Curriculare Sonderformen (z.B. Exkursion)	Übung	Prüfung	Prüfungsvorbereitung (LV, Modul)	Referat/ Präsentation erarbeiten	
		Extracurricular (private Zeit, Weiterbildung, Jobben, Krankheit, Urlaub)	Tutorium	Selbststudium (individuell)		Aufgaben lösen	
			Labor	Selbststudium (Arbeitsgruppe)		Filme sichten	

Tabelle 2:   Kategorien der „ZEITLast"-Studie (vgl. Schulmeister/Metzger 2011, S. 39)

Die oben stehende Tabelle (Tabelle 2) gibt einen Überblick über die Ober- und Unterkategorien der ZEITLast-Studie (vgl. Schulmeister/Metzger 2011). Daran angelehnt sind auch die zentralen Kategorien des Zeitprotokolls der „Individuumsbezogenen Lernzeitbudgetstudie": Lebensbereich, Ort, Lernform, Zweck, Tätigkeit. Um den Kontext der Weiterbildungsaktivitäten zu erfassen, sind vier Lebensbereiche (Arbeit, Freizeit, Familie, alltägliche Verpflichtungen) als zusätzliche Auswahlmöglichkeit neben der Weiterbildung vorgegeben. Hierbei wird anders als im ZEITLast-Instrument die private Zeit in Freizeit, Familie und alltägliche Verpflichtungen differenziert. Bereits die Trendstudie Fernstudium bringt die starke Konkurrenz zu anderen Lebensbereichen zum Ausdruck. Hintergrund dieser Differenzierung ist daher die Frage, welche Lebensbereiche neben der Berufstätigkeit mit der Weiterbildung konkurrieren und das individuelle Lernzeitbudget beeinflussen. Da der Fokus der Studie auf den Weiterbildungsaktivitäten der Teilnehmenden liegt, werden darüber hinaus keine weiteren Differenzierungen im privaten und beruflichen Bereich vorgenommen. Von Interesse ist lediglich die Zeitangabe.

Kerninteresse der Forschenden ist es indes herauszufinden, wann und wie lange sich die Teilnehmenden mit den Inhalten der Weiterbildung auseinandersetzen, an welchem Ort sie sich der Weiterbildung widmen und wie sich die Lernaktivität konkret gestaltet. Deshalb werden für den Lebensbereich *Weiter-*

bildung weitere Differenzierungen vorgenommen und der konkrete Ort der Weiterbildung (Zuhause, am Arbeitsplatz, Hochschule, anderer Ort) sowie die gewählte Lernform (Präsenzveranstaltung oder Selbststudium [allein oder in der Gruppe]) erfasst. Hierbei wird – im Unterschied zum ZEITLast-Instrument – auf eine Typisierung der Präsenzveranstaltung verzichtet. Denn das primäre Forschungsinteresse besteht darin, die „Black Box" Selbststudium in zeitlicher Hinsicht weiter auszuleuchten. Im Rahmen des Selbststudiums werden daher zusätzlich sowohl der Zweck der Lernform (z.B. Prüfungsvorbereitung) als auch studienrelevanten Tätigkeiten (Fachlektüre, schriftliche Arbeiten, etc.) erhoben.[9] Der Zweck der Lernform umfasst in Anlehnung an das ZEITLast-Instrument die Veranstaltungsvorbereitung und -nachbereitung[10] sowie die Prüfungsvorbereitung und ist um die Kategorie Lernstoffvertiefung ergänzt worden. So werden auch Lernaktivitäten erfasst, die nicht der direkten Vor- oder Nachbereitung von Präsenzveranstaltungen oder Prüfungen dienen, sondern der Vertiefung von Weiterbildungsinhalten aus persönlichem Interesse oder beruflicher Notwendigkeit. Des Weiteren besteht die Möglichkeit, Wegezeiten anzugeben, um zum einen die aufgewendete Fahrtzeit zu Präsenzveranstaltungen zu erfassen. Im Gegensatz zu grundständig Studierenden kann der Ort der Präsenzveranstaltungen für Weiterbildungsteilnehmende mit langen Fahrtwegen verbunden sein, die in der Literatur häufig als Zeitfresser bezeichnet werden. Daher erfasst die Kategorie zum anderen auch, inwieweit Wegezeiten[11] für das Selbststudium genutzt wurden. Die Ergänzung um diese Kategorie ist mit dem Ergebnis der Trendstudie Fernstudium (2014) verbunden, wonach 18 Prozent der Befragten auch Fahrtzeiten zum Selbststudium nutzen.

Die letzte Spalte schließlich konkretisiert studienrelevante Tätigkeiten. Hierbei sind die Kategorie „Tätigkeit" des ZeitLast-Instruments sowie die Definition „studienrelevante Tätigkeiten" der Sozialerhebung und des Studierendensurvey auf den Weiterbildungsbereich angepasst worden. Als studienrelevante Tätigkeiten können folglich Fachlektüre, Vorbereitung einer mündliche Präsentation, Bearbeitung von Übungsaufgaben, Recherche für oder Verfassen einer schriftlichen Arbeit, Bearbeitung eines Studienbriefs, Erhebung durchführen und auswerten, Lernstoffwiederholung, E-Learning (z.B. WBT, CBT, E-Lectures), Fachgespräch/Austausch sowie Sprechstunde/Beratung gewählt werden.

---

9   Für Teilnehmende, die sich bereits in der Phase der Master-Thesis befinden, wurde ein separates Zeitprotokoll entwickelt, das sich vom Inhalt bzw. den Auswahlmöglichkeiten vor allem hinsichtlich des Zwecks und der Tätigkeiten für die Weiterbildung von den anderen Protokollen unterscheidet. Grund hierfür ist die andere Studienstruktur durch z.B. das Wegfallen von Präsenzzeiten in diesem Semester.

10 Bei Schulmeister/Metzger werden die Begriffe Unterrichtsvorbereitung und Unterrichtsnachbereitung genannt.

11 Dies umfasst auch Wegezeiten zur Arbeitsstelle oder zu anderen Orten.

Die folgende Tabelle (Tabelle 3) gibt einen Überblick über die Ober- und Unterkategorien des Erhebungsinstruments der „Indiviuumsbezogenen Lernzeitbudgetstudie". Hierbei wird im Vergleich zum ZEITLast-Instrument noch einmal deutlich, dass einige Kategorien aus dem grundständigen Bereich übernommen werden können, andere jedoch ergänzt oder in ihrer Formulierung angepasst werden müssen.

Dauer	Ende	Lebensbe-reich	Ort	Lernform	Zweck	Tätigkeit
		Weiterbildung	Zuhause	Präsenzveranstaltung	Veranstaltungsvorbereitung	Fachlektüre
		Arbeit	Arbeit	Selbststudium (allein)	Veranstaltungsnachbereitung	Vorbereitung mündliche Präsentation
		Freizeit	Hochschule (z.B. Bibliothek, Seminarraum)	Selbststudium (Gruppe)	Prüfungsvorbereitung	Übungsaufgabe
		Familie	Anderer Ort (z.B. Bahn, Café)	Sonstiges	Wegezeiten	Schriftliche Arbeit
		Alltägliche Verpflichtungen			Lernstoffvertiefung	Studienbrief (Fernstudium)
					Sonstiges	Erhebung durchführen und auswerten
						Lernstoffwiederholung
						E-Learning
						Fachgespräch/ Austausch
						Sprechstunde/ Beratung
						Sonstiges

Tabelle 3:   Kategorien „Individuumsbezogene Lernzeitbudgetstudie"

Um den individuellen Voraussetzungen gerecht zu werden, haben die Teilnehmenden grundsätzlich die Möglichkeit, zwischen zwei Ausfüllvarianten des Zeitprotokolls zu wählen. Variante eins ermöglicht es, die Zeitprotokolle in ausgedruckter Form handschriftlich auszufüllen. Variante zwei des Zeitprotokolls stellt eine digitale Formulardatei dar, welche am Computer ausgefüllt werden kann.[12] Die kleinstmögliche Zeiteinheit einer Aktivität umfasst wie in der

---

12 Die handschriftliche Variante verlangt das Ankreuzen der vorgegebenen Kategorien und Differenzierungen. Lediglich die Uhrzeit wird handschriftlich notiert. Bei der digitalen Version er-

ZEITLast-Studie 15 Minuten. So ist es den Teilnehmenden möglich, auch kürzere Lerneinheiten zu dokumentieren. Raum für individuelle Anmerkungen ist im Zeitprotokoll nicht vorgesehen.

Um die Abbruchquote zu minimieren (vgl. Ehling 2001), erhalten die Teilnehmenden zur Unterstützung eine Ausfüllhilfe, welche ähnlich dem Handbuch der ZEITLast-Studie (vgl. Metzger/Schulmeister 2010, S. 3) ausführliche Erläuterungen zu den Kategorien und Tätigkeiten sowie Ausfüllbeispiele enthält.[13] Zudem haben sie die Möglichkeit, bei Fragen sowohl telefonisch als auch via E-Mail oder persönlich mit den Forschenden Kontakt aufzunehmen. Zusätzlich ist eine Rückfrage seitens des Forschungsteams geplant. Außerdem erhalten alle Teilnehmenden – angelehnt an die ZEITLast-Erhebung – eine Aufwandsentschädigung (vgl. Schulmeister/Metzger 2011, S. 42f.) in Form eines Büchergutscheines.

Um zusätzlich zu den Zeitbudgets auch die soziodemographischen Daten und Hintergrundinformationen zur individuellen Weiterbildung der Teilnehmenden zu erheben sowie um zusätzliche relevante Belastungen und Einflussfaktoren zu identifizieren, werden die Zeitprotokolle durch einen Kurzfragebogen und ein Kurzinterview ergänzt. Der Kurzfragebogen orientiert sich dabei an den Fragen des Personenbogens der FELZ-Studie (vgl. Blüthmann/Ficzko/Thiel 2006) und greift die Fragen zu beeinträchtigenden und erleichternden Faktoren sowie Phasen besonderer zeitlicher Beanspruchung auf.

4.3   Fazit und Ausblick

Die Kombination der beiden Erhebungsverfahren – des qualitativen Interviews in der Zeitvereinbarkeitstudie und der Zeitprotokolle von Lernzeiten in der Leitzeitbudgetstudie – soll die individuellen Bewertungen von Zeitkapazitäten und Vereinbarkeitsoptionen mit der quantifizierenden Darstellung der Zeitorganisation insbesondere der Selbstlernzeiten ermöglichen. Beispielsweise bildet die Lage der Lernzeiten eine Schnittstelle der beiden Teilstudien. Um Konflikten mit anderen Lebensbereichen entgegenzuwirken, müssen entsprechende Vereinbarkeitsstrategien entwickelt werden. Diese individuell vereinbarten Strategien

---

folgt das Ausfüllen mittels Auswahl von Drop-Down-Menüs. Von einer Entwicklung eines Online-Tools oder einer App zum Ausfüllen des Zeitprotokolls wurde aufgrund der Samplegröße und aus Kostengründen abgesehen.

13 Genau wie bei anderen Zeittagebüchern müssen die Teilnehmenden auch bei den Zeitprotokollen eine gewisse sprachliche Kompetenz besitzen, um das Protokoll ausfüllen zu können. Da das Sample jedoch ausschließlich Teilnehmende der wissenschaftlichen Weiterbildung umfasst, ist – unter anderem aufgrund der engeren Zulassungsbeschränkungen der Weiterbildungsangebote – davon auszugehen, dass diese Voraussetzung bei den Teilnehmenden gegeben ist.

kann ein Zeitprotokoll jedoch nicht abbilden, weshalb dies ein Teil der qualitativen Interviewstudie ist. Einen weiteren Schnittpunkt zur „Individuumsbezogenen Zeitvereinbarkeitsstudie" bildet die von der Sekundärliteratur ausgewiesene hohe interpersonelle Streuung. Individuelle Faktoren, wie z.B. Vorwissen, Lerntechniken, Zeitmanagement oder auch Dozierende, haben einen Einfluss auf das Lernzeitbudget (vgl. Schulmeister/Metzger 2011; Behm/Beditsch 2013). Auch solche Faktoren eignen sich für eine individuelle Befragung, da sie nur schwerlich mit Hilfe eines formellen Zeitprotokolls erforscht werden können. Des Weiteren werden mögliche Einflüsse der Fachdisziplin, des Studienzeitpunkts sowie der Weiterbildungsmaßnahme mit der Stichprobe analysiert. Diesbezügliche Befunde können sowohl mit Ergebnissen aus dem grundständigen Bereich verglichen werden wie auch bei der Verbesserung der temporalen Organisation der wissenschaftlichen Weiterbildung zum Einsatz kommen. Erkenntnisse zum individuellen Zeitbudget solcher inhaltlicher oder auch methodischer Art sind jedoch erst nach Analyse der beiden Erhebungen zu erwarten.[14]

Mit seinen Ergebnissen soll das Projekt aus handlungspraktischer Perspektive dazu beitragen, Weiterbildungsangebote unter dem Gesichtspunkt zeitlicher Knappheitsressourcen besser zu strukturieren und somit ihre Chancen, erfolgreich auf dem Markt bestehen zu können, zu erhöhen. Die Ergebnisse der Studie sollen dabei helfen, die wissenschaftliche Weiterbildung an den Verbundhochschulen nachhaltig zu verstetigen und ein auch an den individuellen Interessen optimal ausgerichtetes berufsbegleitendes Weiterbildungsangebot für die Region Mittelhessen und darüber hinaus zu schaffen. Insbesondere die Erforschung und Optimierung zentraler Gelingensfaktoren wissenschaftlicher Weiterbildung – wie etwa Zeitstrukturierung und Zeitverausgabung – fördern ein berufsbegleitendes Studium vor dem Hintergrund individueller Lebens- und Berufsphasen.

Literatur

Antoni, Conny H./Friedrich, Peter /Haunschild, Axel/Josten, Martina/Meyer, Rita (Hrsg.) (2014): Work-Learn-Life-Balance in der Wissensarbeit. Herausforderungen, Erfolgsfaktoren und Gestaltungshilfen für die betriebliche Praxis. Wiesbaden: Springer VS.

Bachmayer, Birgit/Faulstich, Peter (2002): Zeit als Thema in der Erwachsenenbildung. In: Hamburger Hefte der Erwachsenenbildung I/2002 (9). Online verfügbar unter: https://www.ew.uni-hamburg.de/einrichtungen/ew3/erwachsenenbildung-und-lebenslanges-lernen/files/bachmayer-faulstich-pdf.pdf, zuletzt geprüft am 17.08.2015.

Behm, Wolfram/Beditsch, Christian (2013): Workloaderfassung im berufsbegleitenden Fernstudium. In: Hochschule und Weiterbildung 2013 (1), S. 23–29. Online ver-

---

14 Die Veröffentlichung der Ergebnisse ist für das Jahr 2017 beabsichtigt.

fügbar unter: http://www.pedocs.de/volltexte/2014/8897/pdf/HuW_2013_1_Behm_ Beditsch.pdf, zuletzt geprüft am 21.05.2015.

Berg, Christoph (2013): Sind die Ergebnisse der ZEITLast-Studie zum Studierverhalten für die Gestaltung von Fernstudiengängen relevant? In: Hochschule und Weiterbildung 2013 (1), S. 15-22.

Blüthmann, Irmela/Ficzko, Markus/Thiel, Felicitas (2006): FELZ – ein Instrument zur Erfassung der studienbezogenen Arbeitsbelastung. In: Berendt, Brigitte/Wildt, Johannes/Voss, Hans-Peter (Hrsg.): Neues Handbuch Hochschullehre. 2. Aufl. 24. Ergänzungslieferung, Beitrag I 2.6. Stuttgart: Raabe Verlag, S. 1-30.

Böhm, Sebastian (2015): Beruf und Privatleben. Ein Vereinbarkeitsproblem? Entstehungsfaktoren von erwerbsarbeitsbedingten Abstimmungsproblemen und Konflikten im Privatleben von Beschäftigen in Deutschland. Wiesbaden: Springer VS.

Brandstätter, Hermann/Farthofer, Alois (2003): Einfluss von Erwerbstätigkeit auf den Studienerfolg, In: Zeitschrift für Arbeits- und Organisationspsychologie A&O, S. 134-145.

Bundesministerium für Bildung und Forschung: Bund-Länder-Wettbewerb „Aufstieg durch Bildung: offene Hochschulen". Online verfügbar unter: http://www.wettbewerb-offene-hochschulen-bmbf.de/, zuletzt geprüft am: 01.02.2016.

Ehling, Manfred (2001): Zeitverwendung 2001/2002 – Konzeption und Ablauf der Zeitbudgeterhebung der amtlichen Statistik. In: Statistisches Bundesamt (Hrsg.): Zeitbudget in Deutschland. Erfahrungsberichte der Wissenschaft. 17 Bände. Wiesbaden, S. 214-239.

Flick, Uwe/von Kardorff, Ernst/Steinke, Ines (2005): Was ist qualitative Forschung? Einleitung und Überblick. In: Flick, Uwe/von Kardorff, Ernst/Steinke, Ines (Hrsg.): Qualitative Forschung. Ein Handbuch. 4. Aufl., Hamburg: Rowohlt, S. 13-29.

Harvey, Andrew S. (1984): Time budget research. An ISSC Workbook in Comparative Analysis. Frankfurt/New York: Campus (Beiträge zur empirischen Sozialforschung/Contributions to Empirical Social Research).

Hopf, Christel (2005): Qualitative Interviews. Ein Überblick. In: Flick, Uwe/Kardorff, Ernst von/Steinke, Ines (Hrsg.): Qualitative Forschung. Ein Handbuch. 4. Aufl., Hamburg: Rowohlt, S. 349-360.

Keller, Matthias/Haustein, Thomas (2012): Vereinbarkeit von Familie und Beruf. Ergebnisse des Mikrozensus 2010. Hg. v. Statistisches Bundesamt (Wirtschaft und Statistik). Online verfügbar unter: https://www.destatis.de/DE/Publikationen/WirtschaftStatistik/Bevoelkerung/VereinbarkeitFamilieBeruf_112.pdf?__blob=publicationFile, zuletzt geprüft am: 07.01.2016.

Klenner, Christina/Schmidt, Tanja (2007): Beruf und Familie vereinbar? Auf familienfreundliche Arbeitszeiten und ein gutes Betriebsklima kommt es an. (WSI Diskussions-papiere 155). Online verfügbar unter: http://www.boeckler.de/pdf/p_wsi_diskp_155.pdf, zuletzt geprüft am: 07.01.2016.

Klenner, Christina/Brehmer, Wolfram/Plegge, Mareen/Bohulskyy, Yan (2013): Förderung der Vereinbarkeit von Familie und Beruf in Tarifverträgen und Betriebsvereinbarungen in Deutschland. Eine empirische Analyse. Düsseldorf (WSI Diskussionspapiere 184). Online verfügbar unter: http://www.boeckler.de/wsi_5351.htm ?produkt=HBS-005513&chunk=1&jahr=, zuletzt geprüft am 07.01.2016.

Koschel, Birgit/Ferber, Andrea (2005): Beruf & Familie. Verbesserung der Rahmenbedingungen zur Vereinbarkeit von Beruf und Familie – Anwendung des Audits Beruf & Familie. Abschlussbericht. Hg. v. Institut für Strukturpolitik und Wirtschaftsförderung Halle-Leipzig und IHK Bildungszentrum Halle-Dessau. Online verfügbar unter: http://www.vereinbarkeit-leben-mv.de/fileadmin/media/Texte_Infopool/Abschlussbericht_Pilot_Beruf_und_Familie_02.pdf?PHPSESSID=0174581ca8b8bd 3303f711a962e2efda, zuletzt geprüft am 07.01.2016.

Lobe, Claudia (2015): Hochschulweiterbildung als biografische Transition. Teilnehmerperspektiven auf berufsbegleitende Studienangebote. Wiesbaden: Springer VS (Lernweltforschung, 20).

Maier, Lucia (2014): Methodik und Durchführung der Zeitverwendungserhebung 2012/2013. In: WISTA- das Wissensmagazin (11), S. 672-679. Online verfügbar unter: https://www.destatis.de/DE/Publikationen/WirtschaftStatistik/WirtschaftsrZeitbudget/Zeitverwendungserhebung_112014.pdf?__blob=publicationFile, zuletzt geprüft am 21.10.2015.

Merz, Joachim (2001): Zeitbudget in Deutschland. Eine Einführung zur bisherigen Nutzung von Zeitverwendungsdaten. In: Statistisches Bundesamt (Hrsg.): Zeitbudget in Deutschland. Erfahrungsberichte der Wissenschaft. 17 Bände. Wiesbaden, S. 7-18.

Metzger, Christiane/Schulmeister, Rolf (2010): ZEITLast. Lehrzeit und Lernzeit: Studierbarkeit der BA-/BSc- und MA-/MSc-Studiengänge als Adaption von Lehrorganisation und Zeitmanagement unter Berücksichtigung von Fächerkultur und Neuen Technologien. Online verfügbar unter: http://www.uni-kassel.de/incher/gfhf/workload/metzger.pdf, zuletzt geprüft am 05.01.2016.

Middendorff, Elke/Apolinarski, Beate/Poskowsky, Jonas/Kandulla, Maren (2013): Die wirtschaftliche und soziale Lage der Studierenden in Deutschland 2012. 20. Sozialerhebung des Deutschen Studentenwerks durchgeführt durch das HIS-Institut für Hochschulforschung. Hg. v. Bundesministerium für Bildung und Forschung. Bonn, Berlin. Online verfügbar unter: http://www.bmbf.de/pubRD/20._Sozialerhebung.pdf, zuletzt geprüft am 16.04.2015.

Nahrstedt, Wolfgang/Brinkmann, Dieter/Kadel, Vera/Kuper, Kerstin/Schmidt, Melanie (1998): Neue Zeitfenster für Weiterbildung. Temporale Muster der Angebotsgestaltung und Zeitpräferenzen der Teilnehmer im Wandel. Abschlussbericht des Forschungsprojektes: Entwicklung und begleitende Untersuchung von neuen Konzepten der Erwachsenenbildung unter besonderer Berücksichtigung des Aspekts des lebenslangen Lernens und des institutionellen Umgangs mit veränderten temporalen Mustern der Angebotsnutzung; mit Beiträgen der Fachtagung „Zeit für Weiterbildung" am 10.9.1998 in der VHS Rheine. (Dokumentation/IFKA, Bd. 20), Bielefeld: IFKA.

Oechsle-Grauvogel, Mechthild (2009): Vereinbarkeit von Beruf und Familie. Neue Problemlagen und Herausforderungen. In: IFF OnZeit Onlinezeitschrift des Interdisziplinären Zentrums 1 (1), S. 44-57. Online verfügbar unter: http://www.iffonzeit.de/ausgaben/IFFOnZeit_2009.pdf, zuletzt geprüft am 07.01.2016.

Philipps-Universität Marburg, Justus-Liebig-Universität Gießen, Technische Hochschule Mittelhessen (2014): Verbundprojekt WM³ – Weiterbildung Mittelhessen. Projektantrag.

Präßler, Sarah (2015): Bedarfsanalyse. Forschungsbericht zu Bedarfen individueller Zielgruppen. In: Seitter, Wolfgang/Schemmann, Michael/Vossebein, Ulrich (Hrsg.): Zielgruppen in der wissenschaftlichen Weiterbildung. Empirische Studien zu Bedarf, Potential und Akzeptanz. Wiesbaden: Springer VS, S. 61-187.

Projektgruppe Studierbarkeit (2007): Studierbarkeit an der Humboldt Universität. Wie läuft das Experiment „Studienreform"? Ergebnisse der Umfrage aus dem Sommersemester 2006. Berlin. Online verfügbar unter: http://www.studierbarkeit.de/fileadmin/studierbarkeit/pdf/HU_Studie/Studierbarkeit_2007_color.pdf, zuletzt geprüft am 21.04.2015.

Ramm, Michael/Multrus, Frank/Bargel, Tino/Schmidt, Monika (2014): Studiensituation und studentische Orientierungen. 12. Studierendensurvey an Universitäten und Fachhochschulen. Kurzfassung. Hrsg. v. Bundesministerium für Bildung und Forschung. Bonn, Berlin. Online verfügbar unter: http://www.bmbf.de/pub/12._Studierendensurvey_Kurzfassung_bf.pdf, zuletzt geprüft am 21.04.2015.

Rosa, Hartmut/Celikates, Robin (2013): Beschleunigung und Entfremdung. Entwurf einer Kritischen Theorie spätmoderner Zeitlichkeit. 1. Aufl., [Originalausg.]. Berlin: Suhrkamp.

Rump, Jutta/Eilers, Silke (2006): Beschäftigungswirkung der Vereinbarkeit von Beruf und Familie – auch unter Berücksichtigung der demografischen Entwicklung – Abschlussbericht. Hg. v. Institut für Beschäftigung und Employability, Fachhochschule Ludwigshafen. Online verfügbar unter: http://opus.kobv. de/zlb/volltexte/2007/1588/pdf/BeschAftigungswirkungen.pdf, zuletzt geprüft am 07.01.2016.

Seitter, Wolfgang/Schemmann, Michael/Vossebein, Ulrich (Hrsg.) (2015): Zielgruppen in der wissenschaftlichen Weiterbildung. Empirische Studien zu Bedarf, Potential und Akzeptanz. Wiesbaden: Springer VS.

Schmidt-Lauff, Sabine (2008): Zeit für Bildung im Erwachsenenalter. Interdisziplinäre und empirische Zugänge. (Internationale Hochschulschriften, Bd. 509), Münster/New York/München/Berlin: Waxmann.

Schmidt-Lauff, Sabine (2011): Zeitfragen und Temporalität in der Erwachsenenbildung. In: Tippelt, Rudolf (Hrsg.): Handbuch Erwachsenenbildung/Weiterbildung. 5. Aufl. Wiesbaden: VS Verlag für Sozialwissenschaften, S. 213-228.

Schulmeister, Rolf (2011): Bologna-Parameter und die Befragung zur Workload im Bachelor. Eine Methodenkritik. Universität Hamburg. Online verfügbar unter: http://www.zhw.uni-hamburg.de/uploads/schulmeister-bologna-parameter.pdf, zuletzt geprüft am 24.04.2015.

Schulmeister, Rolf/Metzger, Christiane (2011): Die Workload im Bachelor: Ein empirisches Forschungsprojekt. In: Schulmeister, Rolf/Metzger, Christiane (Hrsg.): Die Workload im Bachelor: Zeitbudget und Studierverhalten. Eine empirische Studie. Münster: Waxmann, S. 13-128.

Sommerfeldt, Holger/Höllermann, Philipp (2014): Trendstudie Fernstudium 2014. Ergebnisse der Fernstudienumfrage 2014 zu aktuellen Trends und Entwicklungen in deutschsprachigen Fernstudienprogrammen. Hg. v. Internationale Hochschule Bad Honnef. Bad Honnef. Online verfügbar unter: http://www.trendstudie-fernstudium.de/wp-content/uploads/2014/10/Trendstudie-Fernstudium-2014-LQ. pdf, zuletzt geprüft am 15.04.2015.

Statistisches Bundesamt: Zeitverwendungserhebung (ZVE). Statistisches Bundesamt. Online verfügbar unter: https://www.destatis.de/DE/ZahlenFakten/Gesellschaft-Staat/EinkommenKonsumLebensbedingungen/Methoden/Zeitverwendungs-erhebung.html, zuletzt geprüft am 03.02.2016

Thuy, Peter/Höllermann, Philipp (2011): Trendstudie Fernstudium 2011. Aktuelle Trends und Entwicklungen in Fernstudienprogrammen der Betriebswirtschaftslehre in Deutschland. Hg. v. Internationale Hochschule Bad Honnef. Bad Reichenhall. Online verfügbar unter: http://www.trendstudie-fernstudium.de/wp-content/uploads/2014/09/trendstudiefernstudium2011.pdf, zuletzt geprüft am 15.04.2015.

Weßler-Poßberg, Dagmar (2014): Betriebliche Angebote zur Vereinbarkeit von Familie und Beruf im Spannungsverhältnis von Geschlecht und Qualifikation. Fallstudien zur Umsetzung, Nutzung und Wirkung der Instrumente betrieblicher Familienpolitik. In: Organisationen der privaten Wirtschaft und des öffentlichen Sektors. Duisburg: Universitätsbibliothek Duisburg-Essen.

Angebot

Zeitformate in der wissenschaftlichen Weiterbildung

Carolin Fürst[1]

Zusammenfassung

Angebote von wissenschaftlicher Weiterbildung an Hochschulen werden in der Regel berufsbegleitend studiert. Vor diesem Hintergrund stellt sich die Frage, wie Hochschulen wissenschaftliche Weiterbildung zeitlich organisieren. Dabei spielt für die Teilnehmenden vor allem die Frage nach beruflicher/familiärer Vereinbarkeit von Weiterbildungsangeboten in zeitlicher Hinsicht eine entscheidende Rolle. Dieser Beitrag analysiert die verschiedenen Möglichkeiten der zeitlichen Angebotsgestaltung von wissenschaftlicher Weiterbildung an hessischen Hochschulen und geht dabei auf die diversen Zeitformate, in denen die Angebote organisiert werden, ein.

Schlagwörter

Zeitformate, wissenschaftliche Weiterbildung, Zeitdistribution

Inhalt

---

[1]   *Carolin Fürst* | Recruiting Specialist.

1 Einleitung

Angebote der (abschlussbezogenen) wissenschaftlichen Weiterbildung an Hochschulen (Masterstudiengänge, Zertifikatskurse), die mit einer erheblichen Zeitinvestition einhergehen, werden in der Regel berufs- oder familienbegleitend studiert (als Überblick vgl. Faulstich 2010, Wolter 2011, Hanft/Brinkmann 2013, Seitter/Schemmann/Vossebein 2015). Daher sind die Zeitformate, in denen diese Angebote organisiert werden, entscheidend für die Möglichkeit der (kontinuierlichen) Teilnahme. Trotz der hohen Bedeutung, welche der zeitlichen Ausgestaltung als Bedingung und Voraussetzung für Weiterbildungsbeteiligung zukommt, gibt es derzeit kaum empirische Daten über Zeitformate und ihre Distribution im Wochenverlauf bei Angeboten der wissenschaftlichen Weiterbildung.[2]

Diese Lücke möchte der nachfolgende Beitrag zu schließen helfen, indem er in explorativer Absicht die Zeitformate von wissenschaftlichen Weiterbildungsangeboten am Beispiel von Masterstudiengängen und Zertifikatskursen an hessischen Hochschulen untersucht. Dazu wird zunächst das Untersuchungsdesign vorgestellt (2), um dann ausgewählte hochschul- und angebotsspezifische Befunde zu präsentieren (3). Abschließend werden Überlegungen zu didaktischen Ebenen und Elementen der zeitlichen Ausgestaltung wissenschaftlicher Weiterbildungsangebote skizziert (4).

2 Zeitformate wissenschaftlicher Weiterbildungsangebote an Hessischen Hochschulen: Untersuchungsdesign

Zur empirischen Erhellung der zeitbezogenen Distribution von wissenschaftlichen Weiterbildungsangeboten wurde im Jahr 2013 eine Homepageanalyse der hessischen Hochschulen durchgeführt und die zeitbezogenen Informationen zu Struktur und Ablauf weiterbildender Studienangebote ausgewertet.[3] Das zu untersuchende Sample waren weiterbildende Masterstudiengänge und/oder Zertifikatskurse an Universitäten, Fachhochschulen und privaten Hochschulen in Hessen.

Von den insgesamt 32 hessischen Hochschulen wurden 16 in die engere Analyse einbezogen (vgl. Liste im Anhang). Acht Hochschulen wurden von vornherein ausgeschlossen, da es sich bei diesen entweder um Polizei- und

---

2 Zum Thema Zeit in der Erwachsenenbildung allgemein, aber ohne Bezüge zur wissenschaftlichen Weiterbildung vgl. Schmidt-Lauff 2012.

3 Die Analyse ist Teil einer umfassenderen Studie, die als Masterabschlussarbeit an der Philipps-Universität Marburg durchgeführt wurde (vgl. Fürst 2013).

Verwaltungshochschulen handelte oder um fachspezifisch ausgerichtete Hochschulen, wie beispielsweise Kunsthochschulen, deren Zugang zu wissenschaftlicher Weiterbildung nicht öffentlich ist und lediglich intern angeboten wird. Alle fünf hessischen Universitäten bieten weiterbildende Masterstudiengänge und/oder Zertifikatskurse an. Drei der insgesamt neun Fachhochschulen sowie fünf der zehn privaten Hochschulen haben dagegen keine wissenschaftliche Weiterbildung im Programm und wurden daher von der näheren Analyse ausgeschlossen. Somit wurden insgesamt 16 Hochschulen in Hessen analysiert.

Ausgewertet wurden insgesamt 40 Masterstudiengänge und 151 Zertifikatskurse. Während die Universitäten 15 weiterbildende Masterstudiengänge und 13 Zertifikatskurse anbieten, wurden bei den Fachhochschulen 18 Studiengänge und 31 Zertifikatskurse durch die Analyse erfasst. Die privaten Hochschulen bieten im Masterbereich im Vergleich zu den anderen Hochschultypen mit sieben die kleinste Anzahl, im Segment der Zertifikatskurse mit 107 allerdings das mit Abstand größte Angebot.

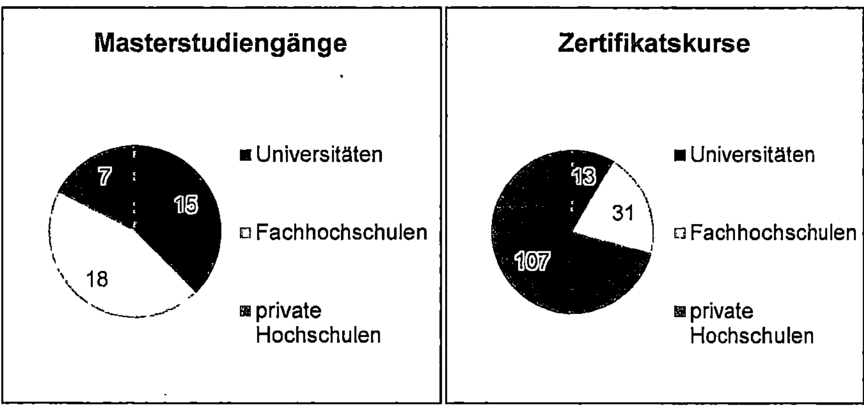

Abbildung 1:   Anzahl der Masterstudiengänge und Zertifikatskurse – differenziert nach Hochschultypen

Das Kategoriensystem für die inhaltsanalytisch ausgerichtete Analyse wurde in einem deduktiv-induktiven Verfahren entwickelt. Neben den beiden Hauptkategorien *Master* und *Zertifikat* fungieren als weiterführende Unterkategorien sowohl der Zertifikatskurse als auch der weiterbildenden Masterstudiengänge *Blockveranstaltungen, Einzeltermine* und *Kombination* beider zeitlicher Formate. Unter Blockveranstaltungen fallen alle Angebote, die länger als einen Tag am Stück dauern. Präsenztermine für die Teilnehmenden, die nur an einem Tag im Semester oder der Woche stattfinden, werden der Kategorie Einzeltermine zugeordnet. Kommen innerhalb eines Zertifikatskurses oder Masterstudiengangs sowohl Blockveranstaltungen als auch Einzeltermine vor, wird dieses Weiterbildungsangebot in die Kategorie Kombination eingeordnet.

Innerhalb dieser drei Rubriken fand eine weitere Unterteilung in Subkategorien statt. Dadurch war es möglich, detailliertere Informationen bezüglich der Organisation von Weiterbildungsangeboten zu erfassen und eine exaktere Beantwortung der Forschungsfrage zu ermöglichen. Die vier gebildeten Subkategorien in Bezug auf Blockveranstaltungen enthalten zum einen die Erfassung der *Wochentage,* an denen die Veranstaltungen stattfinden (z.B. Mo-Mi, Di-Fr), zum anderen die *Häufigkeit* der Länge der Blockveranstaltungen.[4] Weiterhin wurde die Kategorie *Eigenstudium* gebildet. Diese erfasst, ob die Angebote Selbstlernphasen enthalten, mit Online-Angeboten gearbeitet wird oder andere Lernformen existieren. Die letzte Kategorie *Besonderheiten* schließt alle Auswahlmöglichkeiten ein, die in Bezug auf die Veranstaltungen oder Module bestehen.[5]

Die Subkategorien der im Rahmen von Einzelterminen organisierten Veranstaltungen entsprechen denen der Blockveranstaltungen. Die Kategorien *Wochentage, Eigenstudium* und *Besonderheiten* sind auch hier vorhanden und unter *Häufigkeit* wird erfasst, wie viele Einzeltermine pro Zertifikatskurs beziehungsweise Masterstudiengang stattfinden.[6]

Die Kategorie Kombination beinhaltet sowohl Blockveranstaltungen als auch Veranstaltungen, die im Rahmen von Einzelterminen organisiert werden. Aus diesem Grund gibt es sowohl die Kategorie *Häufigkeit Blockveranstaltung* als auch *Häufigkeit Einzeltermin* für eine differenzierte Erfassung der Daten. Die Kategorien *Wochentage, Eigenstudium* und *Besonderheiten* unterscheiden sich nicht von den bereits zuvor beschriebenen Subkategorien.

Insgesamt ergibt sich für die Analyse somit folgender Kategorienbaum:

---

4   Z.B. 2-tägige Veranstaltungen finden drei Mal statt (2T: 3) oder einwöchige Veranstaltungen finden einmal statt (1 Woche: 1)).

5   Z.B. Termine für Veranstaltungen, aus denen ausgewählt werden kann, oder Einzeltermine, die nach Vereinbarung stattfinden.

6   Z.B. drei Einzeltermine finden zwei Mal statt (3x: 2) oder ein Einzeltermin wird für das Absolvieren einer Prüfung genutzt (Prüfung: 1).

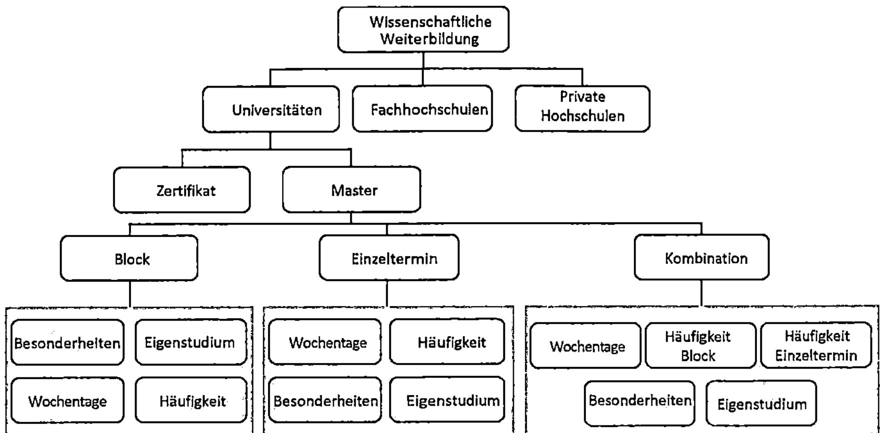

Abbildung 2: Strukturbaum der weiterführenden Unterkategorien – beispielhaft dargestellt für Universitäten und Masterstudiengänge

3 Zeitformate und Zeitdistribution: Hochschul- und angebotsbezogene Befunde

Im Folgenden werden nun die Ergebnisse der inhaltsanalytischen Auswertung präsentiert. Dabei werden die Befunde in einem ersten Schritt hochschultypenspezifisch und hochschulübergreifend ausgewertet, um dann im zweiten Schritt eine tiefergehende Analyse der angebotsbezogenen Befunde – differenziert nach Master und Zertifikate – durchzuführen.

3.1 Hochschultypendifferenzierende und -übergreifende Ergebnisse

Betrachtet man in einem ersten Zugriff die Kategorien Blockveranstaltungen, Einzeltermine und Kombination in ihrer Verteilung auf die Studienangebote, so ergibt sich folgendes Bild:

Die hessischen *Universitäten* bieten drei Masterstudiengänge ausschließlich als Blockveranstaltungen an. Drei Studiengänge werden im Rahmen von Einzelterminen durchgeführt und acht als Kombination der beiden Zeitformate angeboten. Bei einem Studiengang waren keine Informationen zur zeitlichen Organisation erkennbar. Somit stellt die Kombination von Zeitformaten der insgesamt 15 berücksichtigten Masterstudiengänge die größte Häufigkeit dar. Von den 13 Zertifikatskursen wurden jeweils vier als Blockveranstaltungen oder in Kombination der Zeitformate und nur ein Angebot im Rahmen von Einzelterminen organisiert. Zu vier Kursen wurden auf den Homepages der Universitäten keine genaueren Angaben zu den Zeitformaten hinterlegt.

An den *Fachhochschulen* in Hessen wurden einer von 18 weiterbildenden Masterstudiengängen als Blockveranstaltung organisiert, drei im Rahmen von Einzelterminen, elf als Kombination der Zeitformate angeboten und bei zwei Studiengängen keine Angaben gemacht. Ein Studiengang wird ausschließlich als E-Learning Studiengang angeboten. Von den Zertifikatskursen werden 13 der 31 Angebote als Blockveranstaltung und zwei im Rahmen von Einzelterminen durchgeführt. Zwölf Kurse werden zeitlich kombiniert organisiert und zu vier Angeboten konnten keine Informationen gefunden werden.

Von den *privaten Hochschulen* werden vier von den sieben angebotenen Masterstudiengängen als Blockveranstaltungen organisiert. Einzeltermine gibt es keine und ein Mal werden die Angebote als Kombination der Zeitformate organisiert. In zwei Fällen werden keine direkten Angaben zu zeitlichen Aspekten gemacht, sondern Informationen zu Besonderheiten bereitgestellt. Von den 107 erfassten Zertifikatskursen privater Hochschulen werden 36 als Blockveranstaltungen und zwei Kurse im Rahmen von Einzelterminen ausgeschrieben. Überwiegend (53) finden die Angebote in Kombination der Zeitformate statt. Zu 15 Studiengängen wurden keine Angaben gemacht und ein Zertifikatsangebot stand Interessierten als Online-Veranstaltung zur Auswahl.

	Universitäten		Fachhochschulen		Private Hochschulen		Gesamt	
	Master	Zertifikate	Master	Zertifikate	Master	Zertifikate	Master	Zertifikate
Block	3	4	1	13	4	36	8	53
Einzeltermine	3	1	3	2	0	2	6	5
Kombination	8	4	11	12	1	53	20	69
Keine Angaben	1	4	2	4	0	15	3	23
Nur Besonderheiten	0	0	1	0	2	0	2	0
Nur online					0	1	1	1
gesamt	15	13	18	31	7	107	40	151

Tabelle 1:   Anzahl der Zeitformate. Quelle: Eigene Darstellung

Von den insgesamt 40 erfassten Masterstudiengängen aller Hochschultypen werden 20% als Blockveranstaltung, 15% in Form von Einzelterminen und 50%

als Kombination der Zeitformate organisiert. Bei zwei der Veranstaltungen sind nur Besonderheiten und keine zeitlichen Rahmenbedingungen angegeben, ein Studiengang wird online angeboten und über drei waren keine weiterführenden zeitbezogenen Informationen verfügbar.

Die Zertifikatsangebote, insgesamt 151 Kurse, werden zu 35% als Blockveranstaltungen durchgeführt und nur 3% im Rahmen von Einzelterminen organisiert. Mit 69 Kursen überwiegt die Kombination der Zeitformate (ca. 46%). Ein Zertifikatskurs wird nur online angeboten und bei jeder siebten Veranstaltung konnte keine Aussage über Zeitformate getroffen werden, da auf den Homepages der Hochschulen keine Informationen verfügbar waren.

Aus den Ergebnissen wird ersichtlich, dass weiterbildende Masterstudiengänge und Zertifikatskurse überwiegend als Kombination von Zeitformaten durchgeführt werden. Blockveranstaltungen stellen die zweithäufigste Organisationsform dar. Am seltensten werden Angebote im Rahmen von Einzelterminen organisiert.

3.2 Angebotsbezogene Analyse der Zeitformate

Nachdem im vorangegangenen Abschnitt die Häufigkeiten von Blockveranstaltungen, Einzelterminen und die der Kombination dieser Zeitformate in einer übergreifenden und hochschultypdifferenzierenden Weise präsentiert wurden, folgt nun in einem zweiten Zugriff eine detailliertere Darstellung. Dabei werden die Häufigkeiten der Wochentage, an denen die Veranstaltungen stattfinden, und die Anzahl der Präsenztermine aufgezeigt. In diesem Kontext gilt es der Frage nachzugehen, ob die Veranstaltungen eher zu Beginn der Woche oder am Wochenende terminiert sind. Weiterhin wird dargestellt, ob ein Eigenstudium in die Angebotsform integriert ist und ob die Studiengänge Besonderheiten aufweisen (u.a. Aufgabenstellungen zwischen den Veranstaltungen, Auswahltermine, etc.).

3.2.1 Weiterbildende Masterstudiengänge

Blockveranstaltungen

Die ausschließlich als Blockveranstaltungen organisierten Studiengänge lassen sich in Bezug auf die Wochentage in elf Kategorien einteilen. Überwiegend finden die Veranstaltungen am Ende der Woche (60%), Freitag bis Samstag oder Donnerstag bis Samstag, statt. Die zweithäufigste Kategorie, Dienstag bis Donnerstag, umfasst lediglich acht Prozent. Daraus folgt, dass die anderen Kombinationsmöglichkeiten der Wochentage nur begrenzt genutzt werden. Diese liegen alle unter fünf Prozent.

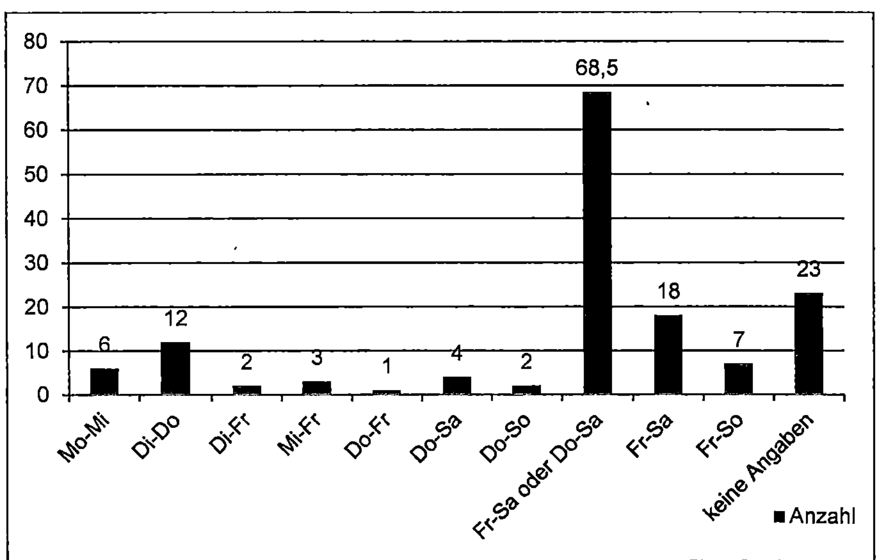

Abbildung 3:   Blockveranstaltungen – Wochentage. Quelle: Eigene Darstellung

Die Dauer der Blockveranstaltungen lassen sich in sieben Kategorien einteilen. Die große Mehrheit dieser Präsenztage findet laut Kursbeschreibung an zwei oder drei aufeinanderfolgenden Tagen statt. Allerdings wird häufig nicht genau benannt, in wie viele zwei- bzw. dreitägige Blockveranstaltungen sich die Gesamtzahl an Präsenztagen aufteilt. Da somit keine genaue Differenzierung zwischen diesen Längen möglich ist, wurden zwei weitere Kategorien nachfolgend gebildet, die die expliziten Angaben zu der Dauer umfassen. Das heißt, es gibt drei verschiedene Kategorien: zwei *oder* drei Tage, zwei Tage und drei Tage am Stück. Das erklärt gleichzeitig, warum die Anteile der zwei- und dreitägigen Veranstaltungen eher gering ausfallen.

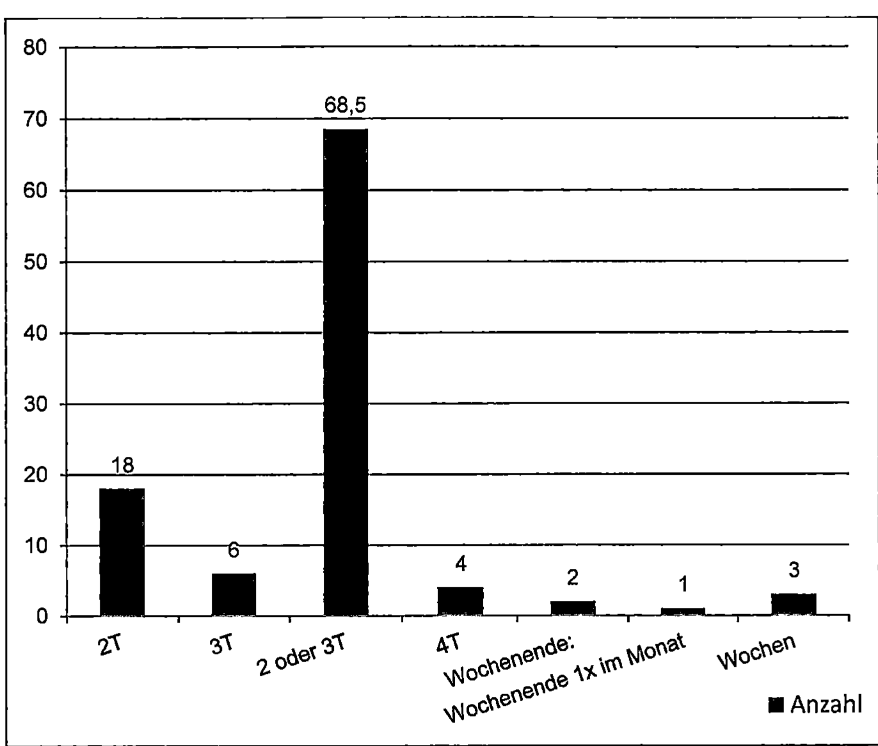

Abbildung 4: Blockveranstaltungen – Häufigkeit. Quelle: Eigene Darstellung

Einzeltermine

Es gibt nur wenige Studiengänge, die im Rahmen von Einzelveranstaltungen organisiert sind. Daher ergibt sich eine geringe Varianz innerhalb der Subkategorien Wochentage und Häufigkeiten. Angebote, die wöchentlich organisiert sind, werden Donnerstag- oder Freitagabend durchgeführt sowie an Samstagen ganztägig. Bei zwei Angeboten wurden keine Angaben zu den Wochentagen gemacht. Fünf der erhobenen Studiengänge sind durch ihren wöchentlichen Rhythmus ähnlich wie ein Vollzeitstudium organisiert.

Kombination der Zeitformate

Bei der Kombination der verschiedenen Zeitformate ist, im Gegensatz zu den Blockveranstaltungen und Einzelterminen, eine größere Ausprägung der Zeitformate zu finden. Die Wochentage umfassen 16, die Blockveranstaltungen elf, die Einzeltermine zehn, das Eigenstudium acht und die Besonderheiten vier verschiedene Kombinationsmöglichkeiten.

22% der Präsenztermine finden zwei Tage am Stück, hauptsächlich Freitag bis Samstag (87%) und Donnerstag bis Freitag (13%), also am Ende der Woche, statt.

Dreitägige Veranstaltungen (52%) sind ebenfalls zum Ende einer Woche hin organisiert, meist Donnerstag bis Samstag (40%) oder Freitag bis Sonntag (46%). Nur 12% der Termine liegen von Montag bis Mittwoch. Neun Prozent der Blockveranstaltungen erfolgen an vier aufeinanderfolgenden Tagen und zu 83% von Mittwoch bis Samstag. Weiterhin werden 15% der Veranstaltungen in Form von Workshops organisiert, jedoch werden dabei keine genaueren Angaben zu der Dauer und den Wochentagen gemacht.

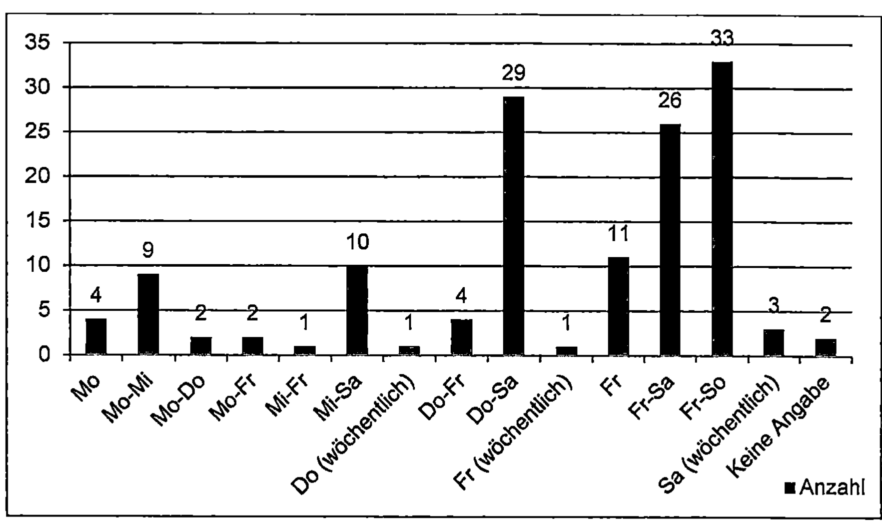

Abbildung 5:   Kombination – Wochentage. Quelle: Eigene Darstellung

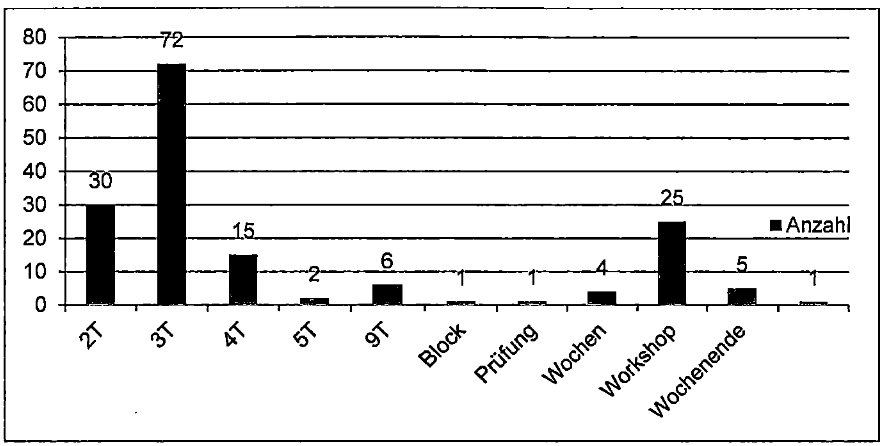

Abbildung 6:	Kombination – Block. Quelle: Eigene Darstellung

In der kombinierten Variante finden Einzeltermine im Gegensatz zu Blockveranstaltungen seltener statt. Am häufigsten werden die Einzeltermine für die Sammlung von Praxiserfahrung genutzt. Weiterhin gibt es Studiengänge, in denen ein, drei, zehn oder zwölf Einzeltermine pro Studiengang stattfinden. Vier Studiengänge haben wöchentliche Präsenzveranstaltungen. Am wenigsten werden hier die Einzeltermine für Prüfungen (1) genutzt. Häufig fällt der Präsenztermin auf einen Freitag (27%).

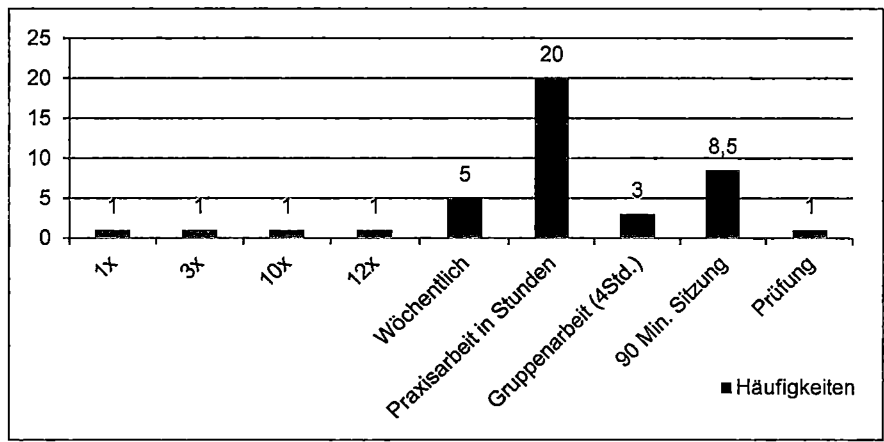

Abbildung 7:	Kombination – Einzeltermine. Quelle: Eigene Darstellung

Es gibt Studiengänge, in denen die Teilnehmenden zwischen den Präsenzphasen in einem Eigenstudium Aufgaben bearbeiten und eigeninitiativ lernen. Bei diesen müssen insgesamt 320 Web-Lektionen von den Studierenden bearbeitet werden. Weiterhin wird von den Teilnehmenden verlangt, an 69 Onlinekonferenzen teilzunehmen, wovon 16 am Abend stattfinden. Zudem gibt es eine Online-Vorlesung. Die Integration von E-Learning in die Organisation des Studiengangs wurde einmal erhoben, ebenso das Vorhandensein einer Lern-Plattform. Hinzu kommen noch drei Studienbriefe, die zwischen Präsenzphasen bearbeitet werden müssen.

Es treten nur vier Besonderheiten bei den weiterbildenden Masterstudiengängen auf. Zum einen werden zwei Auswahltermine und zum anderen wird eine Online-Konferenz angeboten, deren Termin nach Vereinbarung stattfindet. Eine weitere Besonderheit ist ein einwöchiger Aufenthalt im Ausland sowie 16 Praxiswochen, in denen die Teilnehmenden Erfahrungen sammeln sollen.

3.2.2 Zertifikatskurse

Blockveranstaltungen

Insgesamt werden von den 151 erfassten Zertifikatskursen 35% ausschließlich durch Blockveranstaltungen organisiert. Davon sind weit über die Hälfte zweitägige Präsenztermine, die fast ausschließlich (87%) von Freitag bis Samstag stattfinden. Weitere sieben Prozent liegen von Donnerstag bis Freitag und nur fünf Prozent finden zu Beginn der Woche statt. 16% der Angebote gehen über drei Tage und finden meist zum Wochenende hin statt. Der Sonntag wird am häufigsten bei viertägigen Veranstaltungen genutzt. In Bezug auf fünftägige Präsenztermine wird der Sonntag nicht belegt. Entweder finden die Termine Montag bis Freitag oder Dienstag bis Samstag statt. Die längste Veranstaltung findet sechs Tage statt und liegt Montag bis Samstag.

Als Besonderheit gibt es Wahltermine für die Teilnehmenden, achtmal variieren die Wochentage in Bezug auf diese. Als weitere Besonderheit ist ein eintägiger Vorbereitungskurs vermerkt.

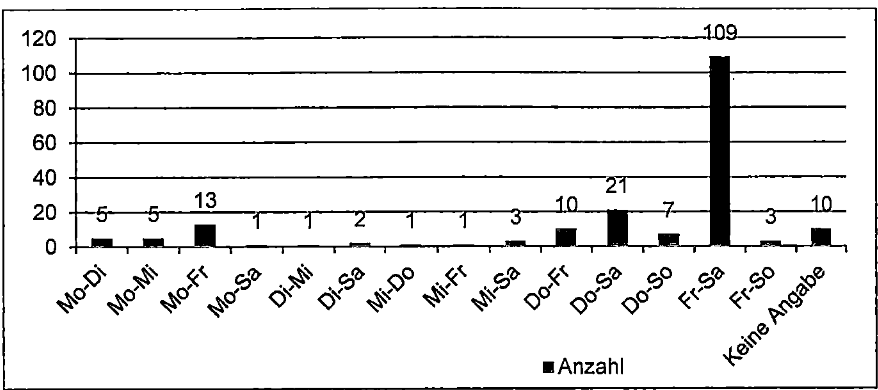

Abbildung 8: Blockveranstaltungen – Wochentage. Quelle: Eigene Darstellung

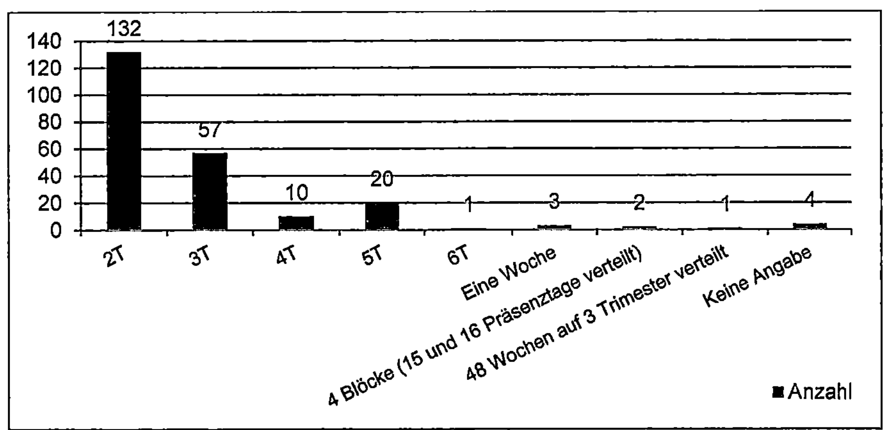

Abbildung 9: Block – Häufigkeiten. Quelle: Eigene Darstellung

Einzeltermine

Nur drei Prozent der Zertifikatskurse werden im Rahmen von Einzelterminen organisiert. Mit dieser niedrigen Prozentzahl kann die geringe Varianz der Wochentage und Häufigkeiten erklärt werden. Die Wochentage, an denen Einzeltermine stattfinden, differieren zwischen Dienstag und Mittwoch, wovon jede Subkategorie einmal benannt wurde, oder zwischen Freitag und Samstag, was mit insgesamt 24 Nennungen die höchste Anzahl darstellt.

Die Häufigkeiten der genannten Einzeltermine können sechs verschiedenen Kategorien zugeordnet werden. Drei und sechs Einzeltermine pro Zertifikatskurs wurden jeweils einmal erhoben. Weiterhin wird ein Einzeltermin für eine Prüfung genutzt und einmal besuchen die Teilnehmenden des Kurses die reguläre Vorlesung eines grundständigen Studiengangs.

Kombination

Die Kombination der Zeitformate in Bezug auf die Zertifikatskurse umfasst die meisten Kategorien. Allein die Wochentage können 25 unterschiedlichen Kategorien zugeordnet werden. Auch hier schließen die zweitägigen Seminare (55%) häufig das Wochenende mit ein, aber nicht ausschließlich: Freitag bis Samstag (44%) und Samstag bis Sonntag (5%). Zu Beginn der Woche liegen weitere 22% dieser Veranstaltungen: Montag bis Dienstag (20%) und Dienstag bis Mittwoch (2%). Die Mitte der Woche wird weniger genutzt. Weiterhin entsprechen 25% der Häufigkeit den dreitägigen Veranstaltungen. Davon finden 60% ebenfalls zum Ende einer Woche statt. Der Sonntag wird zu fünf Prozent in der Terminplanung der Zertifikatskurse genutzt. Die vier- bis sechstägigen Blockveranstaltungen nehmen im Verhältnis zu den genannten Blockveranstaltungen insgesamt nur elf Prozent der Häufigkeiten ein.

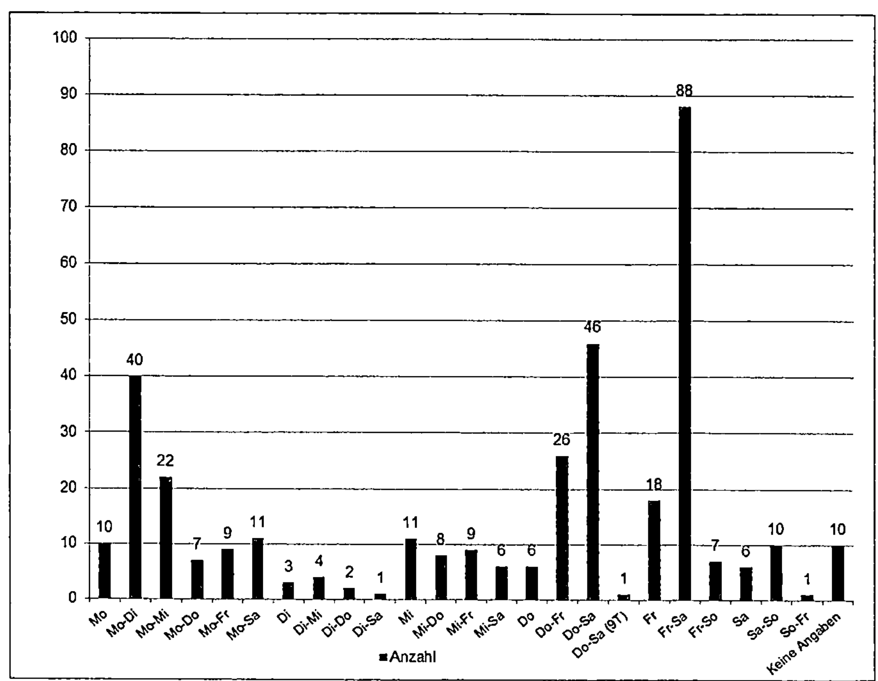

Abbildung 10: Kombination – Wochentage. Quelle: Eigene Darstellung

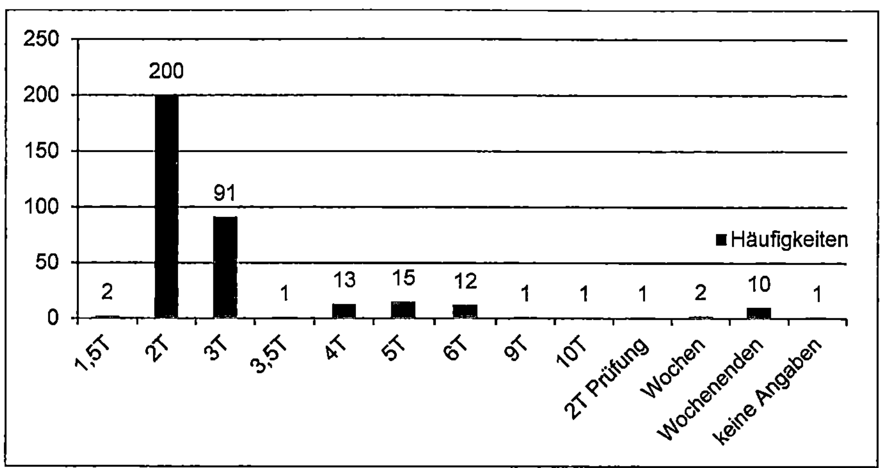

Abbildung 11: Kombination – Häufigkeit Block. Quelle: Eigene Darstellung

Die Einzeltermine, an denen Veranstaltungen des Zertifikatskurses stattfinden, können in elf Kategorien eingeteilt werden. Am häufigsten werden die Präsenztermine für Prüfungen genutzt (56%). Weiterhin werden eintägige Termine für das Coaching der Teilnehmenden oder für Erfahrungen im Praxisfeld verwendet. Die Einzeltermine finden auch hier hauptsächlich an Freitagen statt.

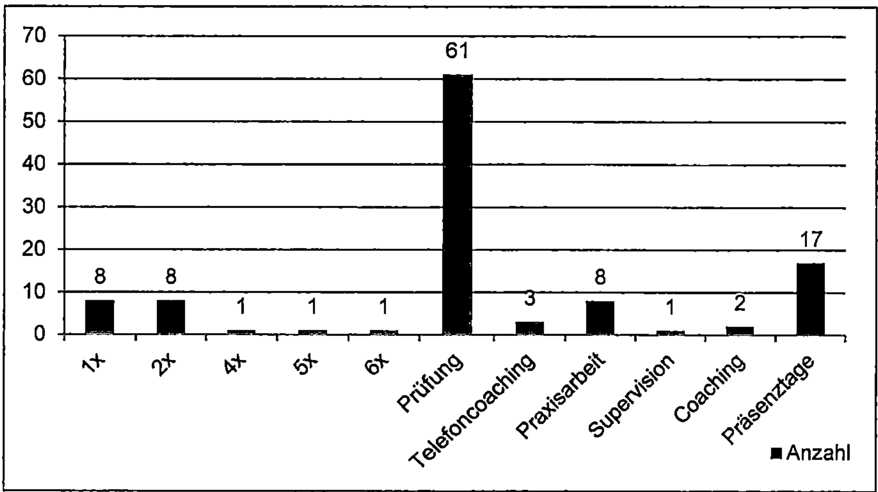

Abbildung 12: Kombination – Häufigkeit Einzeltermine. Quelle: Eigene Darstellung

Zwischen den Präsenzphasen müssen die Teilnehmenden 190 Stunden online Aufgaben oder Studienbriefe (38) bearbeiten. Weiterhin werden zur Verfügung stehende Online-Plattformen (3), Online-Foren (1) und die Unterstützung durch Online-Tutoren (2) benannt.

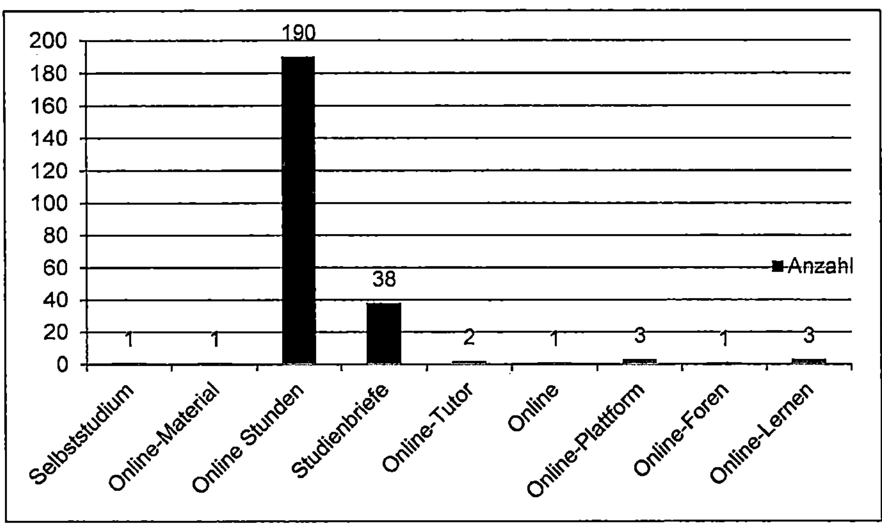

Abbildung 13: Kombination – Eigenstudium. Quelle: Eigene Darstellung

Besonderheiten, die in Bezug auf die Zertifikatskurse erhoben wurden, können in sieben Kategorien eingeteilt werden. Insgesamt kann jeweils einmal ein Einzeltermin oder ein Coachingtermin individuell vereinbart werden. Die Auswahl von Terminen wird 24 Mal genannt und zwischen Wochentagen kann 20 Mal gewählt werden. Es werden in zwei Fällen Alternativtermine für Prüfungen angeboten und einmal findet eine Zwischenprüfung online statt.

Weiterhin wird ein Zertifikatskurs ausschließlich online organisiert und die Angaben beziehen sich alle auf E-Learning. Bei insgesamt 19 Kursen wurden keine Angaben zu Zeitformaten gemacht.

3.2.3 Zusammenfassung

Die Hälfte der *weiterbildenden Masterstudiengänge* aller Hochschulen wird als Kombination der Zeitformate Block und Einzeltermin angeboten. Die Blockveranstaltungen finden in den häufigsten Fällen Donnerstag bis Samstag oder Freitag bis Samstag statt. Das bedeutet gleichzeitig, dass überwiegend zwei- oder dreitägige Veranstaltungen angeboten werden. Somit sind entweder ein oder zwei Wochenendtage eingeschlossen und nur ein Werktag. Dies bietet einen Vorteil für die berufstätigen Teilnehmenden, da sie nur einen Tag von ihrer Arbeit freigestellt werden müssen beziehungsweise nur einen Urlaubstag benötigen.

Studiengänge, die im Rahmen von Einzelterminen organisiert sind, gibt es nur wenige. Diejenigen, die auf diese Weise strukturiert sind, sind meist Studiengänge, bei denen die Teilnehmenden die Vorlesungen der grundständigen Studiengänge besuchen, welche unter der Woche stattfinden. Ein Studiengang ist als wöchentliches Studium organisiert, wobei die Präsenztermine an einem Wochentag am Abend sowie samstags ganztägig stattfinden.

Die Kombination verschiedener Zeitformate kommt, wie bereits beschrieben, am häufigsten vor. Innerhalb dieser Kategorie überwiegen jedoch die als Block strukturierten Veranstaltungen. Einzeltermine werden häufig für die Praxisarbeit, Gruppenarbeiten oder individuelle Coachings genutzt. Am häufigsten finden auch hier die Veranstaltungen Freitag bis Samstag, Freitag bis Sonntag oder Donnerstag bis Samstag statt. Daraus ergibt sich wiederum, dass die zwei- und dreitägigen Veranstaltungen am häufigsten vorkommen. Für das Eigenstudium der Teilnehmenden wird am häufigsten das Internet genutzt (u.a. Web-Lektionen oder Online-Konferenzen).

Terminliche Auswahlmöglichkeiten gibt es in Bezug auf die verschiedenen Organisationsformen der Studiengänge nur wenige. Zeitliche Besonderheiten beziehen sich auf die Flexibilität der Starttermine oder des Abschlusses von Modulen und kommen innerhalb der Studiengänge nur selten vor. Ein Studiengang wurde nur im Rahmen von Online-Lernen organisiert.

Die Zertifikatskurse werden zu etwa 46% als Kombination angeboten und sind zu 35% im Rahmen von Blockveranstaltungen organisiert. Am häufigsten finden die Veranstaltungen von Freitag bis Samstag beziehungsweise von Donnerstag bis Samstag statt. Daraus ergibt sich gleichzeitig, dass zweitägige und dreitägige Veranstaltungen die meistgenutzte Organisationsform ist. Wie auch schon bei den Masterstudiengängen, wird der Samstag sehr oft für Präsenzveranstaltungen genutzt. Durch diese zeitliche Organisation sind die Teilnehmenden nicht für die gesamte Dauer der Blockveranstaltung von ihrem eigentlichen Arbeitsplatz abwesend. Im Gegensatz zu den Masterstudiengängen, bei welchen der Sonntag insgesamt 42 Mal in der Terminplanung integriert ist, ist das bei den Zertifikatskursen nur 27 Mal der Fall.

Durch das umfangreichere Angebot von Auswahlterminen ist die Flexibilität für die Teilnehmenden bei der Teilnahme an Zertifikatskursen höher als bei weiterbildenden Masterstudiengängen.

Die Organisation der Kurse im Rahmen von Einzelterminen beträgt nur drei Prozent. Die Wochentage, an denen die Veranstaltungen stattfinden, differieren zwischen Dienstag, Mittwoch, Freitag und Samstag. Im Gegensatz zu den

Masterstudiengängen besuchen die Teilnehmenden nur ein einziges Mal die Vorlesungen der grundständigen Lehre.

In Bezug auf die Kombination von Zeitformaten lässt sich erkennen, dass bei den Zertifikatskursen ebenso wie bei den weiterbildenden Studiengängen mehr Blockveranstaltungen als Einzeltermine angeboten werden. Die meisten Blocktermine (58%) finden zweitägig statt und dies ebenfalls meist Freitag bis Samstag. Wenn es Einzeltermine in den einzelnen Kursen gibt, werden diese zum größten Teil (55%) für Prüfungen genutzt. Weitere einzelne Präsenztermine dienen beispielsweise der Erfahrungssammlung in der Praxis. Das Eigenstudium wird hauptsächlich anhand von Online-Terminen organisiert. Die Teilnehmenden müssen sich anhand von Online-Material oder Studienbriefen thematische Inhalte aneignen. Besonderheiten in Bezug auf beispielsweise Auswahltermine gibt es in dieser Kategorie am häufigsten. Insgesamt stehen 54 Auswahlmöglichkeiten zur Verfügung. Das bedeutet, bei 36% aller Zertifikatskurse, die in Kombination angeboten werden, können Termine frei gewählt und somit die Angebote individuell flexibel gestaltet werden.

Zusammenfassend kann festgehalten werden, dass das Wochenende in beiden Formaten am häufigsten für die Durchführung von Veranstaltungen genutzt wird, was gleichzeitig eine hohe Anzahl von zwei- bis dreitägigen Präsenzterminen impliziert. Dadurch wird auch ersichtlich, dass überwiegend Blockveranstaltungen existieren. Einzeltermine werden selten in die Planung von Weiterbildungsangeboten einbezogen. Sie werden häufig für die Praxisarbeit, Gruppenaufgaben, individuelle Coachings, teilweise zum Absolvieren von Prüfungen oder zum Besuch von Vorlesungen aus der grundständigen Lehre genutzt. Wenn Teilnehmende zwischen den Präsenzphasen lernen müssen, findet dies meist mit Online-Unterstützung statt. Auswahltermine werden im Rahmen von Zertifikaten häufig zur Verfügung gestellt als bei Masterstudiengängen.

4   Didaktische Ebenen und Elemente der zeitlichen Angebotsgestaltung

Was bedeuten nun die Analysen und Befunde für die handlungsbezogene Ausgestaltung von wissenschaftlichen Weiterbildungsangeboten? Versucht man, die Befunde in einer derartigen Frageperspektive auf die zeitbezogenen Planungsherausforderungen bei der Entwicklung und Umsetzung von weiterbildenden Studienangeboten zu beziehen, so lassen sich unterschiedliche Ebenen und Elemente der zeitlichen Angebotsgestaltung differenzieren: Auf der Ebene der übergeordneten zeitlichen Festlegung geht es um die Bestimmung der zeitlichen Dauer der Angebote überhaupt und ihre Differenzierung in Master- und Zertifikatsprogramme,[7] auch und gerade in Abhängigkeit von den Wünschen und Möglichkeiten der angesprochenen individuellen und institutionellen Zielgruppen. Auf der *Ebene der Veranstaltungen vor Ort* (Präsenz) geht es um die zeitliche Distribution im Wochen-, Monats- und Jahresverlauf sowie um die zeitliche Blockdauer, die Häufigkeit und die Platzierung innerhalb der Woche. Auf der *Ebene der Online Unterstützung* (virtuell) sind Fragen der virtuellen Lernformen, der Funktionen (Information, Kommunikation) sowie der Verteilung von Präsenz- und Online-Formaten zu klären. Auf der *Ebene des (angeleiteten) Selbststudiums* geht es um die Formen der Arbeitsaufträge, die für das Studium insgesamt oder für die Präsenzzeiten zu erledigen sind. Auf der *Ebene der Prüfungen* sind schließlich Prüfungsformate sowie ihre zeitliche Einbindung im Studienverlauf zu klären.

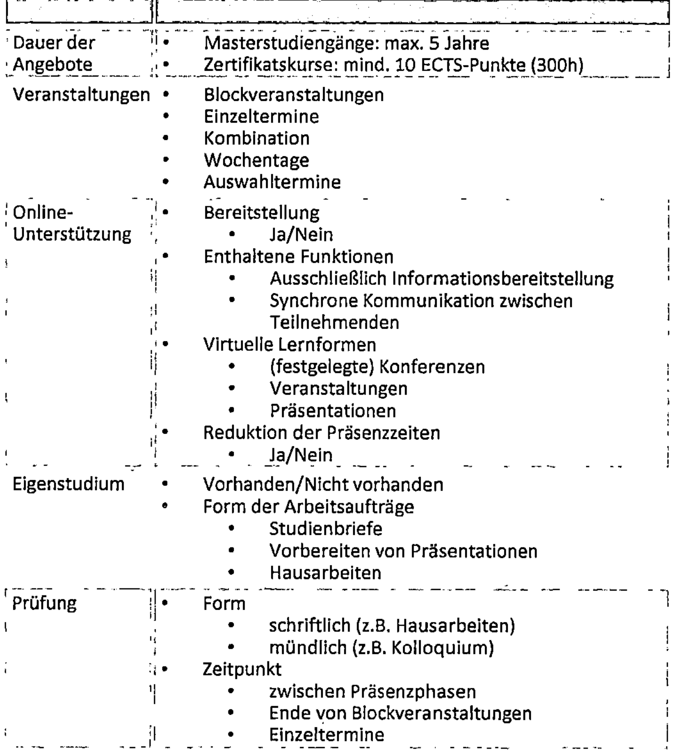

Abbildung 14: Didaktische Ebenen und Elemente der zeitlichen Angebotsgestaltung. Quelle: Eigene Darstellung

---

7 Die Möglichkeiten der zeitlichen Differenzierung beider Angebotsvarianten können hier nicht weiter verfolgt werden.

Neben all diesen Elementen ist auch die Frage nach den zeitlichen Ressourcen, die Teilnehmende für das Studium zur Verfügung haben, entscheidend (Freizeit, Arbeitszeit, Kombination). Diese Frage ist allerdings kaum von der hochschulischen Angebotsseite zu klären, sondern liegt in der Autonomie der institutionellen und individuellen Nutzer selbst. Gleichwohl beeinflussen Formen und Modi der Freistellung in erheblicher Weise sowohl die Wahl des Studienangebots als auch die Aneignungsmodi in der konkreten Studienpraxis.

Literatur

Faulstich, Peter (2010): Wissenschaftliche Weiterbildung. In: Enzyklopädie Erziehungswissenschaft Online. Online verfügbar unter: https://content-select.net/media/lgcy_viewer/52824866-9be8-474d-bbed-11372efc1343, zuletzt geprüft am 15.05.2014.

Fürst, Carolin (2013): Zeitformate in der wissenschaftlichen Weiterbildung. Marburg (Masterarbeit).

Hanft, Anke/Brinkmann, Katrin (Hrsg.) (2013): Offene Hochschulen. Die Neuausrichtung der Hochschulen auf Lebenslanges Lernen. Münster: Waxmann.

Schmidt-Lauff, Sabine (Hrsg.) (2012): Zeit und Bildung. Annäherungen an eine zeittheoretische Grundlegung. Münster: Waxmann.

Seitter, Wolfgang/Schemmann, Michael/Vossebein, Ulrich (Hrsg.) (2015): Zielgruppen in der wissenschaftlichen Weiterbildung. Empirische Befunde zu Bedarf, Potential und Akzeptanz. Wiesbaden: Springer VS.

Wolter, Andrä (2011): Die Entwicklung wissenschaftlicher Weiterbildung in Deutschland: Von der postgradualen Weiterbildung zum lebenslangen Lernen. In: Beiträge zur Hochschulforschung 33 (H.4), S. 8-35.

Anhang: Liste der analysierten Hochschulen in Hessen

Universitäten in Hessen (5):

Technische Universität Darmstadt, Darmstadt	www.tu-darmstadt.de
Goethe-Universität, Frankfurt am Main	www.uni-frankfurt.de
Justus-Liebig-Universität Gießen, Gießen	www.uni-giessen.de
Universität Kassel, Kassel	www.uni-kassel.de
Philipps Universität Marburg, Marburg	www.uni-marburg.de

Fachhochschulen in Hessen (9):

Hochschule Darmstadt - Dieburg, Darmstadt	www.h-da.de
Evangelische Hochschule Darmstadt	www.eh-darmstadt.de
Fachhochschule Frankfurt am Main	www.fh-frankfurt.de
Hochschule Fulda	www.fh-fulda.de

Hochschule RheinMain, Wiesbaden Rüsselsheim
Technische Hochschule Mittelhessen, Gießen   www.thm.de

Private Hochschulen in Hessen (10):

EBS Universität für Wirtschaft und Recht,   www.ebs.edu
Östrich-Winkel
Frankfurt School of Finanance & Management   www.frankfurt-school.de
Hochschule Fresenius, Idstein   www.hs-fresenius.de
International School of Management,   www.ism.de
Frankfurt am Main
Wilhelm Büchner Hochschule, Darmstadt   www.wb-fernstudium.de

Blockseminare in der wissenschaftlichen Weiterbildung

Sandra Habeck/Heike Rundnagel[1]

Zusammenfassung

Der Faktor „Zeit" spielt in der Lehre der wissenschaftlichen Weiterbildung, die eine erhöhte Teilnehmenden- und Zielgruppenorientierung aufweist, eine zentrale Rolle. Insbesondere die Zeitknappheit der − beruflich und/oder familiär eingebundenen − Lernenden sowie ein inhärenter Verwertungsanspruch bilden hier besondere Voraussetzungen. Eine mögliche Antwort auf diese Bedingungen stellen zum einen kompakt konzipierte Präsenzveranstaltungen dar, zum anderen beeinflussen diese Voraussetzungen die Blockseminare maßgeblich. Dieser Beitrag fokussiert die methodisch-didaktische Konzipierung von Blockseminaren unter zeitbezogenen Aspekten und präsentiert daran anschließend zwei beispielhafte Ablaufpläne.

Schlagwörter

Wissenschaftliche Weiterbildung, Zeit, Hochschuldidaktik, Blockseminare

Inhalt

---

1   *Sandra Habeck* | Philipps-Universität Marburg | sandra.habeck@staff.uni-marburg.de.
    Heike Rundnagel | Philipps-Universität Marburg | heike.rundnagel@staff.uni-marburg.de.

1   Einleitung

Die Umsetzung von Angeboten der wissenschaftlichen Weiterbildung stellt in ihrer Komplexität (Vollkostendeckung, berufstätige Studierende, Theorie-Praxis-Transfer) eine hohe Anforderung für Hochschulen und für die in den Angeboten tätigen Lehrenden dar. Die Lehre erfordert hier eine erhöhte Teilnehmenden- und Zielgruppenorientierung sowie differenzierte Planung auf den Handlungsebenen der Mikrodidaktik (Lehren und Lernen) und der Makrodidaktik (Programmplanung) (vgl. Jütte/Schilling 2005, S. 153)[2]. Das Thema „Zeit" spielt in dieser Umsetzung eine entscheidende Rolle.

Relevante Zeitaspekte der wissenschaftlichen Weiterbildung zeigen sich unter anderem darin, dass Teilnehmende der Weiterbildungsangebote aufgrund ihrer beruflichen, familiären und weiteren Verpflichtungen zeitlich stark eingebunden und somit die zeitlichen Ressourcen für die Teilnahme an wissenschaftlicher Weiterbildung deutlich begrenzt sind. Zudem wird auch ein gesteigerter Verwertbarkeitsanspruch formuliert, der den Inhalten eine hohe Bedeutung des (zukünftigen) Nutzens für die jeweilige Tätigkeit zuschreibt. Die Inhalte sollen daher möglichst effizient mit direktem Bezug zur beruflichen Tätigkeit der Teilnehmenden vermittelt werden. Kompakte Zeitformate, welche entsprechend methodisch-didaktisch geplant sind, ermöglichen es, solchen Voraussetzungen gerecht zu werden.

Sowohl im Kontext der Zielgruppenforschung (bezogen auf die Lernenden) in der wissenschaftlichen Weiterbildung (Jütte/Schilling 2005, S. 138) als auch im Bereich der hochschuldidaktischen Forschung stellt das Thema „Blockseminare in der wissenschaftlichen Weiterbildung" jedoch ein Forschungsdesiderat dar. Diese Zeitformate werden zwar seit langem sowohl in der grundständigen als auch in der Weiterbildungslehre eingesetzt, finden aber weder international noch in Deutschland wissenschaftliche Beachtung (Fischer/Peters 2012, S. 3).

Kompakte Zeitformate werden – wie bereits angesprochen – an Hochschulen auch in grundständiger Präsenz-Lehre angeboten, sie unterscheiden sich in der Weiterbildungslehre jedoch beispielsweise durch ihre häufigere Kombination mit Selbststudienanteilen (E-Learning, Studienbriefe) oder einer spezifischen methodisch-didaktischen Anpassung an berufstätig Studierende. Diesen Besonderheiten des Zeitformats in der wissenschaftlichen Weiterbildung wird sich dieser Artikel theoretisch-konzeptionell annähern und somit dem dargestellten Desiderat begegnen. Die hier vorgestellten Überlegungen basieren auf Ergebnis-

---

2   Der Fokus dieses Artikels liegt auf der mikrodidaktischen Perspektive.

sen, die im Rahmen der ersten Förderphase des Verbundprojekts „WM³ Weiterbildung Mittelhessen"[3] erarbeitet wurden.

Im vorliegenden Artikel wird folgendermaßen vorgegangen: Erstens werden die Besonderheiten der zeitlichen Perspektive in wissenschaftlicher Weiterbildung dargestellt (Kapitel 2) und zweitens darauf aufbauend die zeitbezogenen Spezifika von Blockseminaren in der wissenschaftlichen Weiterbildung herausgearbeitet (Kapitel 3). Drittens werden Aspekte der konkreten hochschuldidaktischen Gestaltung und Konzipierung von kompakten Präsenzlehrveranstaltungen in der wissenschaftlichen Weiterbildung entfaltet, die schließlich in zwei unterschiedlich beispielhafte Ablaufpläne von Blockveranstaltungen in der wissenschaftlichen Weiterbildung münden (Kapitel 4). Das Fazit geht daran anknüpfend auf die Qualifizierungsbedarfe des Personals in der wissenschaftlichen Weiterbildung ein.

2 Wissenschaftliche Weiterbildung zwischen Zeitknappheit und Verwertungsanspruch

Die Nachfrage- und Serviceorientierung der wissenschaftlichen Weiterbildung machen es notwendig, sich mit den Bedürfnissen und Erwartungen der Teilnehmenden eingehender zu beschäftigen, zentrale Aspekte sind hier die Zeitknappheit und der Verwertungsanspruch der vermittelnden Inhalte. Des Weiteren ist das spezifische Verhältnis von Selbstlern- und Präsenzphasen in diesem Kontext bei der Konzipierung von Angeboten der wissenschaftlichen Weiterbildung zu berücksichtigen.

2.1 Die Zeitknappheit berufsbegleitend Lernender

Die Studierenden in der wissenschaftlichen Weiterbildung sind, wie bereits angedeutet, durch eine hohe Diversität gekennzeichnet. Im Gegensatz zur grundständigen Lehre, in der die Studierenden zu einem Großteil direkt nach dem

---

3   Im Rahmen des Verbundprojekts „WM³ Weiterbildung Mittelhessen" haben sich die drei mittelhessischen Hochschulen Philipps-Universität Marburg, Justus-Liebig-Universität Gießen und Technische Hochschule Mittelhessen im Rahmen des Bund-Länder-Wettbewerbs „Aufstieg durch Bildung: offene Hochschulen" zusammengeschlossen, um *„ein an wirtschaftlichen und gesellschaftlichen Interessen optimal ausgerichtetes Weiterbildungsangebot zu schaffen und [außerdem] zu einer nachhaltigen Stärkung der wissenschaftlichen Weiterbildung an den Hochschulen beizutragen."* (vgl. http://www.wmhoch3.de/start/ueber-uns). Die erste Förderphase lief von 2011 bis 2015. Das Projekt befindet sich aktuell in der zweiten Förderphase, die noch bis September 2017 läuft.

Abitur an die Hochschulen kommen, meist keine Berufserfahrung, kaum Praxiswissen oder familiäre Verpflichtungen aufweisen und ihren Abschluss in Vollzeit erlangen, gelten die Lernenden in der wissenschaftlichen Weiterbildung in Anlehnung an Teichler und Wolter als „nicht traditionell Studierende" (Teichler/Wolter 2004, S. 72). Sie zeichnen sich vorrangig dadurch aus, dass sie bereits einen berufsqualifizierenden Hochschulabschluss oder eine äquivalente Berufsausbildung haben, berufstätig sind/waren und/oder nach einer längeren familienbedingten Pause wieder in den Beruf einsteigen wollen.

Zeit spielt für diese Lernende eine große Rolle, da sie durch die Lage der mehrdimensionalen Verpflichtungen (Beruf und ggf. Familie) terminlich stärker gebunden sind, sodass die zeitlichen Ressourcen für die Weiterbildung deutlich eingeschränkter sind (vgl. Präßler 2015, S. 175; Rahnfeld/Schiller 2015, S. 46). Lernen findet hier zumeist neben der Berufstätigkeit der Lernenden statt und steht somit in den häufigsten Fällen in Konkurrenz zu Freizeit-, Familienaktivitäten oder auch Entspannungsphasen. Dies führt zu besonderen Ansprüchen an das Lehr-/Lernsetting und die Rahmengestaltung sowie zu Auswirkungen auf die Konzentrations- bzw. Motivationsfähigkeit der Lernenden. Kahl u.a. führen dazu aus:

> „Weiterbildungsstudierende haben ein knappes Zeitbudget, denn sie müssen die Weiterbildung in Einklang mit ihrem Berufs- und Familienleben bringen. Die oftmals knappen Zeitressourcen können daher auch ein Auslöser für Diskussionen in der Angebotsorganisation sowie zum Inhalt sein. Es scheint eine geringe Toleranz und wenig Geduld für „Umwege" zu geben" (Kahl u.a. 2015, S. 346).

Zusätzlich dazu werden berufsbegleitende und weiterbildende Studiengänge in der Regel vollständig durch die Teilnehmenden bzw. deren Arbeitgeber finanziert. Müskens und Lübben gehen davon aus, dass die Lernenden sich daher als „zahlende Kunden der Hochschulen" sehen und „eine angemessene Betreuung und Organisation der Studienangebote" erwarten (Müskens/Lübben 2015, S. 125). Daraus resultiert, dass die verbrachte Zeit in Weiterbildungsangeboten konkret in Geldwerte umgerechnet werden. Damit geht des Weiteren eine entsprechende Erwartungshaltung an das Angebot und insbesondere an die Lehrenden einher. Kahl u.a. beschreiben dies als „Dienstleistungsgedanken" bzw. „Serviceleistung" (Kahl u.a. 2015, S. 346).

Präßler macht deutlich, dass vor eben diesem Hintergrund spezielle Studien- bzw. Angebotsformate benötigt werden und hebt hervor:

> „Zielgruppenübergreifend bietet sich die Organisation in flexibler Teilzeitform an, die sowohl Präsenzanteile als auch Fernstudienanteile beinhaltet." (Präßler 2015, S. 175).

Insbesondere langfristig angelegte Weiterbildungsstudiengänge müssen flexible Lehr-Lernsettings aufweisen, die die Bedürfnisse der neuen Zielgruppen berücksichtigen (vgl. Präßler 2015, S. 178). Um solchen Anforderungen nun im Hinblick auf Präsenzveranstaltungen zu entsprechen, ist zum einen eine zielgruppenadäquate Planung erforderlich. Zum anderen wird eine gewisse Flexibilität vonseiten des Lehrenden vorausgesetzt, um direkt auf nachlassende Motivation oder konkret in der Lernsituation formulierte Bedarfe der Lernenden einzugehen. Um einer möglichen Überbelastung der Lernenden vorzubeugen, kommen Kahl u.a. hinsichtlich der Zeitformate zu folgendem Schluss:

> „Es scheinen sich kürzere Einheiten in Form von Blockveranstaltungen und Wochenendseminaren am besten mit Beruf und Familie vereinbaren zu lassen." (Kahl u.a. 2015, S. 348).

Zudem sollten kompakte Lehrveranstaltungen neben festen curricularen Bestandteilen auch individuelle Schwerpunktsetzungen ermöglichen, da aufgrund der Heterogenität der Teilnehmenden auch von einer Niveaudiversität der Wissensbestände und der Lernfähigkeit auszugehen ist (vgl. ebd., S. 349). Eine methodisch-didaktisch abwechslungsreiche Gestaltung der Blockveranstaltung ist demnach erstrebenswert.

2.2 Zwischen Gegenwarts- und Zukunftsbezug

Neben der spezifischen Zielgruppe in der wissenschaftlichen Weiterbildung ist die Lehre vorrangig durch die inhaltlichen Erwartungen – Theoriebezug und Anwendungsnähe – und die Voraussetzung einer spezifischen Verwobenheit von Selbstlern- und Präsenzphasen gekennzeichnet. In Bezug auf die zu vermittelnden Inhalte in der wissenschaftlichen Weiterbildung wird der Anspruch gestellt, „thematisch auf dem neuesten wissenschaftlichen und theoretischen Stand zu sein" (Habeck/Denninger 2015, S. 251). Zum Teil besteht vonseiten der Organisationen und Unternehmen die Erwartung, dass durch die in der wissenschaftlichen Weiterbildung thematisierten Forschungsergebnisse ein zukunftsweisender Blick auf eigene Themen und Fragestellungen ermöglicht wird (vgl. ebd., S. 252). Hier deutet sich das der theoretischen Fundierung gegenüberstehende Ziel der Praxisrelevanz an. Bei einer Befragung von etwa fünfzig Geschäftsführenden sowie Personalentwicklerinnen und -entwicklern nach Bedarfen und Möglichkeiten der Kooperation in der wissenschaftlichen Weiterbildung kommen Habeck und Denninger in diesem Kontext zu folgendem Schluss:

> „Befragte aus allen Organisationen wünschen sich eine unmittelbare Übertragbarkeit auf die im Arbeitsalltag anfallenden Aufgaben." (Habeck/Denninger 2015, S. 263)

Zu ähnlichen Ergebnissen kommen Kahl u.a. bei der Befragung von wissenschaftlichem Personal. Sie zeigen auf, dass Weiterbildungsstudierende, welche das entsprechende berufliche Einsatzfeld kennen, eine hohe Erwartungshaltung an Transfermöglichkeiten der Inhalte in ihre berufliche Praxis haben. In diesem Zusammenhang stellen sie die damit verbundenen Aufgaben für Lehrende in der wissenschaftlichen Weiterbildung heraus:

> „Dies zwingt die Lehrenden, kritischer mit der Handlungs- beziehungsweise Praxisrelevanz ihrer Inhalte umzugehen als bei grundständigen Lehrveranstaltungen: „Was ist die Take-Home-Massage? Die muss klar sein." (Kahl u.a. 2015, S. 346)

Dieser Verwertbarkeitsanspruch und der Wunsch nach Realisierung „kompakter, flexibler und „just-in-time" Bildungsangebote" (Brinkmann 2000 in Schmidt-Lauff 2010, S. 361), der überwiegend in berufsnahem Lernen vorherrscht, bergen nach Schmidt-Lauff allerdings nicht nur die Gefahr, „unter monetarisierbare Größenordnungen zu geraten, sondern tragen in solchen Szenarien selbst zur Effektivitäts- und Effizienzsteigerung bei." (Schmidt-Lauff 2010, S. 361)

2.3 Selbstlern- und Präsenzphasen

Neben diesen inhaltlichen Charakteristika von theoretischer Fundierung und Praxistransfer ist das besondere Verhältnis von Selbstlern- und Präsenzphasen in der wissenschaftlichen Weiterbildung ein ausschlaggebender Faktor für die methodisch-didaktische (Zeit-) Gestaltung. Eine Kombination aus E-Learning und Präsenzveranstaltungen hat den Vorteil, „sowohl Flexibilität als auch die notwendige Bindung an das Studium [zu] bieten und damit das Abbruchrisiko zu vermindern" (Gorges/Konradt 2011 nach Präßler 2015, S. 79), weshalb Blended-Learning-Konzepte in der wissenschaftlichen Weiterbildung häufig eingesetzt werden. Kahl u.a. weisen in diesem Zusammenhang darauf hin, dass gerade die sinnvolle Kombination von Präsenz- und E-Learning-Phasen eine komplexe Herausforderung darstellt.

> „Bereits während der Seminarplanung muss geklärt sein, welche Inhalte sich für E-Learning eignen und wie diese didaktisch aufgearbeitet werden können. Um die Motivation der Teilnehmer_innen aufrecht zu erhalten, sollte der Webcontent ebenso sorgfältig und abwechslungsreich gestaltet sein wie die Präsenzphasen." (Kahl u.a. 2015, S. 348)

Insbesondere die adäquate Aufteilung der Inhalte auf E-Learning-Content und Präsenzphase stellt für Lehrende in der wissenschaftlichen Weiterbildung eine zentrale Frage dar (vgl. ebd. S. 349). In diesem Zusammenhang ist die zeitliche

Platzierung der Präsenzphase ein entscheidender Faktor. Hierbei müssen bei der Konzipierung insbesondere auch Fragen der Vor- und Nachbereitung mitbedacht werden (vgl. ebd.).

3 Zeitdimensionen in Blockveranstaltungen der wissenschaftlichen Weiterbildung

Nimmt man kompakt angelegte Veranstaltungen und Blockseminare in der wissenschaftlichen Weiterbildung selbst als Angebotsformate unter der Perspektive „Zeit" in den Blick, so werden unterschiedliche Dimensionen relevant:

3.1 Zeit zum Lernen, Netzwerken und Austauschen

Zunächst zeigt sich, dass es vielfältige *Verwendungsansprüche der Lernzeit* in den Veranstaltungen gibt, die neben dem reinen inhaltlichen Lernen auch zentral das Netzwerken und den Austausch untereinander umfassen. Blockseminare bieten den Lernenden gute Möglichkeiten für einen direkten Austausch untereinander und mit Praxisexperten. Cendon und Flacke gehen davon aus, dass für berufsbegleitend Studierende in der wissenschaftlichen Weiterbildung neben der fachlichen Vertiefung und Weiterentwicklung gerade der Vernetzungsgedanke ein wesentliches Studienmotiv darstellt.

> „Der Austausch mit Gleichgesinnten, mit anderen Expertinnen und Experten und der Aufbau einer Praxisgemeinschaft ist daher in der Lehre zu berücksichtigen." (Cendon/Flacke 2013, S. 37).

Solche Vernetzungsmöglichkeiten sollten von den Lehrenden gezielt in die Lehr-/Lernveranstaltung einbezogen werden. Raum zum Netzwerken kann beispielsweise in Form von informellen Settings ohne thematischen Bezug wie gemeinsam organisierten Mittags- oder Kaffeepausen gestalten werden. Dies zeigt ein Ergebnis der Potentialanalyse von Habeck und Denninger:

> „Jeweils fünf Personen schätzen die Kommunikation und den Austausch der Teilnehmenden in Settings außerhalb der klassischen Lehr-Lernsituation. Kaffeepausen gehören zu den meistgenannten Vorschlägen." (Habeck/Denninger 2015, S. 264).

Außerdem bieten spezifische Lehr-/Lerneinheiten mit thematischem Bezug, bei denen z.B. Praxisexperten zum informellen Austausch eingeladen werden, entsprechende Vernetzungsräume. Die Technische Universität München beispielsweise wirbt auf ihrer Homepage für ihren Executive MBA mit sogenannten

„Evening Sessions" und „Power Breakfasts" (TU München 2015). Solche innovativen Formate der Hochschuldidaktik ermöglichen Studierenden über das formale Lernen hinaus nicht nur Netzwerke aufzubauen, sondern bieten auf vielfältige Weise Lernanlässe. Daneben wird durch den methodisch-didaktischen Einsatz von Gruppenarbeit die Kommunikation der Lernenden untereinander gefördert (vgl. Habeck/Denninger 2015, S. 264).

3.2 Externe Zeitansprüche an die Lernenden während kompakter Lehr-/Lernveranstaltungen

Neben diversen Ansprüchen an Lernzeiten sind die Lernenden in der wissenschaftlichen Weiterbildung mit Aufgaben und Verpflichtungen konfrontiert, für die sie auch während der Präsenzveranstaltungen gewisse zeitliche Ressourcen benötigen. Die oben skizzierten mehrdimensionalen Verpflichtungen der Lernenden haben zur Konsequenz, dass insbesondere berufliche, teilweise aber auch familiäre Anforderungen ebenfalls während der Blockseminare mitlaufen. Das bedeutet beispielsweise, dass trotz einer Abwesenheit im Büro bzw. in der Firma berufliche Emails bearbeitet werden müssen. Vor diesem Hintergrund sollte den Lernenden die Möglichkeit gegeben werden, in dafür vorgesehenen Pausen Zeit zur Bearbeitung von Emails oder auch für andere berufs- oder familienrelevante Aufgaben zu haben.

3.3 Methodisch-didaktische Zeitgestaltung von Blockseminaren

Hinsichtlich der methodisch-didaktischen Gestaltung und zeitlichen Planung von Blockseminaren ist der Faktor Zeit in unterschiedlichen Dimensionen relevant. Zunächst ist anzumerken, dass in den kompakten Zeitformaten der wissenschaftlichen Weiterbildungsangebote ein gewisses Maß an Abwechslung und vielfältigem Methodeneinsatz von zentraler Bedeutung ist. Gerade die Präsenzphasen, welche mit einer inhaltlich „geballten Lehre" (Kahl u.a 2015, S. 348) einhergehen, bedürfen gezielter, den Inhalten und Lernzielen entsprechender Methodenvariationen. Hinzu kommt, dass Weiterbildungsstudierende in Bezug auf die Dauer von Vorlesungseinheiten in der Regel weniger ausdauernd als grundständig Studierende sind. Aus diesen Gründen „sollte bereits bei der Angebotsplanung eine methodisch-didaktisch abwechslungsreiche Gestaltung des Blocks bedacht werden" (ebd.).

Aufgrund der Heterogenität der Lernenden in der wissenschaftlichen Weiterbildung ist außerdem auf eine diversitätssensible Zeitstrukturierung zu achten. Bei der Gesamtplanung der kompakten Lehr-/Lernsettings sollten demnach Zeiträume und Möglichkeiten eingeplant werden, um auch unterschiedlichen Lerntempi der Lernenden gerecht zu werden. Die Lehr-/Lernveranstaltungen bewegen sich demnach auch immer zwischen den Polen von gemeinsamen und individuellen Lernzeiten.

In Bezug auf die Planbarkeit von kompakten Lehr-/Lernsettings weisen Bock und Stäheli (1999, S. 127) darauf hin, dass dies nur in groben Zügen möglich ist. Eine gewisse Flexibilität in der methodisch-didaktischen Gestaltung ist hier erforderlich. Gerade der Aspekt, der Eigeninitiative der Studierenden Raum zu bieten, bedarf entsprechender zeitlicher, räumlicher, methodischer, organisatorischer und materieller Spielräume und Handlungsoptionen.

Schließlich gilt es, die zu vermittelnden Inhalte auf Vorbereitung, Präsenzveranstaltung und Nachbereitung adäquat zu verteilen. Dabei stellt sich zum einen die Frage, welche Wissensbestände in der Lehr-/Lernveranstaltung gelernt werden sollen, und zum anderen, was bei den Lernenden bereits überwiegend vorausgesetzt werden kann. Je nachdem, ob es sich bei den zu vermittelnden Inhalten eher um Grundlagen handelt oder um vertiefende Wissensbestände, hat dies Auswirkungen auf die Platzierung in vorbereitende Selbstlern-, Präsenz- oder nachbereitende Selbstlernphase. Diese Voraussetzungen sind ausschlaggebend für die inhaltliche Gestaltung der Blockveranstaltung. Entsprechende Gestaltungsvorschläge unter Berücksichtigung der unterschiedlichen Wissensebenen werden in Kap. 4 aufgezeigt.

4 Methodisch-didaktische Konzipierung von Kompaktveranstaltungen in der wissenschaftlichen Weiterbildung[4]

Im Folgenden sollen nun zwei Konzeptionsvarianten von Kompaktveranstaltungen in der wissenschaftlichen Weiterbildung dargestellt werden. Hierzu wird zuerst auf die Besonderheiten dieses Zeitformats in der wissenschaftlichen Weiterbildung und dann mit Fokus auf die besondere Verschränkung von zeitlicher Strukturierung und vorhandenem bzw. fehlendem Vorwissen der Zielgruppe eingegangen. Anhand eines exemplarischen Konzepts – in Form von zwei Ablaufschemata – soll schließlich eine mögliche Umsetzung dargestellt werden.

---

4 Der folgende Abschnitt wurde in ähnlicher Form in der sogenannten „Handreichung für Lehrende in der wissenschaftlichen Weiterbildung" im Fachbereich Rechtswissenschaften im Kontext des Verbundprojektes „WM³ Weiterbildung Mittelhessen" bereits veröffentlicht (vgl. Habeck 2014).

4.1   Kompakte Zeitformate in der Hochschullehre

An der Technischen Universität Ilmenau wurden im Projekt „ZEITLast"[5] unter anderem innovative Lehransätze untersucht. Ein Teil des Forschungsprojektes befasste sich mit einem Lehr-/Lernmodell, welches auf einer inhaltlichen und zeitlichen Blockstruktur aufbaute. In diesem Zusammenhang wurde deutlich, dass „die Faktoren Studienstruktur, Lehrinhalt und Didaktik wesentlich aufeinander abgestimmt sein müssen, um eine ausgeglichene Lehr-/Lernkultur zu erreichen" (Schulz/Krömker 2011, S. 307). Dabei werden „die abwechslungsreiche zeitliche und inhaltliche Gestaltung der Lehreinheiten, die individuell eingesetzten Lehrmethoden der Lehrenden" sowie die hohen Selbstlernmöglichkeiten als besonders positiv hervorgehoben. Die Autorinnen kommen im Vergleich zur traditionell gestalteten Lehre zu dem Schluss, dass „die Blockstruktur und die exakt abgestimmte didaktische Ausgestaltung der Lehrveranstaltungen zu einer Verbesserung der Lehre führen können" (vgl. ebd.). Bock und Stäheli, welche eine Einführungsveranstaltung im Diplomstudiengang Soziologie als Blockveranstaltung angeboten haben und diese reflexiv in einem Erfahrungsbericht thematisieren, weisen darauf hin, dass bei diesem Format das „Prinzip exemplarischen Lernens" zu beachten sei (vgl. Bock/Stäheli 1999, S. 125). An einem konkreten Beispiel machen sie Grenzen und Chancen dieser Voraussetzung deutlich: „Man kann nicht mehr 13 Grundbegriffs-Paare an Hand von Texten im wöchentlichen atemlosen Wechsel behandeln, sondern nur noch vier bis sechs, aber an Hand dieser vier bis sechs kann man über Kenntnisse hinaus Fähigkeiten vermitteln bzw. gemeinsam erarbeiten" (ebd.). Ein weiterer zentraler Aspekt von kompakten Lehr-Lernsettings ist darin zu erkennen, dass die vermittelten Inhalte allen Anwesenden präsent sind und somit kontinuierlich weiteres Wissen angeeignet werden kann:

> „In der Blockveranstaltung wird viel Zeit gespart, die man in einer herkömmlichen Veranstaltung unter Opportunitätskosten abbuchen muss: Allen Beteiligten ist präsent, was „heute früh" oder „gestern" gemacht worden ist, man muss sich nicht erst wieder einarbeiten, nichts wiederholen, die Arbeit kann stetig vorangehen" (ebd. S. 126)

Aus den Erkenntnissen von zeitlich komprimiert gestalteten Lehr-Lernsettings in der grundständigen Präsenz-Lehre lassen sich für die wissenschaftliche Weiterbildung nun folgende Hinweise ableiten:

- Eine gezielte Abstimmung der Studienstruktur, Lehrinhalte und Didaktik stellt eine wesentliche Grundvoraussetzung dar.

---

5   Ausführlichere Informationen zum Projekt „ZEITLast" vgl. Schulz/Krömker 2011, S. 294ff.

- Die Lehreinheiten erfordern eine inhaltlich und zeitlich vielseitige Gestaltung.
- Auf eine bewusste Reduktion und Exemplarik ist bei der inhaltlichen Ausgestaltung der Blockveranstaltungen zu achten.
- Beim thematischen Aufbau des Seminars kann jeweils nahtlos an das Vorangegangene angeknüpft werden, da die bereits behandelten Wissensbestände bei den anwesenden Teilnehmenden als präsent vorausgesetzt werden können.
- Die Planung und Konzipierung der Blockseminare findet unter der Prämisse einer gewissen zeitlichen und methodischen Flexibilität statt, um den Lernenden den nötigen Raum für Eigeninitiative zu gewähren.

4.2 *Wissensbestände – vorher und für danach*

Ferner rücken bei der Konzipierung von Blockseminaren in der wissenschaftlichen Weiterbildung die Wissensbestände der Lernenden auf der Zeitachse in den Blick. Hierbei ist zunächst das *Vorwissen* im Fokus. Die Bandbreite der Vorkenntnisse ist bei den Lernenden sehr breit und divergiert sowohl in Bezug auf theoretische Wissensinhalte und berufliches Erfahrungswissen als auch im Hinblick auf den fachkulturellen Lernhabitus. Dementsprechend treffen in den (meisten) Angeboten der wissenschaftlichen Weiterbildung Lernende mit ganz unterschiedlichen Berufs- und Hochschulabschlüssen sowie aus verschiedenen beruflichen Arbeitskontexten aufeinander.

Neben diesen multiplen Wissensvoraussetzungen der Lernenden ist in der wissenschaftlichen Weiterbildung das *Transferwissen*, d.h. das künftig verwertbare Wissen, zentraler Bezugspunkt für das Lernen. Wie bereits oben aufgeführt, erwarten Lernende einen Praxisbezug und einen positiven Effekt auf ihre berufliche Tätigkeit. Unternehmen und Institutionen stellen an die wahrgenommene Weiterbildung ihrer Mitarbeiterinnen und Mitarbeiter den Anspruch, dass diese zur Zukunftssicherung und zur Wettbewerbsfähigkeit der Organisation beiträgt (vgl. Habeck/Denninger 2015, S. 244). Die zu vermittelnden Wissensbestände haben demnach einen zweifach geprägten Erwartungsdruck – von Lernenden- und von Unternehmensseite aus – auf zukünftig sich positiv erweisende Folgeeffekte in der beruflichen Tätigkeit. Mit einer solchen „utilitaristischen Zweckbindung auch für Weiterbildung" (Schmidt-Lauff 2010, S. 356) setzt sich Schmidt-Lauff kritisch auseinander. Sie weist darauf hin, dass bei einer Überbetonung der zukünftigen Verwertungsfunktion von Lernen, der „Prozess des Lernens selber in seiner gegenwartsbezogenen Wertigkeit vernachlässigt oder gar ignoriert wird" (ebd., S.362). In der wissenschaftlichen Weiterbildung gilt es demnach besonders, neben der Zukunftsrelevanz des Gelernten, den gegenwärtigen Moment des Lernens selbst nicht aus dem Blick zu verlieren.

Bei der Planung von Blockveranstaltungen besteht die Möglichkeit, die Wissensaneignung (das Lernen) der gesamten Inhalte auf drei Phasen zu verteilen: die Vorbereitung, die Präsenzveranstaltung und die Nachbereitung. Um eine adäquate Platzierung der jeweiligen Wissensbestände in der angemessenen Lehr-Lernphase zu erreichen, ist ein entscheidendes Kriterium, inwiefern davon ausgegangen werden kann, dass die Lernenden bereits überwiegend über Grundkenntnisse verfügen. Im Folgenden wird zunächst eine Verteilung präsentiert, bei welcher die Vermittlung von Grundkenntnissen im Zentrum steht (Fall 1) und anschließend eine, bei welcher vorrangig die Aneignung von Vertiefungs- bzw. Spezialwissen angestrebt wird (Fall 2). Die beiden exemplarischen Ablaufpläne für Präsenzveranstaltungen in der wissenschaftlichen Weiterbildung stellen damit jeweils ein Beispiel zur Vermittlung von Grundlagenwissen (vgl. Tab. 1) bzw. zur Vermittlung von Vertiefungswissen (vgl. Tab. 2) dar.

Fall 1 Die Lernenden haben überwiegend eher geringe Grundkenntnisse

Ist das Ziel der Präsenzveranstaltung, Grundkenntnisse zu vermitteln, so werden den Lernenden im Vorfeld entsprechende Grundlagentexte, Definitionen usw. zur Vorbereitung zur Verfügung gestellt. In der Präsenzveranstaltung finden dann die gemeinsame Wissenssicherung und die Klärung von Fragen statt. Vertiefende Inhalte werden daran anknüpfend bearbeitet und das Wissen anhand von Beispielen angewendet (z.B. Durchführung einer Fallanalyse). Zur Nachbereitung der Präsenzveranstaltung erhalten die Lernenden eine Transferaufgabe, welche es ermöglicht, das Gelernte nachhaltig in deren beruflichen Kontext umzusetzen (z.B. Durchführung eines Analyseprojektes in berufsfeldheterogenen Arbeitsgruppen).

Vorbereitende Selbstlernphase: Grundlagenliteratur

Block	Inhalt	Anmerkungen	Uhrzeit
Block I	Sicherung und Vergegenwärtigung des selbst angeeigneten *Grundlagenwissens*	Die Gruppe soll auf einen gemeinsamen Wissensstand kommen *Methodische Umsetzungsmöglichkeit:* Thesen in (bspw. berufsheterogenen oder berufshomogenen) Kleingruppen zu einem erarbeiteten (Unter-) Thema formulieren und anschließend im Plenum vorstellen; danach Austausch zur Klärung noch offener Fragen zu den selbsterarbeiteten Inhalten	9.00-10.30
Pause		Austausch, Netzwerken	10.30-10.45
Block II	*Thematische Vertiefung I*	Präsentation/Ausführung vertiefender Inhalte	10.45-12.30

E-Mail-Check-Pause		Das gezielte Einplanen eines Zeitraums zur Bearbeitung von E-Mails ermöglicht, dass während der Seminarzeiten keine berufsbezogenen E-Mails bearbeitet werden und Pausen für einen informellen, inhaltlichen Austausch genutzt werden können	12.30-12.45
Mittagspause		Austausch, Netzwerken	12.45-14.00
Block III	Thematische Vertiefung II/ *Exemplarik*	Präsentation/Ausführung vertiefender Inhalte II oder beispielhafte Konkretion des Grundlagen- bzw. Vertiefungswissens	14.00-15.00
Kaffeepause		Austausch, Netzwerken	15.00-15.15
Block IV	*Transfer* Anwendung/Reflexion	Ein Transfer der theoretisch erarbeiteten Inhalte soll in dieser Phase ermöglicht werden *Methodische Umsetzungsmöglichkeit:* Fallarbeit	15.15-16.15
E-Mail-Check-Pause		s.o.	16.15-16.30
Abschluss	Fazit Aufgaben für die Nacharbeit Ausblick auf die kommende Sitzung Feedback/Verabschiedung	Nachhaltigkeit des Wissens soll gefördert werden *Methodische Umsetzungsmöglichkeit:* anwendungsbezogene (Reflexions-) Projektaufgabe zur Nacharbeit	16.30-17.15

Nachbereitende Selbstlernphase: Anwendungsbezogene Projektaufgabe

Tabelle 1: Exemplarischer Ablaufplan zur Vermittlung von Grundlagenwissen

Fall 2 Die Lernenden verfügen bereits überwiegend über Grundkenntnisse

Ist das Ziel der Präsenzveranstaltung dagegen, vertiefende Inhalte zu vermitteln, so werden den Lernenden im Vorfeld entsprechende Vertiefungsliteratur und Texte mit Spezialwissen zur Vorbereitung zur Verfügung gestellt. Hier können beispielsweise unterschiedliche (z.B. berufsfeldhomogene) Arbeitsgruppen mit verschiedenen Texten zur Vorbereitung und Präsentation in der Veranstaltung beauftragt werden. Aufgrund von zumeist differierenden, disziplinären Hintergründen der Lernenden ist von unterschiedlichem Vorwissen auszugehen. Deshalb sollten für die Selbstlernphase des Weiteren zentrale Grundlagentexte für diejenigen bereitgestellt werden, die bislang keine/kaum Grundkenntnisse in dem Bereich haben. In der Präsenzveranstaltung greifen die Lehrenden das Basiswissen zusammenfassend auf und führen in das Vertiefungsgebiet ein. Somit wird eine gemeinsame Wissenssicherung und Klärung von Fragen hinsichtlich des selbstangeeigneten Vertiefungs- und Spezialwissens ermöglicht. Dies kann u.a. durch die vorbereiteten Präsentationen der Arbeitsgruppen und jeweils anschließende Diskussionen stattfinden. Die spezifischen Inhalte werden ferner anhand einer exemplarischen Darstellung oder Durchführung verdeutlicht (z.B.

Durchführung eines entsprechenden Beratungsfalls). Zur Nachbereitung der Präsenzveranstaltung erhalten die Lernenden eine Transferaufgabe, welche es ermöglicht, das Gelernte nachhaltig in deren beruflichen Kontext umzusetzen (z.B. Durchführung und Verschriftlichung eines konkreten Beratungsfalls, der jeweils in einem Lerner-Tandem reflektiert wird).

Vorbereitende Selbstlernphase: Vertiefungs- und Spezialwissen

Block	Inhalt	Anmerkungen	Uhrzeit
Block I	Vermittlung von *Grundlagenwissen*	Vermittlung von Basiswissen *Methodische Umsetzungsmöglichkeit:* Vortrag/ Präsentation	9.00-10.30
Pause		Austausch, Netzwerken	10.30-10.45
Block II	*Thematische Vertiefung*	Präsentation/Ausführung vertiefender Inhalte *Methodische Umsetzungsmöglichkeit:* Szenarien basierte Fallarbeit	10.45-12.30
E-Mail-Check-Pause		Das gezielte Einplanen eines Zeitraums zur Bearbeitung von E-Mails ermöglicht, dass während der Seminarzeiten keine berufsbezogenen E-Mails bearbeitet werden und Pausen für einen informellen inhaltlichen Austausch genutzt werden können	12.30-12.45
Mittagspause		Austausch, Netzwerken	12.45-14.00
Block III	Aufgreifen des selbst angeeigneten Vertiefungswissens/ *Exemplarik*	Die Gruppe soll sich die selbstangeeigneten thematischen Vertiefungen vergegenwärtigen *Methodische Umsetzung:* Präsentation von im Vorfeld erarbeiteter, unterschiedlicher Inhalte in berufsfeldhomogenen Arbeitsgruppen	14.00-15.00
Kaffeepause		Austausch, Netzwerken	15.00-15.15
Block IV	*Transfer* Anwendung/Reflexion	Ein Transfer der theoretisch erarbeiteten Inhalte soll in dieser Phase ermöglicht werden *Methodische Umsetzungsmöglichkeit:* Rollenspiel oder strukturierte Diskussion unter anwendungsbezogener Fragestellung	15.15.-16.15
E-Mail-Check-Pause		s.o.	16.15-16.30
Abschluss	Fazit Aufgaben für die Nacharbeit Ausblick auf die kommende Sitzung Feedback/Verabschiedung	Nachhaltigkeit des Wissens soll gefördert werden *Methodische Umsetzungsmöglichkeit:* Umsetzungsaufgabe im Arbeitszusammenhang	16.30-17.15

Nachbereitende Selbstlernphase: Transferaufgabe im beruflichen Alltag

Tabelle 2:   Exemplarischer Ablaufplan zur Vermittlung von Vertiefungswissen

Im Hinblick auf die methodischen Umsetzungsvorschläge sei noch Folgendes angemerkt: Ausgehend von den differierenden Voraussetzungen der Studierenden, insbesondere im Hinblick auf die heterogenen beruflichen Kontexte, gibt es unterschiedliche Varianten des Umgangs damit. Zum einen besteht die Möglichkeit, die unterschiedlichen Kontexte gezielt zu nutzen, indem berufsfeldheterogene Kleingruppen zur Bearbeitung einer gemeinsamen Aufgabenstellung gebildet werden, bei welcher das Einbringen der unterschiedlichen Perspektiven zielführend ist. Zum anderen kann die Bildung von berufshomogenen Kleingruppen für Aufgabenstellungen sinnvoll sein, die eine spezifische Expertise benötigen und durch Präsentation der Gesamtgruppe zugänglich gemacht werden.

Zeitlich und inhaltlich kompakt konzipierte Lehr-/Lernveranstaltungen in der wissenschaftlichen Weiterbildung erweisen sich in der methodisch-didaktischen Planung und Gestaltung als stark voraussetzungsreich und komplex. Wie aufgezeigt wurde, ist dabei erstens auf spezifische Gestaltungshinweise aufgrund des Kompaktformates zu achten, wie beispielsweise einer Exemplarik bei den zu vermittelnden Inhalten. Zweitens müssen die zielgruppenspezifischen Bedingungen, insbesondere die Heterogenität der Lernenden, mit berücksichtigt werden. Drittens stellen die Besonderheiten der wissenschaftlichen Weiterbildung – Theoriebezug und Anwendungsnähe – sowie ein sinnvoller Aufbau und Zusammenhang von Selbstlern- und Präsenzphasen wichtige Kriterien für die Ausgestaltung von Blockveranstaltungen dar. Hierbei wird die Komplexität der zeitlichen und methodisch-didaktischen Konzipierung und Durchführung kompakter Lehr-/Lernsettings deutlich. Lehrende benötigen in diesem Kontext ein Bewusstsein und eine Sensibilität für diese multiplen Anforderungen. Ein breites methodisch-didaktisches Wissen sowie zielgruppen- und weiterbildungsspezifische Kenntnisse sind dabei notwendig. Zugleich verlangen solche Lehr-/Lernsettings in der Umsetzung auch eine gewisse Flexibilität und situativ passendes Handeln, um sowohl auf nachlassende Motivation, bestimmte Austauschbedarfe und verschiedene Lerntempi reagieren zu können.

5   Fazit und Ausblick

Die Gestaltung von methodisch-didaktisch abwechslungsreichen Lehr-Lernformaten stellt sowohl für die Lehrenden aus der Praxis als auch für Hochschullehrende mit der Ausrichtung auf nicht-traditionell Studierende ein neues Terrain und einen zeitlichen Mehraufwand dar. So konstatieren Kahl u.a. (2015, S. 321), dass die Etablierung von Angeboten in der wissenschaftlichen Weiterbildung einen hohen Vorbereitungsaufwand bedeutet und dass dieser im Regelbetrieb nicht zusätzlich geleistet werden kann. Hieraus resultiert eine Ressourcenproblematik, die zeigt, dass ein Engagement in der wissenschaftlichen Weiterbildung immer eine Zusatzaufgabe bedeutet und für den in der wissenschaftlichen Weiterbildung engagierten Hochschulmitarbeitenden die Frage aufwirft „Kann ich mir das zeitlich leisten?" (ebd., S. 331).

Mit der Implementierung von wissenschaftlicher Weiterbildung an Hochschulen wird eine hochschuldidaktische Professionalisierung in diesem Kontext immer wichtiger. Für die Lehre in der wissenschaftlichen Weiterbildung, die sowohl durch interne Hochschullehrenden als auch durch externe Praxisexpertinnen und -experten durchgeführt wird, zeigt sich ein hoher Qualifizierungs- bzw. Sensibilisierungsbedarf. Beide Lehrendengruppen bringen bereits ein umfangreiches Wissen und Können in ihren Bereichen sowie Praxis- und/oder Lehrerfahrung mit, jedoch sind bislang wenig Erfahrungen bzw. kaum ein Bewusstsein über die Anforderungen im Umgang mit nicht-traditionell Lernenden vorhanden. Dieses Wissen über die Bedarfe und Bedürfnisse von berufstätigen Teilnehmenden hochschulischer Weiterbildungsangebote bildet jedoch – wie dargestellt – die Grundlage für die Gestaltung von methodisch-didaktisch abwechslungsreichen Lehr- und Lernformaten.

Somit bedeutet nicht nur ein Engagement in der Lehre der wissenschaftlichen Weiterbildung ein zeitlicher Mehraufwand, sondern auch die hochschuldidaktische Auseinandersetzung mit den Bedarfen und Bedürfnissen der neuen Zielgruppe. Dieser zweifache zeitliche Ressourcenaufwand macht es für die Hochschulen notwendig, die Qualifizierung von Lehrenden in der wissenschaftlichen Weiterbildung auf deren beschränkte zeitlichen Möglichkeiten anzupassen, beispielsweise durch Handreichungen[6] oder auch individualisierte Beratungs- und Coachingangebote. So schlussfolgern Braun u.a. mit Blick auf das im Verbundprojekt WM³ entwickelte hochschuldidaktische Zertifikatsprogramm „Kompetenz für professionelle Hochschullehre mit dem Schwerpunkt wissenschaftliche Weiterbildung", dass mit diesem Qualifizierungsangebot fast ausschließlich Personen des Mittelbaus erreicht werden. Andere Angebotsformate sind nötig, um andere Zielgruppen, wie beispielsweise Professor*innen, anzusprechen. Sie führen weiter aus, dass erste „Versuche und Erfahrungen mit derart individualisierten, kleinteiligen und just-in-time abrufbaren Angeboten" bereits erfolgt sind (Braun u.a. 2014, S. 23).

Über eine angestrebte Professionalitätsentwicklung im Bereich der wissenschaftlichen Weiterbildung hinaus erhält damit auch die Hochschuldidaktik insgesamt einen Anstoß zur weiteren Professionalisierung. Die in diesem Beitrag

---

[6]   Im Projekt „WM³ Weiterbildung Mittelhessen" wurde beispielsweise für Lehrende des weiterbildenden Master-Studiengangs „Baurecht" eine solche Kurzeinführung, die sogenannte „Handreichung für Lehrende in der wissenschaftlichen Weiterbildung" (Habeck 2014), entwickelt.

vorgenommene thematische Auseinandersetzung mit der methodisch-didaktischen Gestaltung von Blockveranstaltungen könnte beispielsweise einen Reflexionsansatz für eine differenzierte Beschäftigung mit kompakten Lehr-/Lernsettings in der grundständigen Lehre liefern.

Zusammenfassend ist festzuhalten, dass es sich bei dem vorliegenden Beitrag um eine erste Reflexion und Zusammenschau handelt. Kompakte Lehr-/Lernsettings, insbesondere Blockveranstaltungen, stellen ein Forschungsdesiderat im Bereich hochschuldidaktischer Forschung dar. Es sind außerdem empirische Studien zur Didaktik und ihren besonderen Voraussetzungen in der wissenschaftlichen Weiterbildung erforderlich. Im Bund-Länder-Wettbewerb „Aufstieg durch Bildung: Offene Hochschulen"[7] wurden hier in den vergangenen Jahren bereits umfassende Erkenntnisse gewonnen, allerdings fokussieren diese insbesondere die Umsetzung der Lehr-/Lernformate in den Bereichen E-Learning und Selbststudium. Mit Blick auf Präsenzveranstaltungen wird im Verbundprojekt „WM³ Weiterbildung Mittelhessen" derzeit eine Lehr-/Lernkulturanalyse vorgenommen, die diesem Bedarf begegnet[8]. Darüber hinaus sind weitere Forschungsarbeiten in diesem Feld für die wissenschaftliche Weiterbildung und die Hochschuldidaktik unabdingbar.

Literatur

Bock, Klaus Dieter/Stäheli, Urs (1999): Blockung, Essaytraining, Anwendungsbezug. Kernelemente einer neu(artig)en Veranstaltung. In: Das Hochschulwesen. 47. Jahrgang. H. 4, S. 124-128.

Braun, Monika/Rumpf, Margarete/Rundnagel, Heike (2014): Hochschuldidaktische Qualifizierung von Lehrenden in der wissenschaftlichen Weiterbildung. In: Hochschule und Weiterbildung. H. 2, S. 19-23.

Cendon, Eva/Flacke, Luise B. (2013): Praktikerinnen und Praktiker als hochschulexterne Lehrende in der wissenschaftlichen Weiterbildung. Eine notwendige Erweiterung des Lehrkörpers. Hochschule und Weiterbildung, H. 1, S. 36-40.

Habeck, Sandra/Denninger, (2015): Potentialanalyse. Forschungsbericht zu Potentialen individueller Zielgruppen. In: Seitter, Wolfgang/Schemmann, Michael/Vossebein, Ulrich (Hrsg.): Zielgruppen in der wissenschaftlichen Weiterbildung. Wiesbaden: Springer VS, S. 189-290.

Hanak, Helmar/Sturm, Nico (2015): Außerhochschulisch erworbene Kompetenzen anrechnen. Praxisanalyse und Implementierungsempfehlungen. Wiesbaden: Springer VS.

---

7   Weitere Informationen zum Bund-Länder-Wettbewerb und die geförderten Projekte: http://www.wettbewerb-offene-hochschulen-bmbf.de/

8   Weitere Informationen zum Forschungsprojekt „Lehr-/Lernkulturanalyse": www.wmhoch3.de

Jütte, Wolfgang/Schilling, Axel (2005): Teilnehmerinnen und Teilnehmer als Bezugspunkte wissenschaftlicher Weiterbildung. In: Jütte, Wolfgang/Weber, Karl (Hrsg.): Kontexte wissenschaftlicher Weiterbildung. Münster: Waxmann, S. 136-153.

Kahl, Ramona/Lengler, Asja/Präßler, Sarah (2015): Akzeptanzanalyse. Forschungsbericht zur Akzeptanz innerhochschulischer Zielgruppen. In: Seitter, Wolfgang/ Schemmann, Michael/Vossebein, Ulrich (Hrsg.): Zielgruppen in der wissenschaftlichen Weiterbildung. Wiesbaden: Springer VS, S. 291-408.

Müskens, Wolfgang/Lübben, Sonja (2015): Die Erfassung formell und informell erworbener Lehrkompetenzen in der wissenschaftlichen Weiterbildung. In: Hartung, Olaf/Rumpf, Marguerite (Hrsg.): Lehrkompetenzen in der wissenschaftlichen Weiterbildung. Theorie und Empirie Lebenslangen Lernens. Wiesbaden: Springer VS, S. 109-131.

Präßler, Sarah (2015): Bedarfsanalyse. Forschungsbericht zu Bedarfen individueller Zielgruppen. In: Seitter, Wolfgang/Schemmann, Michael/Vossebein, Ulrich (Hrsg.): Zielgruppen in der wissenschaftlichen Weiterbildung. Wiesbaden: Springer VS, S. 61-188.

Rahnfeld, Romy/Schiller, Jan (2015): Der Zugang nicht-traditionell Studierender zur wissenschaftlichen Weiterbildung: Erfordernisse an die Didaktik in der Studiengangsentwicklung. In: Beiträge zur Hochschulforschung. 37. Jahrgang. H. 1, S. 26-51.

Schmidt-Lauff, Sabine (2010): Ökonomisierung von Lernzeit. Zeit in der betrieblichen Weiterbildung. In: Zeitschrift für Pädagogik. 56. Jahrgang. H. 3, S. 355-365.

Schulz, Kristina/Krömker, Heidi (2011): Kontinuierliches Lernen – Interventionen in der ingenieurwissenschaftlichen Lehre. In: Zeitschrift für Hochschulentwicklung. 6. Jahrgang. H. 3, S. 294-309.

Seitter, Wolfgang/Schemmann, Michael/Vossebein, Ulrich (2015): Bedarf – Potential – Akzeptanz. Integrierende Zusammenschau. In: Dies. (Hrsg.): Zielgruppen in der wissenschaftlichen Weiterbildung. Wiesbaden: Springer VS, S. 23-59.

Teichler, Ulrich/Wolter, Andrä (2004): Zugangswege und Studienangebote für nicht traditionelle Studierende. In: Die Hochschule. Journal für Wissenschaft und Bildung. H. 2, S.64-80.

Wonneberger, Astrid/Weidtmann, Katja/Hoffmann, Kathrin/Draheim, Susanne (2015): Die Öffnung von Hochschulen durch flexible Studienformate am Beispiel zweier neuer weiterbildender Studiengänge. In: Beiträge zur Hochschulforschung. 37. Jahrgang. H. 1, S. 70-91.

Internetquellen

Braun, Monika (2014): Das Zertifikat „Kompetenz für professionelle Hochschullehre mit dem Schwerpunkt wissenschaftliche Weiterbildung". Online verfügbar unter: http://www.wmhoch3.de/images/dokumente/Konzept_HDM_Zertifikat.pdf [29.06.2015].

Fischer, Heike/Peters, Björn (2012): Blockveranstaltungen – Lehrformat für eine heterogene Studierendenschaft? Online verfügbar unter: https://eldorado.tu-dortmund.de/ bitstream/2003/29387/1/paper% 2001-2012.pdf [04.03.2015].

Habeck, Sandra (2014): Handreichung für Lehrende in der wissenschaftlichen Weiterbildung. Online verfügbar unter: http://www.wmhoch3.de/images/dokumente1/Handreichung_Lehrende.pdf [29.06.2015].

Homepage der Technischen Universität München: Executive MBA. Online verfügbar unter: http://www.emba-tum.de/de/executive-mba/curriculum/ [01.06.2015].

Homepage des Verbundprojektes „WM³ Weiterbildung Mittelhessen". Online verfügbar unter: http://www.wmhoch3.de/ [01.07.2015].

Organisation

Zeit für wissenschaftliche Weiterbildung an Hochschulen: Ressourcen und Strategien

Ramona Kahl/Franziska Lutzmann[1]

Zusammenfassung

Die Bedeutung des Zeitaspekts bei der Einführung wissenschaftlicher Weiterbildung an Hochschulen aus Sicht des organisationsinternen Personals ist Gegenstand des Beitrags. Die Materialgrundlage bildet die Reanalyse eines Forschungsprojekts zu förderlichen und hinderlichen Beteiligungsbedingungen an wissenschaftlicher Weiterbildung. Ausgangsthese ist, dass Zeit einen zentralen Ermöglichungsfaktor für die erfolgreiche Institutionalisierung wissenschaftliche Weiterbildung an Hochschulen darstellt. Diese Perspektive wird anhand der drei Themenfelder strukturell-organisationale Zeitressourcen, individuell-personelle Zeitverausgabungsstrategien und angebotsbezogene Zeitorganisation entwickelt. Im Ergebnis sind bislang die Beteiligten gefordert, eine zeitliche Kompatibilität der wissenschaftlichen Weiterbildung mit den vorhandenen Aufgabensegmenten herzustellen, was administrativ-struktureller wie personeller Ressourcen, Unterstützungsstrukturen und einer bedarfsorientierten Angebotsgestaltung bedarf.

Schlagwörter

Wissenschaftliche Weiterbildung, Zeitressourcen, Zeitverausgabung, Zeitorganisation, Hochschulpersonal, Hochschule

Inhalt

---

1   *Ramona Kahl* | Philipps-Universität Marburg | kahl@staff.uni-marburg.de.
    Franziska Lutzmann | Pädagogische Hochschule Freiburg | franziska.lutzmann@ph-freiburg.de.

1   Einleitung

Wissenschaftliche Weiterbildung ist in den Hochschulrahmengesetzen von Bund und Ländern als eigene Kernaufgabe neben Forschung und grundständigem Studium rechtlich verankert. Dies entspricht sowohl politischen Forderungen wie gesellschaftlichen Bedarfen angesichts sich wandelnder Erwerbstätigkeitsbedingungen mit gesteigerten Spezialisierungs- wie Weiterqualifizierungsbedarfen, die ein lebenslanges Lernen erforderlich machen. Vor diesem Hintergrund sind Hochschulen bundesweit aufgefordert, entsprechende Weiterbildungsangebote zu konfigurieren und zu implementieren.[2] Bislang stellt diese Aufgabe an Hochschulen jedoch noch keinen zentralen Tätigkeitsbereich dar, was unter anderem mit ihrer fehlenden Deputatsrelevanz in Verbindung gebracht werden kann. Angesichts dessen nimmt wissenschaftliche Weiterbildung eine Sonderstellung unter den Aufgaben des wissenschaftlichen Personals ein, was Wissenschaftler_innen wie Hochschulen vor vielfältige Herausforderungen und Aufgaben hinsichtlich ihrer Umsetzung stellt. In Zeiten geringer Kapazitäten und starker Überlastung an deutschen Hochschulen liegt es deshalb im Ermessen jeder einzelnen, ob und in welchem Ausmaß sie hierfür entsprechende Rahmenbedingungen schafft. In diesem Kontext sind nicht allein infrastrukturelle Aspekte, Weiterbildungsthematiken oder Finanzierungsmodelle bedeutsam, sondern insbesondere auch Zeiträume für ein Engagement in diesem Arbeitsfeld. Dies hat ein aktuelles Forschungsprojekt zur Akzeptanz wissenschaftlicher Weiterbildung an drei mittelhessischen Hochschulen ergeben, das förderliche wie hinderliche Beteiligungsbedingungen des wissenschaftlichen Personals am neuen Angebotsformat untersucht hat. Die Akzeptanzanalyse ist Teil der ersten Förderphase des Verbundprojekts WM³ Weiterbildung Mittelhessen des BMBF-Wettbewerbs „Aufstieg durch Bildung: offene Hochschulen" und ist von 2011 bis 2015 an drei mittelhessischen Hochschulen: der Justus-Liebig-Universität Gießen, der Philipps-Universität Marburg und der Technischen Hochschule Mittelhessen durchgeführt worden.[3] Die empirischen Befunde der qualitativen In-

---

2   Wissenschaftliche Weiterbildung bildet seit der vierten Novellierung des Hochschulrahmengesetztes im Jahr 1998 formalrechtlich eine tragende Säule neben Forschung, Lehre und Studium. Sie ist als Kernaufgabe in nahezu allen Hochschulgesetzen der Bundesländer normativ anerkannt. Es lassen sich jedoch deutliche Unterschiede in der länderspezifischen Ausfüllung der Weiterbildungsverpflichtung und ihrer jeweiligen Akzentuierung ausmachen (vgl. Bade-Becker/Walber 2014, S. 18ff.).

3   Das Verbundprojekt WM³ Weiterbildung Mittelhessen umfasst 2 Förderphasen mit einer Gesamtlaufzeit von 2011 bis 2017 (erste Förderphase 2011-2015, zweite Förderphase 2015-2017). In der ersten Förderphase hat die Entwicklung und Erprobung von Studiengängen der wissenschaftlichen Weiterbildung nebst ihrer flankierenden Erforschung im Fokus gestanden. In der zweiten Phase stehen besonders Fragen der Institutionalisierung und Dienstleistungsorientierung

terviewstudie – im konkreten 52 Experteninterviews mit dem wissenschaftlichen Personal und dem Verwaltungspersonal – dienen als Datengrundlage für die folgenden Ausführungen.[4]

Bei diesem Beitrag handelt es sich insofern um eine Reanalyse des Datenmaterials der Akzeptanzanalyse hinsichtlich der Bedeutung des Zeitaspekts für die Einführung wissenschaftlicher Weiterbildung an Hochschulen. Denn dieser nimmt – so in den Befunden erkennbar – einen wesentlichen Stellenwert beim befragten Hochschulpersonal ein. Obgleich in der Studie nicht nach dem Zeitfaktor gefragt worden ist, spiegeln die Aussagen der Befragten sowohl explizite Thematisierungen als auch zeitbezogene Implikationen wider. Ausgangsthese ist vor jenem Hintergrund, dass Zeit als ein zentraler Ermöglichungsfaktor für die erfolgreiche Institutionalisierung wissenschaftliche Weiterbildung an deutschen Hochschulen anzusehen ist. Diese Perspektive wird anhand von drei Themenfeldern entwickelt, in denen Zeit in unterschiedlicher Weise bedeutsam wird:[5]

- strukturell-organisationale Zeitressourcen: die notwendigen Ressourcen der Organisation Hochschule, um Zeiträume für wissenschaftliche Weiterbildung einzurichten,
- individuell-personelle Zeitverausgabungsstrategien: das Herangehen des wissenschaftlichen Personals an wissenschaftliche Weiterbildung, das von reflektierten Umgangsweisen bis zu gezielten Strategien der Zeitverausgabung reicht,
- angebotsbezogene Zeitorganisation: die Organisation von wissenschaftlichen Weiterbildungsangeboten, die sowohl in der Planung wie der Verstetigung zeitliche Faktoren zu berücksichtigen hat.

Da es sich bei den zugrundeliegenden Daten um die erhobene Expert_innensicht des befragten Hochschulpersonals handelt, liegt der Schwerpunkt der folgenden Ausführungen auf ihren individuell-personellen Zeitverausgabungsstrategien, wobei diese eng von den vorhandenen Zeitressourcen der jeweiligen Hochschule abhängen sowie auch durch die spezifische Zeitorganisation der Weiterbildungsangebote selbst beeinflusst werden.

---

der Angebote im Zentrum. Vgl. Homepage von WM³ Weiterbildung Mittelhessen (www.wm-hoch3.de).

4   Neben den Experteninterviews wurden zudem 8 Gruppendiskussionen erhoben, die jedoch nicht Gegenstand dieses Beitrags sind. Eine ausführliche Darlegung des Methodendesigns findet sich im Abschlussbericht der Akzeptanzanalyse (vgl. Kahl/Lengler/Präßler 2015, S. 295).

5   Die Kernbereiche der zeitbezogenen Reanalyse der Daten spiegeln letztlich die Clusterlogik der Akzeptanzanalyse: organisationsbezogenes, personenbezogenes und angebotsbezogenes Cluster (vgl. Kahl/Lengler/Präßler 2015, S. 314ff.).

2 Ergebnisse

Unter dem Blickwinkel der strukturell-organisationalen Zeitressourcen erfolgt die Betrachtung hochschulischer Rahmenbedingungen und Anforderungen zur Entwicklung und Etablierung von wissenschaftlicher Weiterbildung. Hierbei wird besonders die Frage der Kompatibilität bezogen auf die Problematik der Kapazitätswirksamkeit diskutiert. Im Zentrum der individuell-personellen Zeitverausgabungsstrategien stehen Aufgabenkonkurrenzen beziehungsweise Synergieeffekte des Weiterbildungsengagements ebenso wie notwendige hochschulinterne Kooperationen und personelle Unterstützung zur persönlichen Zeitersparnis. Gegenstand der angebotsbezogenen Zeitorganisation sind konkrete Zeitbedarfe von Anbieter- und Nachfragerseite, die sich jeweils in einem temporalen Muster sowohl für die Planung als auch für die Verstetigung von Weiterbildungsangeboten zusammenfassen lassen. Abschließend folgt unter Verbindung der drei Themenbereiche die Skizzierung möglicher Anknüpfungspunkte für die Einrichtung eines zeitlichen Rahmens von wissenschaftlicher Weiterbildung an Hochschulen.

2.1 Strukturell-organisationale Zeitressourcen

Die Entwicklung und Etablierung wissenschaftlicher Weiterbildung als einen weiteren Organisationsbereich neben den drei grundlegenden – Verwaltung, Forschung und Lehre (in der Erstausbildung) – hängt von vorhandenen finanziellen, personellen, infrastrukturellen Ressourcen ab. Im Besonderen wird er jedoch von den strukturell-organisationalen Zeitressourcen einer Hochschule bestimmt, wie der folgende Auszug aus den Befragungen belegt:

> „Also wie so vieles an der Universität ist es nicht einmal in erster Linie ein Geldproblem sondern ein Zeitproblem, aus meiner Sicht. Das ist die allerknappste Ressource, auch wenn sie häufig noch nicht als solche identifiziert wird. Aber ich denke, das macht sich auch hier bemerkbar." (AI1, Abs. 39)

Ihre Thematisierung erfolgt zumeist in einer defizitären Weise als das „knappste Gut [...] an der Universität" (AI1, Abs. 51) und „die knappste Ressource, die Wissenschaftler haben" (AI26, Abs. 12). Hierbei sind es vor allem die temporal bedingten Begrenzungen der Struktur und Organisation von wissenschaftlicher Weiterbildung, die ihren Stellenwert an Hochschulen maßgeblich prägen. Allen voran die per Gesetz festgelegte getrennte Kapazitätsplanung zum grundständigen Ausbildungsbereich ist für die strukturell-organisationale Zeitrahmung von wissenschaftlicher Weiterbildung an den Hochschulen konstitutiv. Die daraus resultierende Begrenzung der Kapazitätswirksamkeit bedingt, dass wissenschaftliche Weiterbildung zu einem Bereich an Hochschulen wird, für den gesonderte Zeitkapazitäten zusätzlich zu denen des grundständigen Ausbildungs- und Forschungsbereichs zu generieren und bereitzustellen sind. Langfristig gesehen ist aus Sicht der Befragten „der kapazitätswirksame Weg" (AI29, Abs. 45) eine wesentliche Prämisse, um wissenschaftliche Weiterbildung als eine gleichrangige Kernaufgabe an Hochschulen zu etablieren:

> „Also aus meiner Sicht, wenn man das ernsthaft betreiben will, dann muss auch sichergestellt sein, dass das tatsächlich ernsthaft in die Arbeitsbelastung der Kolleginnen und Kollegen reingerechnet wird. Es ist eigentlich nicht zu erwarten, wenn man sozusagen etwas on top verlangt, dass das in der jetzigen Situation verstoffwechselt werden kann vernünftig und ohne dass es da sichtbare Qualitätseinbußen gibt am bisherigen Angebot oder an dem Weiterbildungsangebot." (AI7, Abs. 80)

Es braucht demnach „hinreichende Zeit für die Forschung und hinreichende Zeit für die Lehre und hinreichende Zeit für die Vorbereitung von Weiterbildungsangeboten" (AI1, Abs. 51). Das müssen Hochschulen bei der strategischen Ausrichtung ihrer Ziele und Aufgaben berücksichtigen.

Um als Hochschule eine „marktfähige Weiterbildung anzubieten" (AI5, Abs. 32) und dauerhaft in der Struktur zur verankern, ist neben der inhaltlichen auch die zeitliche Kompatibilität ihrer Aufgabenbereiche maßgeblich entscheidend. Anders ausgedrückt, bedeutet dies für die Hochschulorganisation, das Verhältnis von Forschung, Aus- und Weiterbildung durch temporale Synchronisation in Einklang zu bringen, so dass wissenschaftliche Weiterbildung „nicht als lästige Pflicht [...] sondern [...] als Chance betrachtet [wird] sofern es denn tatsächlich mit den weiteren und im Grunde banaleren Aufgaben kompatibel ist" (AI1, Abs. 47). Jedoch besteht, bedingt durch die angesprochene fehlende Kapazitätswirksamkeit, gegenwärtig eher eine zeitliche Inkompatibilität der Aufgabenbereiche. Wissenschaftliche Weiterbildung erscheint damit eher als Fremdkörper weniger als Kernaufgabe, die sie per Gesetz ist. Darüber hinaus mindert jene zeitliche Inkompatibilität die strukturelle Verzahnung der Aufgabenbereiche an Hochschulen und befördert den Wettbewerb um die Verteilung der knappen Zeitressourcen, was sich nicht zuletzt in der Forderung nach einem zeitlichen „Schutzraum" (AI26, Abs. 12) für Forschung und grundständiges Studium widerspiegelt.[6]

Neben der Bedeutung der zeitlichen Kompatibilität der Aufgaben für die Entwicklung wissenschaftlicher Weiterbildung als weitere Kernaufgabe ist für

---

6   Eng damit verknüpft ist die Frage nach Synergie und Konkurrenz zwischen den zu leistenden Aufgaben an Hochschulen, auf die in der Darstellung der individuell-personellen Zeitverausgabungsstrategien ausführlicher eingegangen wird.

ihre nachhaltige Etablierung eine zeitliche Routine in der Organisation von (künftigen) Weiterbildungsangeboten erforderlich. Im O-Ton der Befragungen heißt das: „[E]s muss organisatorisch richtig gut laufen" (AI14, Abs. 107). Um die Planung und Organisation von Studienangeboten auf dem Feld der wissenschaftlichen Weiterbildung auch „mit einem vernünftigen Zeitaufwand bewältigen" (AI14, Abs. 107) zu können, müssen die Steuerung von Arbeitsprozessen festgelegt und entsprechende organisationale Ressourcen bereitgestellt werden. Als hinderlich werden hierbei von den Befragten lange Leerlaufzeiten zwischen den einzelnen Arbeitsschritten oder eine unnötig erscheinende Investition von Zeitressourcen für einzelne Arbeitsaufgaben benannt. Verstärkt werden solche Zeitverluste durch fehlende Unterstützung der Hochschulleitung und fehlende Anlaufstellen sowie funktionelle Zuständigkeiten auf der Verwaltungsebene. Andersherum formuliert:

> „In dem Moment, wo Sie [...] [im] Präsidium oder im Bereich von der Verwaltungszentrale, sprich Kanzler und die Ebene darunter [...], offene und positiv eingestellte Funktionsträger haben, in dem Moment haben Sie viel leichteres Spiel, so etwas wirklich gut zu etablieren." (AI14, Abs. 127)

Eine Systematisierung zeitlich aufeinander folgender Arbeitsschritte unter Nutzung der organisationalen Ressourcen kann demnach nur gelingen, wenn durch entsprechende Hochschulorganisation Verantwortlichkeiten offengelegt und Zuständigkeiten mit entsprechenden Ansprechpersonen festgelegt sind. Damit verbunden ist die Möglichkeit zur Delegation von Aufgaben an eine entsprechende Stelle auf der Verwaltungsebene, die „es besser könnte [...] und vielleicht auch mehr Zeit dafür hätte" (AI21, Abs. 31), was den Raum für eine gewisse Zeitersparnis und -entlastung auf Seiten der Zeitverausgabung des wissenschaftlichen Personals schafft und die Eingliederung von wissenschaftlicher Weiterbildung als Kernaufgabe in die Arbeitsbereichsstruktur(en) in einer Hochschule befördert:

> „Das ist bei uns wirklich sehr günstig. Wir haben eine sehr fruchtbare Kultur hier, die auch ermöglicht so etwas umzusetzen. Das ist etwas, was ungemein hilft.[...] Die fachliche Arbeit würde ich eh immer selber machen, aber die organisatorischen Sachen, das ist schon sehr gut, wenn man nicht gegen jemanden arbeiten muss, sondern wenn einem schon gesagt wird: ‚Ja wir helfen soweit es geht dann auch mit und ermöglichen das auch.' Das ist schon sehr positiv." (AI28, Abs. 43)

Letztlich hängt die temporale Allokation der beschränkt zur Verfügung stehenden Zeitressourcen für wissenschaftliche Weiterbildung auch von der jeweiligen Finanz- und Personalpolitik einer Hochschule ab. Aufgrund gesetzlicher Regelungen müssen sich Studienangebote der wissenschaftlichen Weiterbildung an

Hochschulen selbst finanzieren, das heißt vollkostendeckende Finanzierung über Studiengebühren. Besonders finanzielle Anschubhilfen (an) der Hochschule können positiv auf die Zeitverausgabung des wissenschaftlichen Personals wirken:

> „Das ist ja auch nicht immer so ganz einfach, aus den vorhandenen Bordmitteln neue Sachen aufzustellen, das (.) ist halt schwierig. Das erfordert halt immer ziemlich viel Engagement von Einzelnen und auch sehr viel Zeit und wenn man dann auch noch ein bisschen Zuschuss kriegt, dann ist das ein bisschen einfacher, das dann auch umzusetzen." (AI28, Abs. 22)

Jedoch bedarf es nicht nur kurzfristiger Finanzausschüttungen über Anschubgelder, sondern auch längerfristiger Finanzierungsquellen, um ein Studienangebot auf dem Markt zu verstetigen. Beispielsweise ist eine befristete beziehungsweise nicht-befristete Kofinanzierung über die Kooperation mit Stiftungen und/oder durch Zuschüsse über das Land denkbar. Zudem braucht es für die Verstetigung von wissenschaftlicher Weiterbildung die Einrichtung und Sicherung von Personalstellen. Das betrifft vor allem sogenannte „Funktionsstellen" (AI10, Abs. 61), wie die eines/einer Studienangebotsentwickler_in beziehungsweise -koordinator_in. Um es mit den Worten der Befragten zu präzisieren: „Es muss jemand da sein, der die Zeit, der die Ressourcen hat solche Sachen aufzusetzen, solche Sachen zu investieren, sich darum zu kümmern, darum zu pflegen, Kontaktpflege zu machen" (AI3, Abs. 41). Hierbei spielt neben Fragen der infrastrukturellen Ausstattung die zeitliche Befristung beziehungsweise Nicht-Befristung solcher Stellen eine Rolle. Insgesamt stellt an der Hochschule das wissenschaftliche Personal beziehungsweise dessen Zeitinvestitionen die zentrale Ressource zur Einführung und Umsetzung wissenschaftlicher Weiterbildung dar.

2.2 Individuell-personelle Zeitverausgabungsstrategien

Die ausgeführten strukturell-organisationalen Zeitressourcen bilden den systemischen Rahmen für die individuell-personellen Zeitverausgabungsstrategien des wissenschaftlichen Personals. Von daher verwundert es kaum, dass Zeit von den Befragten als ein zentraler Faktor für ihr individuelles Engagement in der wissenschaftlichen Weiterbildung durchgängig betont wird und dies in zumeist defizitärer Weise. Demzufolge stellt eine Mitarbeit in der wissenschaftlichen Weiterbildung an der Hochschule aus Sicht der Befragten primär eine zeitliche Schwierigkeit dar. Dieses Zeitproblem hängt mit der hohen Arbeitsbelastung des wissenschaftlichen Personals zusammen, durch die viele ihre „Leistungsgrenze" (AI5, Abs. 6) bereits erreicht zuweilen sogar überschritten sehen, was sich in Aussagen wie „komplett ausgelastet" (AI17, Abs. 14) bis hin zu „völlig hoffnungslos überlastet" (AI16, Abs. 26) zeigt.

Wissenschaftliche Weiterbildung tritt zu den vorhandenen, zentralen Tätigkeitsfeldern grundständige Lehre und Forschung als weiteres Arbeitssegment hinzu, was zu der Frage führt, „wann, wofür bringt man wie viel Zeit auf" (AI3, Abs. 25). Diese Herausforderung des eigenen zeitlichen Ressourcenmanagements wird durch die unterschiedliche Bedeutsamkeit der Arbeitsfelder zusätzlich erschwert. Denn bei wissenschaftlicher Weiterbildung handelt es sich um ein Tätigkeitsfeld, das nicht kapazitätswirksam ist. Dies wird von den Befragten vielfältig problematisiert.

> „Da ist natürlich schon eine ganze Menge zusätzlicher Zeit notwendig und wenn Sie das neben einem ganz normalen Vorlesungsprogramm, einem ganz normalen Deputat und ohne irgendwelche Deputatsermäßigungen [...] betreiben, dann sind Sie schon ordentlich eingespannt. Sie sind eine Vielzahl von Wochenenden schlicht und ergreifend weg." (AI14, Abs. 82)

Die mangelnde zeitlich-kapazitäre Anrechenbarkeit eines Engagements in wissenschaftlicher Weiterbildung führt dazu, dass sie vom wissenschaftlichen Personal weniger „ernsthaft" (AI 7, Abs. 36) betrieben werden kann oder als Arbeitsaufgabe „ernst" (AI 7, Abs. 80) genommen wird. Zudem verknüpfen die Befragten mit der Stellung als Zusatzaufgabe, die es in Nebentätigkeit auszuüben gilt, ein geringeres Ansehen wissenschaftlicher Weiterbildungsaktivitäten innerhalb der Hochschule. In beiden Bereichen ist die Vorstellung eines Anerkennungsmangels spürbar, der sich negativ auf die Beteiligung auswirkt. Demzufolge stellt die Nachrangigkeit wissenschaftlicher Weiterbildung im Vergleich zu den Kernaufgaben Forschung und grundständige Lehre aus Sicht der Befragten ein maßgebliches Hemmnis ihrer Zeitinvestitionsbereitschaft wie -möglichkeiten in wissenschaftliche Weiterbildung dar.

Darüber hinaus erfordern Aufbau und Etablierung eines Weiterbildungsangebots eine mittel- bis langfristige individuell-personelle Verpflichtung, die in ihrem Umfang eingeschränkt kalkulierbar ist und zugleich für absehbare Zeit Arbeitsressourcen bindet.

> „Entweder man macht es ordentlich und dann kostet es viel Zeit und viel Aufwand, so etwas zu machen, gerade, wenn man es neu anfängt. Irgendwann kann man dann sagen, jetzt hole ich nur noch meinen Ordner aus dem Schrank, aber bis es soweit ist, ist es noch eine ganze Weile hin." (AI13, Abs. 50)

Angesichts dieser Bedingungen bilden „*Langfristigkeit* und *Zusätzlichkeit* zentrale Parameter" (Kahl/Lengler/Präßler 2015, S. 332) eines möglichen Weiterbildungsengagements des wissenschaftlichen Personals, in dem die Zeitperspektive den zentralen Entscheidungsfaktor bildet. In diesem Kontext zeigen die Studienbefunde zwei differierende Sichtweisen und Einstellungen gegenüber dem neuen, weiteren Arbeitsgebiet der wissenschaftlichen Weiterbildung, die sich als Konkurrenz- versus Synergieperspektive beschreiben lassen. Eine Thematisierung wissenschaftlicher Weiterbildung als Zusatzarbeit ist mit Wahrnehmungen einer zeitbezogenen Konkurrenz zwischen Tätigkeitsfeldern verbunden; in der Thematisierung als Synergieeffekt (beziehungsweise langfristige Investition) steht eine zeitliche Überlagerung und Verbindung mit anderen Tätigkeiten im Zentrum.

Wenn die Option beziehungsweise Anfrage zu einem Engagement in wissenschaftlicher Weiterbildung primär eine Zusatzarbeit ja sogar einen nachrangigen Arbeitsbereich darstellt, den es „nebenbei on-top" (AI7, Abs. 28) zu den vorhandenen Grundaufgaben (Forschung, grundständige Lehre und Nachwuchsförderung) zu erledigen gilt, wird sie häufig als Konkurrenz zu diesen erlebt. Mit dem Konkurrenzgedanken gehen Wahrnehmungen von Überlastung des wissenschaftlichen Personals und Zeitmangel für die Zusatzarbeit Weiterbildung sowie Befürchtungen eines möglichen Zeit- und Kapazitätsverlusts in anderen Aufgabenfeldern einher. Tritt wissenschaftliche Weiterbildung dementsprechend vorrangig als Gegensatz in Erscheinung, „sei es auch nur mit Blick auf die Ressource Zeit, dann muss man sagen, haben die Basisaufgaben absoluten Vorrang" (AI1, Abs. 47). Aus dieser Perspektive steht ein Engagement in wissenschaftlicher Weiterbildung folglich unter dem Vorzeichen der auch zeitlichen Verdrängung anderer Tätigkeiten und zusätzlichen Arbeitsbelastung.

Demgegenüber finden sich Wissenschaftler_innen, die sich trotz begrenzter zeitlicher Ressourcen im Kerngeschäft in wissenschaftlicher Weiterbildung engagieren oder dies zumindest zukünftig anvisieren. In ihren Aussagen scheint eine andere, temporale Perspektive auf wissenschaftliche Weiterbildung auf, die sich in der Wahrnehmung zeitlicher Verknüpfungen und Überschneidungen des Weiterbildungsengagements mit anderen Arbeitsaufgaben ausdrückt. So lassen sich mittels wissenschaftlicher Weiterbildung Drittmittel akquirieren, Anregungen für die grundständigen Lehre (z.B. durch Fallbeispiele aus den Erfahrungen der WB-Studierenden) gewinnen sowie Stellen schaffen und Nachwuchsförderung betreiben (über Praxiskontakte für Forschungsarbeiten, Lehrerfahrungen im Weiterbildungsangebot etc.). Ebenso können Aspekte des Kerngeschäfts für die wissenschaftliche Weiterbildung nutzbar gemacht werden (z.B. aktuelle Forschungsergebnisse in der Weiterbildungslehre oder Lehrkonzeptionen des grundständigen Mastersegments).

Neben derartigen inhaltlichen, konzeptionellen oder monetären zeitlichen Synergien zwischen dem Weiterbildungsbereich und den anderen Arbeitsaufgaben kann sie zudem ideelle und strategische Vorteile haben. Zum ideellen Bereich zählt das Interesse an der Weiterentwicklung und thematischen Mitgestaltung eines Praxisfeldes und seiner Professionellen durch wissenschaftliche Weiterbildung. Zum strategischen Bereich lässt sich die Entlastung des grundständigen Studienangebots durch das Weiterbildungssegment durch Neuverteilung der Nachfrage zählen. Des Weiteren können Weiterbildungsangebote zur mittel- bis langfristigen Absicherung von Forschungsfeldern sowie zur Aufrechterhaltung des Fachbereichs über die Attraktivitätssteigerung des Studienstandorts eingesetzt werden.

Synergieeffekte lassen sich demnach zwischen dem Weiterbildungssegment und den unterschiedlichen Tätigkeitsfeldern der grundständigen Lehre, Forschung oder Nachwuchsförderung ebenso finden wie hinsichtlich der strategischen Absicherung von Arbeitsplätzen oder der Entwicklung von Praxisfeldern. All diese Aspekte haben auch eine zeitliche Dimension, die im Begriff der Synergie als Gedanke der Zeitersparnis mitschwingt. In der synergetischen Perspektive auf wissenschaftliche Weiterbildung tritt ihre Einschätzung als zeitliche Mehrbelastung zugunsten eines „Kooperationsverständnis" (Kahl/Lengler/Präßler 2015, S. 333) zurück, bei dem Kerngeschäft und Weiterbildungsengagement auf inhaltlicher wie zeitlich-kapazitärer Ebene zusammenspielen.

In den Thematisierungen der Ressource Zeit als Konkurrenz oder als Kooperation spiegeln sich angesichts vergleichbarer organisational-rechtlicher Rahmenbedingungen letztlich zwei divergierende individuell-personale Wahrnehmungen wie Bewertungen der Tätigkeit wider.[7] Aus zeittheoretischer Perspektive lassen sich diese beiden Sichtweisen und Haltungen auf die temporale Komponente wissenschaftlicher Weiterbildungstätigkeit abstrahierend als dichotom-polare versus emergente Interpretationen fassen. Als ein ausschlaggebender Faktor der jeweiligen subjektiven Bewertungslogik kann die Wahrnehmung von (zeitlichem) Gewinn und Nutzen des Weiterbildungsengagements für das Kerngeschäft festgehalten werden.

Neben der intrasubjektiven Perspektive auf das temporale Verhältnis der Arbeitsaufgaben zueinander spielt außerdem eine intersubjektive Perspektive eine Rolle. Denn eine mögliche Zeitinvestition in wissenschaftliche Weiterbildung ist mit Fragen von Aufteilung und Umverteilung verbunden nicht nur innerhalb der individuellen Kapazitäten, sondern auch hinsichtlich des Rückgriffs auf (Zeit-)Ressourcen anderer.

> „Mitstreiter zu bekommen, die ähnlich denken, die so was auch machen wollen und die [...] für so etwas bereit sind auch entsprechend Input und Zeit und andere Bemühungen rein zu stecken. Dass ist das allerwichtigste zunächst mal." (AI14, Abs. 198)

---

7   Damit spiegeln die Ergebnisse zeittheoretische Überlegungen wider, demzufolge „sozial geschaffene zeitliche Strukturen [...] auf subjektiv erlebte Zeitlichkeiten (treffen)"(Schmidt-Lauff 2012, S. 19-20).

Das individuelle Zeitmanagement beziehungsweise die zeitliche Kapazität hängt maßgeblich von der Zuarbeit, Mitarbeit sowie Entlastung durch andere ab. Dabei kann es sich um Mitarbeitende, Kolleg_innen oder auch die Zentralverwaltung der Hochschulen handeln. Deren zeitliche Arbeitsressourcen entlasten die eigenen Kapazitäten und ermöglichen dadurch Freiräume, in denen ein Engagement in wissenschaftliche Weiterbildung vorstellbar und kurz- wie langfristig möglich erscheint. Demgegenüber kann die fehlende organisationale oder kollegiale Unterstützung eines wissenschaftlichen Weiterbildungsengagements die individuelle zeitliche Arbeitsbelastung für dieses Aufgabenfeld derart erhöhen, dass sie vom Einzelnen nicht bewältigt werden kann.

Das Ausmaß an Akzeptanz wissenschaftlicher Weiterbildung auf den verschiedenen Ebenen der Hochschule vom Institut bis zur Zentralverwaltung und Hochschulleitung bedingt, mit wie viel Mithilfe oder Widerstand des hochschulischen Umfelds bei einem individuellen Weiterbildungsengagement zu rechnen ist.[8] Die eigene Zeitverausgabung für unterschiedliche Arbeitsaufgaben ist demnach nicht allein von der individuellen Tätigkeitsbewertung und dem Aufgabenmanagement bedingt, sondern hängt zudem maßgeblich von hochschulinternen Kooperationen und Unterstützungsstrukturen ab.

2.3 Angebotsbezogene Zeitorganisation

Für die Organisation von Studienangeboten wissenschaftlicher Weiterbildung lassen sich aus den Befragungen zwei zentrale temporale Muster – das der Angebotsplanung und das der Angebotsverstetigung – differenzieren, bei denen neben internen zeitbedingten Einflussfaktoren der Hochschule auch die externen zeitbedingten Einflussfaktoren der potentiellen Nachfrager wesentliche Bezugspunkte bilden.

Das temporale Muster der *Angebotsplanung* betont einerseits die Notwendigkeit, bereits im Vorfeld der didaktischen Konzeption von berufsbegleitend studierbaren Weiterbildungsformaten und später auch in ihrer konkreten methodischen Umsetzung für Zeitflexibilität zu sorgen. In diesem Sinne lautet das Credo für die Entwicklung flexibler Weiterbildungsangebote: „A: die modernen Medien mehr nutzen, B: entsprechende unterschiedliche, zeitliche Rhythmisierungen anbieten" (AI14, Abs. 204). Es gilt, ein Bewusstsein für die spezifischen Zeitbedarfe der Teilnehmenden zu schaffen und die Erkenntnisse in die Planung miteinzubeziehen, „also sehr wohl die Überlegung, wie kann ich es auch wirklich so gestalten, dass sie nicht ständig in diesen Zeitkonflikt kommen" (AI27,

---

8   Vergleiche hierzu genauer Kahl/Lengler/Präßler 2015, S. 393f. sowie Kahl/Lengler 2014, S. 86.

Abs. 25). Weiterbildungsstudierende „haben im Allgemeinen einen Fulltime-Job und machen das halt nebenher" (AI3, Abs. 65). Sie „sind hochbelastet, [...] eingebaut in ihren Alltag, [...] haben Familie [...], sie haben nicht so viel Zeit und von daher wenig Toleranz für irgendwelche Umwege" (AI17, Abs. 44). Dabei gilt es, nicht nur im traditionellen Sinn Hochschulabsolvent_innen als Rückkehrer_innen nach einer ersten Berufsphase für ein weiterbildendes Studium zu gewinnen, sondern auch Erwerbstätigen ohne Hochschulabschluss mit einschlägiger Berufserfahrung den Zugang zur Hochschule über die Weiterbildung zu eröffnen. Da es sich folglich um eine Zielgruppe handelt, die über ein beschränktes Zeitbudget verfügt und Weiterbildung mit ihrer Arbeits- und Freizeit in Einklang bringen muss, benötigen sie unterschiedliche zeitflexible Veranstaltungsformate. Das schließt sowohl Lehr-/Lernformen des Präsenzstudiums als auch solche des Selbststudiums mit ein. Bei letzterem kommt den neueren Informations- und Kommunikationstechnologien (IKT) eine besondere Bedeutung zu.

Andererseits offenbart sich in jenem Muster für das Feld der wissenschaftlichen Weiterbildung gegenüber dem grundständigen Ausbildungsbereich ein vergleichsweise hohes Maß an Zeitintensität in der Lehre. Das beinhaltet die Zeit, die Lehrenden bei der Planung und während der Durchführung von Weiterbildungsveranstaltungen abverlangt wird. Laut den Befragungen handelt es sich um eine betreuungsaufwendige Form der Lehre, bei der Lehrende eine gewisse Servicehaltung im Umgang mit Weiterbildungsstudierenden pflegen sollten, das heißt „eine andere Art und Weise wie man sie an der Hand nimmt, dass sie erfolgreich studieren" (AI24, Abs. 36). Neben den zu erbringenden Service- und Betreuungsleistungen schließt dieser zeitlich bedingte Mehraufwand für Lehrtätige auch eine längere Lehrvorbereitungszeit mit ein, die es bei der inhaltlichen wie methodischen Gestaltung im Zuge der Veranstaltungsplanung einzuräumen gilt. Mit den Worten der Befragten gesprochen: „Es braucht halt Zeit, man muss was vorbereiten! Wenn Sie da zwei Tage am Stück den Leuten was erzählen sollen [...]. Da geht schon Zeit rein, man kann es nicht nebenbei machen" (AI12, Abs. 19). Daher reicht es im Hinblick auf die Erwartungen der stark berufserfahrenen Zielgruppe nicht aus, die gleiche Vorlesung oder den gleichen Reader aus dem grundständigem Studium blind zu übertragen, sondern Veranstaltungen müssen am Puls der Zeit geplant und mit der nötigen Praxisrelevanz versehen werden.

Durch das temporale Muster der *Angebotsverstetigung* wird der Fokus auf die Produktetablierung gelegt, was vor allem die zeitliche Erprobung und nachhaltige Implementierung von Studienangeboten auf dem Feld der wissenschaftlichen Weiterbildung anbelangt. Dazu bedarf es zum einen einer Kontinuität im Angebot. Das geht mit der Verantwortung einher, dafür Sorge zu leisten, dass sich das Angebot auch dauerhaft trägt. Schließlich gibt es mit Blick auf die zu erwartende heterogene Zielgruppe „viele verschiedene Studienverläufe, da kann man nicht sagen wir machen das in einem Jahr und im nächsten gibt es kein Angebot" (AI15, Abs. 56). Um insgesamt eine Beständigkeit im Weiterbildungsangebot gewährleisten zu können, braucht es entsprechende Maßnahmen, um die Nachfrager, von der einzelnen Privatperson bis hin zu ganzen Unternehmen, an die Hochschule als Weiterbildungsanbieter zu binden. Solch ein Aufbau einer Kundenbeziehung beziehungsweise Kundenbindung lässt sich nicht mal eben so nebenbei bewerkstelligen, sondern ist ein zeitaufwendiges Unterfangen: „[D]as dauert [...] Jahre, das ist aufwendig, das ist mühsam" (AI11, Abs. 43). Ferner kann sich die Standardisierung von Prozessen und Systematisierung von betrieblichen Abläufen im Bereich der wissenschaftlichen Weiterbildung positiv auf die Haltbarkeitsdauer der Angebote auswirken.

Zum anderen stellt das stetige Ausbalancieren von Angebot und Nachfrage für das Hochschulpersonal eine nicht zu vernachlässigende Aufgabe dar, die zwar viel Zeit in Anspruch nimmt, doch für die erfolgreiche Etablierung von wissenschaftlicher Weiterbildung unabdingbar erscheint. Bei diesem Balanceakt handelt es sich um einen Abstimmungsprozess, der sich meist durch „Learning by Doing" (AI16, Abs. 21) während der unmittelbaren Realisierung eines Weiterbildungsdurchgangs vollzieht. Für jeden neuen Durchgang sind auf Basis der Erfahrungen aus dem vorherigen entsprechende Anpassungen vorzunehmen, die ihre Wirkung wiederum erst in der konkreten Realisierung dieser entfalten können. Nach Ansicht des befragten Hochschulpersonals erfordert es mehrere Durchgänge, „um das Angebot [...] soweit auszufeilen, dass [sie] die ganzen Nachfragen auch decken können, also inhaltlicher Art und auch von der Organisation. Und die Frage ist eigentlich, ob [sie] diese Zeit haben und bekommen" (AI17, Abs. 35). Denn auf lange Sicht hängt die Standfestigkeit eines Angebots davon ab, welches Zeitkontingent in Anbetracht der derzeitigen strukturellen Rahmenbedingungen Hochschulangehörigen für einen solchen Feinjustierungsprozess zur Verfügung steht.

3   Fazit: Zeitbezogene Ressourcen und Strategien

Eine integrierende Sicht auf die Ergebnisse zeigt, dass angesichts zeitlicher Aus- und Überlastungen des Personals sowie fehlender Zeiträume speziell für die wissenschaftliche Weiterbildung an Hochschulen Strategien und Ressourcen zur Entlastung und Strukturierung unerlässlich sind. Ein Ansatzpunkt wäre die geforderte Kapazitätswirksamkeit. Da diesbezüglich eine Veränderung jedoch noch einstweilen aussteht, sind die Beteiligten gefragt, eine zeitliche Kompatibilität der wissenschaftlichen Weiterbildung mit den vorhandenen Aufgabensegmenten zu erzeugen.[9] Denn für die Einführung und nachhaltige Sicherung wissenschaftlicher Weiterbildungsangebote wie auch für die Beteiligung des wissenschaftlichen Personals bedarf es inhaltlicher wie organisationaler Unterstützungs- und Abstimmungsprozesse, die administrativ-strukturelle wie personelle Ressourcen erfordern. Um wissenschaftliche Weiterbildung in den Prozessstrukturen der Hochschule zu verankern, ist die Erstellung eines Organisationsmodells erforderlich, in dem Zuständigkeiten, Verantwortlichkeiten und Prozessabläufe geregelt sind. Hierfür sind Finanzierungsmodelle zu entwickeln, die sowohl zur Einrichtung von Personalstellen führen – etwa zur Verwaltung von wissenschaftlichen Weiterbildungsangeboten oder hochschuldidaktischer Beratung von Lehrpersonal dieses Segments – als auch die Frage der Anschubfinanzierung neuer Angebotsimpulse regeln. „Sodann sind auch strategische Entscheidungen über die Organisationsform wissenschaftlicher Weiterbildung – zentral, dezentral, Ausgründung – zu treffen" (Kahl/Lengler/Präßler 2015, S. 394). Die Frage des passenden Organisationsmodells für Weiterbildung, die insbesondere der zeitlichen Entlastung des vorhandenen Personals und dem effizienten Ressourceneinsatz der Hochschule dient, kann lediglich hochschulspezifisch gegebenenfalls sogar angebotsspezifisch entschieden werden. Pauschallösungen erscheinen dahingehend wenig zielführend und eine wiederkehrende Prüfung und Anpassung an die aktuellen hochschulischen und marktbezogenen Bedingungen unumgänglich.[10]

Weiterhin lässt sich feststellen, dass es zur erfolgreichen Einführung und nachhaltigen Implementierung wissenschaftlicher Weiterbildung an Hochschulen erforderlich ist, einen Zeitrahmen für das neue Angebotssegment zu schaffen. Zentrales Kriterium ist die Stimmigkeit zwischen Angebot, organisationaler Verankerung und personeller Bedarfe, welche im gelungenen Fall zur zeitlichen Entlastung des wissenschaftlichen und administrativen Personals wie auch der Organisation insgesamt beiträgt. Zusammengefasst scheint eine hochschulinterne zeitliche Investition in wissenschaftliche Weiterbildung nur in der Verbin-

---

9   Zwar sind seit dem 10. September 2013 an den Hochschulen des Landes Hessen „im Hauptamt erbrachte Lehrveranstaltungen der Weiterbildung nach § 16 des Hessischen Hochschulgesetzes [...] auf die Lehrverpflichtung anrechenbar" (§ 2 Absatz 2 Lehrverpflichtungsordnung). Die rechtliche Anwendung dieses Paragraphen obliegt jedoch im Einzelnen den jeweiligen Hochschulorganisationen und findet, wie die Aussagen der Befragten belegen, derzeit nur geringfügig bis keine Beachtung.

10   Dies zeigen auch die hochschulspezifischen Befunde der Akzeptanzanalyse (vgl. Kahl/Lengler/Präßler 2015, S. 376ff.). Eine genauere Erforschung bezüglich der Vor- und Nachteile unterschiedlicher Organisationsmodelle erscheint in diesem Zusammenhang sinnvoll. Weiterführende Informationen zur Diskussion um zentrale und dezentrale Organisationsstrukturen liefern die International vergleichende Studie zur Struktur und Organisation der Weiterbildung an Hochschulen von Hanft/Knust (2007) sowie die Beiträge von Wilkesmann (2010) und von Kiefer/Spiller (2004).

dung von organisational-struktureller, individuell-personeller wie angebotsbezogener Ebene sinnvoll.

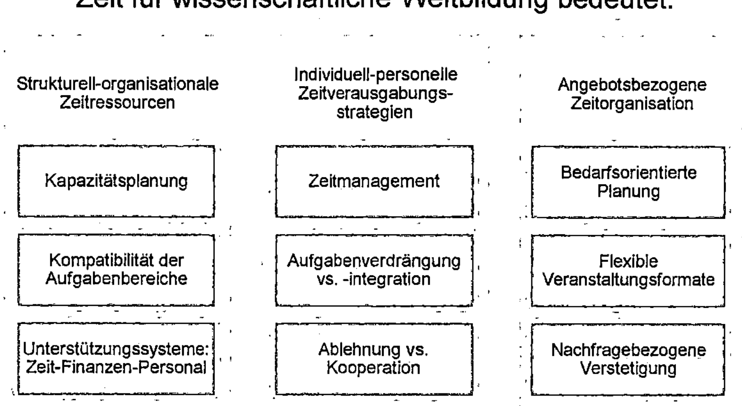

Abbildung 1:   Zentrale Erkenntnisse aus den drei Betrachtungsfeldern (Eigene Darstellung).

Insgesamt stellt Zeit ein zentrales Gelingenskriterium für eine erfolgreiche Implementierung des dritten Aufgabenbereichs innerhalb der Organisation und auch am Markt dar. Seitens der Organisation gilt es Rahmenbedingungen zu schaffen, um zeitliche Kapazitäten des Personals freizusetzen, die in die Entwicklung und Umsetzung von Weiterbildungsangeboten investiert werden können. Das setzt die Bereitschaft des Personals voraus, sich im wissenschaftlichen Weiterbildungsbereich langfristig zu engagieren, neue Studienangebote zu generieren sowie zu betreuen. Hierfür können sich entsprechende Anreizstrukturen als förderlich erweisen.

Neben der Notwendigkeit einer inneruniversitären Passfähigkeit kommt der bedarfsorientierten Gestaltung des Angebots wesentliche Bedeutung zu. Dazu sind die internen Zeitressourcen wie Zeitverausgabungsstrategien auch mit den externen Zeitkapazitäten der Teilnehmenden in Einklang zu bringen.[11] Denn um die Studierbarkeit des Angebots für die anvisierten Zielgruppen zu gewährleisten, bedarf es einer zeitlichen Überschneidung „von Angebots- und Nachfragemustern" (Nahrstedt 1998, S. 1), bei denen wissenschaftliche Weiterbildungsformate mit den zeitlichen Lernräumen der Abnehmenden abzustimmen sind.

---

11 Auf der externen Ebene ist gleichermaßen die Kompatibilität mit Institutionen, Organisationen und Firmen als Kooperationspartner wissenschaftlicher Weiterbildungsangebote zu berücksichtigen (vgl. Habeck/Denninger 2015).

Aus den dargelegten Zusammenhängen ergeben sich weitere Anknüpfungspunkte für zukünftige Forschungsarbeiten. Neben Studien zum Zeitbudget von Weiterbildungsteilnehmenden stehen ebenso weiterführende Untersuchungen hinsichtlich der zeitbezogenen Herausforderungen des wissenschaftlichen Personals an.[12] Dass besonders auch letztere Gruppe ein strategisches Zeitressourcenmanagement zur Planung, Umsetzung und Verstetigung wissenschaftliche Weiterbildungsangebote benötigt, zeigen die Ergebnisse der hier vorliegenden Studie. In der Trias Kernarbeit-Weiterbildung-Freizeit gilt es, diesbezügliche Balancierungsformen und Vereinbarkeitsstrategien systematisch zu untersuchen. Darüber hinaus sind ebenso im organisationalen Bereich weitere Studien erforderlich, um geeignete Modelllösungen zu eruieren und die unterschiedlichen Organisationsformen auf ihre auch zeitbezogenen Vor- und Nachteile zu prüfen.

Literatur

Bade-Becker, Ursula/Walber, Markus (2014): Wissenschaftliche Weiterbildung. In Krug, Peter/Nuissl, Ekkehard (Hrsg.): Praxishandbuch WeiterbildungsRecht. Fachwissen und Rechtsquellen für das Management von Bildungseinrichtungen (Aktualisierungslieferung Nr. 40 basierend auf dem Grundwerk von 2004). München: Luchterhand, S. 1-91.

Habeck, Sandra/Denninger, Anika (2014): Potentialanalyse. Forschungsbericht zu Potentialen institutioneller Zielgruppen. In: Seitter, Wolfgang/Schemmann, Michael/Vossebein, Ulrich (Hrsg.): Zielgruppen in der wissenschaftlichen Weiterbildung. Empirische Studien zu Bedarf, Potential und Akzeptanz. Wiesbaden: Springer VS, S. 189-291, 432-433.

Hanft, Anke/Knust, Michael (Hrsg.), Internationale Vergleichsstudie zur Struktur und Organisation der Weiterbildung an Hochschulen Verfügbar unter: http://www.bmbf.de/pubRD/internat_vergleichsstudie_struktur_und_organisation_hochschulweiterbildung.pdf [12.1.2015]

Homepage von WM³ Weiterbildung Mittelhessen. Verfügbar unter: http://www.wmhoch3.de/ [07.01.2015]

Kahl, Ramona/Lengler, Asja (2014): Methoden der Erforschung von Akzeptanz wissenschaftlicher Weiterbildung in Hochschulen. In: Schemmann, Michael (Hrsg.): Internationales Jahrbuch der Erwachsenenbildung. Wissenschaftliche Weiterbildung im Kontext lebensbegleitenden Lernens, Köln: Böhlau, Nr. 37, S. 73-89.

Kahl, Ramona/Lengler, Asja/Präßler, Sarah (2015): Akzeptanzanalyse. Forschungsbericht zur Akzeptanz innerhochschulischer Zielgruppen. In: Seitter, Wolfgang/Schemmann, Michael/Vossebein, Ulrich (Hrsg.): Zielgruppen in der wissen-

---

12 Eine Studie zu der Zeitverausgabung und dem Zeitbudget von Teilnehmer_innen wissenschaftlicher Weiterbildung wird gegenwärtig in der zweiten Förderphase des Projekts WM³ Weiterbildung Mittelhessen durchgeführt. Vgl. auch Denninger/Kahl/Präßler in diesem Band.

schaftlichen Weiterbildung. Empirische Studien zu Bedarf, Potential und Akzeptanz. Wiesbaden: Springer VS, S. 291-409, 434-444.

Kiefer, Stefanie/Spiller, Achim (2004): Zentrale versus dezentrale Organisationsstrukturen bei Weiterbildungseinrichtungen an Hochschulen. In: Deutsche Gesellschaft für Wissenschaftliche Weiterbildung und Fernstudium (DGWF) e.V. (Hrsg.): Profil und Qualität wissenschaftlicher Weiterbildung zwischen Wirtschaftlichkeit und Wissenschaft. Hamburg: DGWF, Beiträge 41, S. 187-197.

Nahrstedt, Wolfang (1998): Neue Zeitfenster für Weiterbildung. Temporale Muster der Angebotsgestaltung und Zeitpräferenzen der Teilnehmer im Wandel. Bielefeld: IFKA.

Schmidt-Lauff, Sabine (2012): Grundüberlegungen zu Zeit und Bildung. In Schmidt-Lauff, Sabine (Hrsg.): Zeit und Bildung. Annäherungen an eine zeittheoretische Grundlegung. Münster: Waxmann Verlag GmbH, S. 11-60.

Wilkesmann, Uwe (2010): Die vier Dilemmata der wissenschaftlichen Weiterbildung. ZSE Zeitschrift für Soziologie der Erziehung und Sozialisation, 30 (1), S. 28-42.

Organisationszeit der wissenschaftlichen Weiterbildung

Melanie Franz[1]

Zusammenfassung

Der vorliegende Beitrag fokussiert die Bedeutung von Organisationszeit bei der Implementierung wissenschaftlicher Weiterbildung an Universitäten. Ausgehend von einem systemtheoretischen Zeitbegriff wird die These entfaltet, dass die Einführung wissenschaftlicher Weiterbildung angesichts der systemspezifischen Eigenzeit von Universitäten zeitliche Synchronisationsprobleme mit der internen und externen Organisationsumwelt aufwirft. Auf Grundlage eines DFG-Projekts wird aufgezeigt, wie Universitäten Zeit organisieren, um empirisch identifizierte Probleme der Synchronisation zu bearbeiten. Im Ergebnis lässt sich die Implementierung wissenschaftlicher Weiterbildung als Synchronisation entwicklungsgebundener Ungleichzeitigkeiten konturieren.

Schlagwörter

Wissenschaftliche Weiterbildung, Organisationszeit, Zeitorganisation, Universität, Systemtheorie

Inhalt

---

1   *Melanie Franz* | Heinrich-Heine-Universität Düsseldorf | melanie.franz@med.uni-duesseldorf.de.

1 Einleitung

Zeit lässt sich als bedeutsame Kategorie wissenschaftlicher Weiterbildung[2] fassen – sei es mit Blick auf die Bedingungen des Lernens unter zielgruppenbedingter Zeitknappheit, ihrer didaktischen Ausgestaltung in speziellen Zeitformaten oder der Entwicklungsreife des Gegenstandes wissenschaftlicher Weiterbildung selbst. Kurzum: Wissenschaftliche Weiterbildung braucht, vollzieht und entwickelt sich in der Zeit. Angestoßen wurde diese Entwicklung auf bildungsbildungspolitischer Ebene vor allem durch die Novellierung des Hochschulrahmengesetzes im Jahr 1998, die Weiterbildung neben Forschung und Studium bzw. Lehre nunmehr als dritte Säule im gesetzlichen Aufgabenkatalog der Universitäten verankerte. In den Folgejahren entstanden zahlreiche Empfehlungen zur Hochschulweiterbildung (z.B. KMK 2001; Wissenschaftsrat 2006), verbandspolitische Stellungnahmen (z.B. Köck/Wolf 2012) oder bildungspolitische Förderprogramme (vgl. BMBF 2011, 2014) mit dem Ziel, die (nachhaltige) Implementierung wissenschaftlicher Weiterbildung an Universitäten anzureizen.

Betrachtet man ausgehend von diesem kalendarischen Rückblick nun den aktuellen Entwicklungsstand, so zeigt sich der Prozess des Auf- und Ausbaus von Angeboten wissenschaftlicher Weiterbildung an Universitäten[3] immer noch als unausgereift – und wenn man von positiven Entwicklungs- und Nachfrageprognosen über die Zukunft des Geschäftsfeldes ausgeht – sogar als unzeitgemäß. So attestiert etwa die Autorengruppe der Bildungsberichterstattung (2012, S. 155) „die weitgehende Abwesenheit von Weiterbildung an den Hochschulen bis in die Gegenwart hinein, obwohl die Dynamik der Wissensentwicklung das Gegenteil hätte erwarten lassen". Insgesamt fällt es den Einrichtungen – trotz Förderprogrammen und zahlreicher Aktivitäten – bislang schwer, „eine umfassende und aktive Rolle als institutionelle Anbieterin(nen) von Weiterbildung und lebensbegleitendem Lernen zu spielen" (Pellert 2009, S. 20). Für diese „Schwerfälligkeit" werden in der aktuellen Diskussion u.a. *gegenstandsbezogene* (auf die wissenschaftliche Weiterbildung selbst gerichtete), *personenbezogene* (auf implementierungsrelevante Akteure gerichtete) und/oder *organisationsbezogene* (auf die Universität gerichtete) Begründungsstränge formuliert (vgl.

---

2   Unter „wissenschaftlicher Weiterbildung" werden nachfolgend solche Weiterbildungsangebote und -leistungen verstanden, die sich mit wissenschaftlichem Anspruch primär – wenn auch nicht ausschließlich – an Berufstätige wenden, die über einen Hochschulabschluss verfügen (vgl. Stifterverband für die Deutsche Wissenschaft e.V. 2003, S. 6).

3   Begrifflich kann sowohl von „Universitäten" als auch von „Hochschulen" gesprochen werden. Da es sich bei dem im vorliegenden Artikel vorgestellten empirischen Fallbeispiel allerdings um eine Universität handelt, wird im Folgenden auch die entsprechende Begrifflichkeit gebraucht. Von Hochschulen wird nur dann gesprochen, wenn in der Literatur bzw. in Studien explizit Hochschulen gemeint sind.

dazu Franz/Feld 2014).[4] Gewissermaßen querliegend zu den genannten Gründen – und ggf. gerade deshalb häufig nicht explizit thematisiert – lässt sich eine weitere Argumentationslinie für die schwerfällig verlaufende Implementierung ausmachen, und zwar eine *zeitbezogene*. In *zeitbezogener* Hinsicht geht es bei der erfolgreichen Implementierung um die Herausbildung einer Art „Produktreife" des Gegenstands wissenschaftlicher Weiterbildung selbst, einer „Personenreife" der für die Implementierung relevanten Akteure sowie einer „Organisationsreife" der Universitäten.

Mit fokussiertem Blick auf die Organisationsreife verfügen Universitäten, wie andere Organisationen auch, über eine „systemspezifische Eigenzeit" (Luhmann 1997, S. 83-84). Diese System- oder Organisationszeit bestimmt aus systemtheoretischer Sicht selbstorganisiert, aber dennoch umweltsensibel die Verarbeitungskapazität organisationaler Entwicklungsvorhaben entscheidend mit. D.h. Veränderungs- und im engeren Sinne auch Implementierungsanforderungen aus der internen oder externen Umwelt einer Organisation werden zentral durch organisationale Zeitvorstellungen determiniert. Deckt sich die Organisationszeit nicht oder nur unzureichend mit den gleichzeitig bestehenden (zeitlichen) Umweltanforderungen, so kommt es zur Problematik der Synchronisation unterschiedlicher, sogar widerstreitender Zeitverhältnisse (vgl. Nassehi 2008, S. 31).

Überträgt man diese – weiter unten ausführlicher begründete – systemtheoretische Position auf die hier interessierende Thematik, so lässt sich erstens annehmen, dass die Implementierung wissenschaftlicher Weiterbildung, beispielsweise hinsichtlich ihrer Geschwindigkeit und Schwerfälligkeit, zentral auch von der spezifischen Organisationszeit der jeweiligen Universität abhängt. Und zweitens ist davon auszugehen, dass die Universitäten bei der Implementierung angesichts ihrer systemspezifischen Eigenzeit Probleme der Synchronisation mit ihrer internen und externen Umwelt zu bearbeiten haben.

Diese beiden Thesen – die Beeinflussung von Organisationszeit sowie die Synchronisationsherausforderung – münden in die zentrale Fragestellung des vorliegenden Beitrags: Wie wird bei der Implementierung wissenschaftlicher Weiterbildung seitens der Universitäten Zeit organisiert, um Probleme der Synchronisation mit der Umwelt zu bearbeiten?

Um diese Fragestellung beantworten zu können, wird wie folgt vorgegangen: Zunächst werden systemtheoretische Vorüberlegungen zur Frage nach Ver-

---

4 Beispielsweise ist Implementierung gegenstandsbezogen an hohe (Dienst-)Leistungserwartungen (vgl. DGWF 2013) geknüpft, wirft in personenbezogener Hinsicht spezielle Akzeptanzprobleme auf (vgl. Kahl/Lengler/Präßler 2015) und unterliegt in organisationsbezogener Perspektive den typischen Steuerungsdefiziten lose gekoppelter Systeme (vgl. Jaeger 2009; Wilkesmann 2010).

ständnis und Bedeutung von Organisationzeit angestellt (2), um diese anschließend im praktischen Kontext der Implementierung wissenschaftlicher Weiterbildung beleuchten zu können (3). Dazu wird anhand eines empirischen Fallbeispiels aus einem DFG-Projekt (3.1) aufgezeigt, welche zeitlichen Synchronisations- und Passungsprobleme bei der universitären Implementierung wissenschaftlicher Weiterbildung aus Sicht relevanter Akteure (Universitätsleitung, Verwaltungskräfte, Lehrende etc.) thematisiert und bearbeitet werden (3.2). Abschließend erfolgt mit Rückgriff auf die zuvor gemachten Aussagen eine Diskussion der Ergebnisse mit Blick auf „Eigenzeit" von Universitäten beim Auf- und Ausbau wissenschaftlicher Weiterbildung (4).

2   Systemtheoretische Vorüberlegung zur Bedeutung der Organisationzeit

Aufschluss zu der Frage, welche Bedeutung der Organisationszeit bei der organisationalen Verarbeitung von Umweltanforderungen, so auch der Implementierung wissenschaftlicher Weiterbildung, zukommt, bietet Luhmanns „allgemeine Theorie sozialer Systeme".[5] Die Theorie geht zunächst von der Grundannahme aus, dass sich das System in seinen Elementen bzw. Ereignissen zeitbezogen konstituiert (vgl. Luhmann 1985, S. 609). Dabei baut Luhmanns Argumentation auf einem *operativen Zeitkonzept* auf. Demnach ist Zeit „nicht mehr als Entität sui generis zu begreifen, die schlicht vorausgesetzt werden muß, sondern als ein Phänomen zu beschreiben, das mit den Operationen seines Trägers erst entsteht" (Nassehi 2008, S. 138). Wenn sich Zeit in diesem operativen Verständnis also erst mit systemeigenen (autopoietischen) Operationen herausbildet, so führt dies theoretisch zu der Annahme einer systemspezifischen Eigenzeit (Luhmann 1997, S. 83-84) oder einer *Organisationszeit.* Gemeint ist damit eine von natürlichen Rhythmen abgekoppelte, höchst eigenzeitliche, eigentümliche und systemeigene Zeitform von Organisationen (vgl. ebd.; Orthey 2010, S. 52-52). Sie beinhaltet u.a. Vorstellungen über die Verarbeitungskapazität organisationaler Entwicklungsvorhaben, das Operationstempo oder die Bearbeitungsrelevanz interner und externer Umwelterwartungen (vgl. ebd.).

Dabei entstehen Organisationszeiten systemtheoretisch betrachtet nicht beliebig oder kontextentbunden, sondern bilden sich erst im konkreten *System-*

---

5   Auf eine umfassende Darstellung der systemtheoretischen Grundlegungen wird an dieser Stelle verzichtet. Es werden nur jene Theoriebausteine aufgegriffen, die für das Verständnis von Zeit und speziell Organisationszeit relevant sind. Die Grundlagen der Theorie sozialer Systeme sind in Luhmanns Werken (1976; 1985; 1997) oder in dessen Reinterpretationen nachzulesen (vgl. z.B. Brose/Kirschsieper 2014).

Umwelt-Verhältnis heraus (vgl. Simsa 1996, S. 20-22). Folglich ist das System gefordert, sich einerseits von Zeitverhältnissen in der Umwelt abzugrenzen und zu distanzieren, um etwa Autonomie zu gewinnen, und andererseits muss es sich an diese anschließen können (Luhmann 1997, S. 83-84). Die Organisation als System steht folglich vor „Anschluss und Zugzwängen des Operierens" (Brose/Kirschsieper 2014, S. 176). In der Konsequenz muss das Organisationssystem Zeit so organisieren, dass es in der Lage ist,

> „gegenüber der Umwelt Zeit [zu] gewinnen also Vorsorge [zu] treffen; teils muß es Überraschungen hinnehmen und verkraften können. Es muß Reaktionen verzögern oder auch beschleunigen können, währenddessen in der Umwelt schon wieder etwas anderes geschieht. Aber zum Problem wird dies nur dadurch, dass System und Umwelt ausweglos gleichzeitig operieren und das System also nicht in die Zukunft der Umwelt vorauseilen oder in der Vergangenheit zurückbleiben kann. Das System kann also nie in eine Zeitlage geraten, in der es sicher sein kann, daß in der Umwelt nichts geschieht" (Luhmann 1997, S. 84).

Eine so beschriebene Zeitorganisation findet unter den Bedingungen von Unsicherheit, Kontingenz, Ungleichzeitigkeit etc. statt und impliziert somit das *Problem der Synchronisation.* Gemeint ist das temporale „Problem der Verknüpfung von Ereignissen im Nach- *und* Nebeneinander" (Simmel 1890, zit. n. Brose/Kirschsieper 2014, S. 177, kurs. i. O.). Angesichts der Gleichzeitigkeit des Geschehens in System und Umwelt kann das Organisationsystem dieses Geschehen auch nur schwerlich kontrollieren. *Zeitliche Passungsprobleme,* etwa zwischen System und Umwelt, sind bedingt durch dieses Kontrolldefizit zumindest theoretisch vorauszusetzen. Ungeachtet dessen muss sich das Organisationssystem in seinen Operationen aber für verschiedene Eventualitäten „rüsten", sich mit seiner Umwelt weitgehend synchronisieren und dabei relativ zeitfeste Identitäten ausbilden (vgl. Simsa 2001, S. 261; Brose/Kirschsieper 2014, S. 175). Dies geschieht für Organisationen aber „unter beschränkten Beobachtungsbedingungen, mehr oder weniger umweltsensibel und nach Maßgabe ihrer Selbstreferenz", womit jede Erkenntnis eine in Bezug auf die Umwelt prinzipiell „blinde Operation" ist (Simsa 2001, S. 261).

Überträgt man diese theoretischen Ausgangsüberlegungen nun auf den Kontext wissenschaftlicher Weiterbildung, so kann die Organisationszeit in zwei Bedeutungen verstanden und konzeptionell berücksichtigt werden:

1. als eigenzeitliche Vorstellungen über die Verarbeitungskapazität (interner und externer) Umweltanforderungen in Bezug auf die wissenschaftliche Weiterbildung,
2. als Auslöser von Synchronisationsproblemen bzw. zeitlichen Passungsproblemen, weil die Eigenzeit der Universität mit diesen Umweltanforderungen überein gebracht werden muss.

Diese theoretischen Ausführungen sensibilisieren zwar für Verständnis und Bedeutung der Organisationszeit bei der universitären Implementierung, sie werfen allerdings auch weiterführende, vorrangig empirisch zu klärende Fragen auf: Welche zeitlichen Passungs- und Synchronisationsprobleme zwischen Universität und Umwelt treten im Prozess der Implementierung wissenschaftlicher Weiterbildung in Erscheinung? Wie organisiert die Universität Zeit, um diese Probleme zu bearbeiten? Die Klärung dieser Fragen anhand eines empirischen Fallbeispiels wird Gegenstand der folgenden Abschnitte sein.

3   Organisationszeit der wissenschaftlichen Weiterbildung

3.1   Projektkontext und methodisches Vorgehen

Die im Folgenden vorgestellten empirischen Befunde sind Teilergebnisse eines von der Deutschen Forschungsgemeinschaft (DFG) geförderten Projekts mit dem Titel „Wissenschaftliche Weiterbildung als Gestaltungsfeld universitären Bildungsmanagements – eine explorative Fallstudie".[6] Übergreifendes Ziel der explorativ angelegten Studie ist es, zu erfassen, wie die wissenschaftliche Weiterbildung als Handlungsfeld eines universitären Bildungsmanagements aus Sicht relevanter Akteure wahrgenommen, gestaltet und gesteuert wird. Als relevante Akteure gelten dabei Personen aus den Bereichen Universitätsleitung, Administration/Weiterbildungszentren und akademischer Leitung. Mit diesem Personenkreis wurden in zwei Fällen, d.h. in zwei Universitäten, problemzentrierte Interviews (vgl. Witzel 1985) und Gruppendiskussionen (vgl. Loos/Schäffer 2001) durchgeführt. Das so erhobene Datenmaterial wurde qualitativ-inhaltsanalytisch (vgl. Mayring 2003) sowie passagenweise sequenzanalytisch (vgl. Lüders/Meuser 1997) ausgewertet, um neben einer kategorienzentriert-thematischen Systematisierung auch zugrunde liegende Deutungsmuster sowie die damit in Verbindung stehenden Steuerungs- und Gestaltungsoptionen aufdecken und interpretieren zu können.

Für den vorliegenden Beitrag ist insbesondere die durch die inhaltsanalytische Auswertung entstandene Kategorie zur Thematik „Zeit/zeitliche Dimension der Implementierung" von Interesse. Die dazugehörigen Interviewpassagen wurden unabhängig vom projektbezogenen Erkenntnisinteresse, fallbezogen auf Umschreibungen von zeitlichen Synchronisationsprozessen ausgewertet. Für die

---

6   Weitere Informationen zum Projekt finden sich unter: http://www.uni-marburg.de/fb21/ebaj/forschung/forscheb/Projekte/projwisswb (Stand 15.01.2017).

folgende Darstellung wird exemplarisch der Fall einer Universität herangezogen, die sich noch im Anfangsstadium der Implementierung wissenschaftlicher Weiterbildung befindet und sich daher – auch im Vergleich zum zweiten Fall – im besonderen Maße mit Fragen der zeitlichen Taktung und Passung von parallel verlaufenden, implementierungsrelevanten Entwicklungen auseinandersetzt. Dabei sind innerhalb des Falls insbesondere die Aussagen der Universitätsleitung interessant, weil sie die zünftige Positionierung der Gesamtorganisation zur wissenschaftlichen Weiterbildung und die darauf ausgerichtete Zeitorganisation zentral mitbestimmt.

3.2 Empirische Ergebnisse

Wie bereits erwähnt, handelt es sich bei dem Fall, der für die nachfolgende Analyse herangezogen wird, um eine Universität, die sich noch im Anfangsstadium der Implementierung wissenschaftlicher Weiterbildung befindet. Dieses Frühstadium ist gekennzeichnet durch Suchbewegungen und Aushandlungsprozesse mit Blick auf die Frage nach der zukünftigen Positionierung der Universität zur Weiterbildung und ihrer organisatorisch-strukturellen Verankerung. Zwar wurden diese (Selbst-)Klärungen im Wesentlichen durch die Beteiligung an einem größeren bildungspolitischen Förderprogramm seit ca. 4 Jahren befördert, es bestehen derzeit aber noch keine klaren und auf Nachhaltigkeit angelegten Strukturen und Entscheidungen. Dabei wird die Frage nach der Gegenwart der Organisationsgestaltung zentral von der imaginierten Zukunft bestimmt, wie die folgende Aussage der Universitätsleitung verdeutlichen soll:

> „Als jetzt dieses Programm, da aufgelegt wurde, ich wusste überhaupt nicht, was Weiterbildung ist (...) und hatte ich für mich mitgekriegt, dass wenn ich versuche in die Zukunft zu gucken, (...) dass diese Idee des lebenslangen Lernens, die da im politischen Raum gepusht wird, nicht nur eine politische Fiktion ist, sondern irgendwann Realität wird. Ähm und da ich Organisationen gerne irgendwie präpariere auf mögliche Zukunftsszenarien, war es dann klar, wenn die wissenschaftliche Weiterbildung eine Sache ist, die, sage ich mal in zehn Jahren oder so, durchaus aktuell werden kann, dann müssen wir, wenn es jetzt die Möglichkeit gibt, Geld da einwerben, unsere Uni in die Lage versetzen, dass sie Know-how irgendwie erwirbt“ (B1E1, Z. 80-90).

Der Blick in die Zukunft, die Bewertung des Zukunftsszenarios („kann aktuell werden“) und die Ableitung organisationaler Handlungskonsequenzen („irgendwie präparieren“) – in dieser Schrittfolge ließe sich das Vorgehen der Universitätsleitung zusammenfassen. Dabei informiert das Zitat nicht nur über die organisationale Erschließung und Bearbeitung von (zukünftigen) Umweltanforderungen bezüglich wissenschaftlicher Weiterbildung, sondern es verweist abstrakter auch auf zeitliche Passungs- und Synchronisationsprobleme im Innen und Außen der Universität. Diese bestimmen die Implementierung wissenschaftlicher Weiterbildung zentral mit und provozieren, wie weiter gezeigt wird, einen Bedarf an Synchronisationsleistungen. Insgesamt lassen sich anhand des Zitats drei verschiedene, wenn auch eng miteinander verbundene zeitliche Passungsprobleme ausmachen:

Ein erstes Passungsproblem betrifft die *Diskrepanz von Organisationsgegenwart und (imaginierter) Zukunft*. Ausgelöst wird dieses Problem durch die Aktualisierung des Themas wissenschaftlicher Weiterbildung innerhalb der Universität durch ein im politischen Raum aufgesetztes Förderprogramm. Dabei erfolgt der – beinahe als bedrohlich beschriebene („auferlegt" und „gepusht") – programminduzierte Zugriff auf das (Zukunfts-)Thema in einer noch unvorbereiteten, nicht ausreichend „präparierten" Organisationsgegenwart. D.h. die Umweltanforderung wird durch das Programm an die Organisation herangetragen. In diesem Prozess erhält das Programm als Instrument der bildungspolitischen Interessensvermittlung einen Konstitutionscharakter mit Blick auf die Zukunft der Organisationsgestaltung. Denn – und darin besteht gewissermaßen der Sinn von Programmen – es hebt das bislang untergewichtige Thema der Weiterbildung absichtsvoll in die Realität der Organisation, verweist somit auf die Differenz zwischen Ist und Soll und ruft zur Überbrückung dieser Differenz auf. Die Universitätsleitung ist als Organisationsrepräsentant nun damit beauftragt, die über das Programm transportierte Umweltanforderung „abzuscreenen", deren Bedeutsamkeit und Validität für die eigene Organisation einzuschätzen und darauf aufbauend entsprechende Gestaltungsschritte einzuleiten.

Zeitgleich vollzieht sich im politischen Raum der Organisation selbst ein aus Sicht der Leitung noch unabgeschlossener Prozess der Ideenbildung mit Blick auf die „Idee des Lebenslangen Lernens". Denn es ist bislang ungeklärt, ob und wann die Idee den Wechsel von einer politischen „Fiktion", d.h. einer illusorischen, flüchtigen und fluiden Konstruktion, hin zu einer handfesten „Realität" durchlaufen hat. Und diese Unklarheit spiegelt sich – so zeigt der Gesamtblick auf den untersuchten Fall – innerhalb der Universität wider: Ebenso wie die Idee des lebenslangen Lernens im politisch-gesellschaftlichen Raum irgendwann einmal Realität wird, so ist gleichermaßen zu fragen, ob im universitären Raum die Idee der Weiterbildung an Organisationsgestalt gewinnt. In dieser Analogie zeigt sich ein zweites zeitliches Passungsproblem in der *Parallelität von Gesellschaftsentwicklung und Organisationsentwicklung*, das schließlich die Frage aufwirft, inwieweit sich die Universität an die Ideenbildung des politischen Raums anschließen will und kann.

Alle Überlegungen der Leitung basieren auf möglichen, zeitlich noch unspezifizierten („irgendwann"/"in zehn Jahren oder so") Zukunftsszenarien. Konsequenterweise ist auch der organisationsinterne Strukturaufbau, der angesichts der Beteiligung am Förderprogramm mit einer gewissen Geschwindigkeit vorangetrieben wird, aus Sicht der Leitung „behutsam, achtsam und reflektiert" (B1E1, Z. 554) zu durchlaufen. So kommt die Leitung an späterer Stelle im Interview auf das „unglückliche Timing" zu sprechen, da „die Bedarfsentwicklung, langsamer wächst", als sich die Universität „in die Startlöcher stellt" (ebd., Z. 119-126). In dieser Aussage spiegelt sich als drittes Passungsproblem die *ungleiche Entwicklung zwischen Bedarf und Struktur.* Es zeigt sich, dass der projektbedingt rasant fortschreitende Strukturaufbau (z.B. Personal, Know-How, Angebote) einem aktuell noch fehlenden, zumindest unzureichenden Bedarf an wissenschaftlicher Weiterbildung entgegensteht.

Die Implementierung wissenschaftlicher Weiterbildung – so das Resümee der bisherigen Ausführungen – wird von zeitlichen Passungsproblemen zwischen Organisationgegenwart und (imaginierter) Zukunft, Gesellschafts- und Organisationsentwicklung sowie Bedarf und Struktur begleitet. Mit den theoretischen Ausführungen sind diese Passungsprobleme zwischen System und Umwelt vor dem Hintergrund der systemspezifischen Eigenzeit zu rhythmisieren bzw. zu synchronisieren. In den Worten der Universitätsleitung gesprochen geht es um die „Suche nach der richtigen Schrittigkeit" (B1E1, Z. 548). Abstrakter formuliert, verlangt der Prozess der Implementierung wissenschaftlicher Weiterbildung das bewusst koordinierte Aufeinander-Abstimmen unterschiedlicher Entwicklungen, beispielsweise von Bedarf und Struktur. Aber wie genau wird Zeit im Fall der Universität nun organisiert, um diese Entwicklungen zu synchronisieren?

In einer ersten analytischen Annäherung lassen sich zwei prägnante Bearbeitungsformen der Synchronisation identifizieren:

Auf der Ebene der Universitätsleitung erfolgt eine Regulierung durch eine Art bewusster *Verzeitlichung von Entscheidungen,* die die Implementierung wissenschaftlicher Weiterbildung betreffen („Wir müssen diese Entscheidungen im Moment noch nicht treffen" B1E1, Z. 114-115). D.h. die Leitung entscheidet sich zunächst dafür, sich nicht zu entscheiden. Sie vertagt die Entscheidung, die wissenschaftliche Weiterbildung nachhaltig zu implementieren, auf einen unbestimmten Zeitpunkt. Angesichts der aufgeführten Passungsprobleme erhält eine solche Entscheidungsverzögerung die Funktion der *Zeitgewinnung.* Dadurch wird einerseits der wissenschaftlichen Weiterbildung in ihrer noch unausgereiften Position innerhalb und außerhalb der Universität eine gewisse Entwicklungszeit eingeräumt, um beispielsweise den Wechsel von Fiktion zur Realität durchlaufen zu können. Auf die Organisation gewendet gewinnt aber auch die Universität eine gewisse Zeit, die es ihr ermöglicht, sich für das Zukunftsthema „Weiterbildung" zu öffnen. In dieser Betrachtung ist die Nicht-Entscheidung durchaus als Form der Synchronisation zu verstehen. Denn sie reguliert Geschwindigkeiten und erzeugt auf diese Weise Passungen im Zeitverlauf, etwa zwischen Struktur- und Bedarfsentwicklung.

Paradoxerweise wird diese Synchronisationsform mit einer zweiten kombiniert, und zwar der *Organisationspräparation*. Hierbei wird die Universität durch präventive Maßnahmen (wie der „Lagerung" von Wissen und Kompetenz) auf imaginierte Zukunftsszenarien vorbereitet. Angesichts der unbestimmten Zukunft werden dabei Positionen, Strukturen und Zielsetzungen ständig reversibel gehalten, um nachhaltig überlebensfähig zu sein. Dies äußert sich beispielsweise darin, dass innerhalb der Organisation sehr unterschiedliche Organisationsmodelle wissenschaftlicher Weiterbildung (Ausgründung, dezentrale Organisation) zeitgleich zugelassen, „erprobt" und beobachtet werden, ohne sich für einen dieser Entwicklungspfade zu entscheiden. Möglicherweise ist diese Vielfalt eine Antwort auf das insgesamt noch ungewisse Vorgehen der Präparation („irgendwie präparieren"). Fest steht jedoch, dass der Begriff des „Präparierens" semantisch auf einen künstlich herbeigeführten, operativen Eingriff in das System und dessen Eigenzeitlichkeit verweist, mit dem Ziel, es zukunfts- und überlebensfähig zu machen. Analog zu chirurgischen Operationen wird der Universität also eine gewisse Festigkeit oder Haltbarkeit in der Zeit verliehen. Diese Synchronisationsform ermöglicht – systemtheoretisch formuliert – die *Herstellung von Anschlussmöglichkeiten an eine unbestimmte, kontingente Zukunft* (zur Kontingenzbewältigung vgl. Luhmann 1985, S. 467-468).

Zusammengenommen kommt es innerhalb des untersuchten Falls also zu einer Entscheidungsverzögerung kombiniert mit einer Präparation der Organisation auf mögliche Zukunftsszenarien. Beide Bearbeitungsformen ermöglichen es scheinbar, Zeit so zu organisieren, dass die aufgeführten Passungsprobleme in der Zeit synchronisiert werden können. Die Universität wird gewissermaßen im Schutzraum des Unentschiedenen für mögliche Zukunftsaufgaben gerüstet – und zwar angepasst an die systemeigene Geschwindigkeit. So interpretiert, scheinen externe (Politik) oder interne (Förderprojekt) Versuche, die Implementierung wissenschaftlicher Weiterbildung voranzutreiben, immer auch gegen die je eigene „Schrittigkeit" (B1E1, Z. 545) oder „Langsamkeit" (B4E2, Z. 282) der Universität anzutreten. Beschleunigungsstrategien[7], die unterhalb der Präsidiumsebene entwickelt werden, um einen gewissen Entscheidungs- und Handlungsdruck auf die Hochschulleitung auszuüben, stoßen im Fall der untersuchten Universität daher an ihre Grenzen. Hierin zeigt sich möglicherweise eine Form des Widerstands der Organisation, der aus einer systemspezifischen Ei-

---

7   Solche bewussten Strategien finden sich in Beschreibungen, wie „da muss man bohren, bauen und graben" (B4E2, Z. 282-283), „Entscheidungsvorlagen frühzeitig heranschaffen" (vgl. ebd. Z. 482-498) oder „Taktiken der Überlistung" (B8E2, Z. 230).

genzeit resultiert und auf eine (produktive) Entschleunigung zu rasanter Implementierungsvorhaben abzielt.

4 Schlussfolgerungen zur universitären Eigenzeit der wissenschaftlichen Weiterbildung

Im Fokus des vorliegenden Beitrags stand die Frage, wie Universitäten Zeit organisieren, um Probleme der Synchronisation zu bearbeiten. Auf Basis der theoretischen Reflexion und empirischen Analyse konnten drei Synchronisations- und Passungsprobleme identifiziert werden, die im Falle der untersuchten Universität wiederum zwei Bearbeitungsvarianten hervorrufen. Die folgende Abbildung fasst die empirischen Befunde zusammen, bevor eine Diskussion der Ergebnisse mit Blick auf „Eigenzeit" von Universitäten beim Auf- und Ausbau wissenschaftlicher Weiterbildung erfolgt:

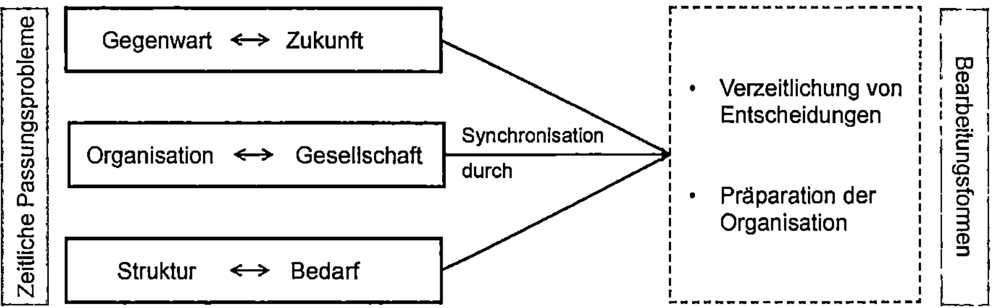

Abbildung 1: Zeitliche Passungsprobleme und Bearbeitungsformen bei der Implementierung wissenschaftlicher Weiterbildung

Wie am empirischen Einzelfall exemplarisch gezeigt, müssen bei der nachhaltigen Etablierung wissenschaftlicher Weiterbildung zeitliche Passungsprobleme – etwa zwischen Gegenwart und Zukunft, Organisation und Gesellschaft, Bedarf und Struktur – ausbalanciert und in eine „brauchbare Integration" (Orthey 2010, S. 73) gebracht werden. Die Verzeitlichung von Entscheidungen fungiert hier als Instrument der Zeitverzögerung, die Organisationspräparation als Mittel der präventiven Gegenwartsgestaltung auf mögliche Zukunftsaufgaben. Interpretiert man diese Ergebnisse nun auf der Folie der theoretischen Ausführungen, so ist davon auszugehen, dass es der untersuchten Universität auf diese Weise gelingt, auf eine „*vollständige Synchronisation mit der Umwelt* [zu] *verzichten* und (...) die damit gegebenen Risiken der momentanen Nichtentsprechung abfangen [zu] können" (Luhmann 1985, S. 72, kurs. i. O.). Zentraler Referenzpunkt dieses Verzichts ist die Organisationszeit, welche die Veränderungskapazität und Operationsgeschwindigkeit interner und externer Umweltanforderungen entscheidend (mit-)bestimmt. Darüber hinaus sollte mit den Ausführungen deutlich geworden sein, dass Universitäten bei der nachhaltigen Etablierung wissenschaftlicher Weiterbildung durchaus mit einem zeitlichen Synchronisationsauftrag konfrontiert sind, weil unterschiedliche implementierungsrelevante Zeiten und Zeitformen innerhalb und außerhalb der Universität einschließlich der eingelagerten Spannungsfelder simultan bestehen und bedient werden müssen. Die Implementierung wissenschaftlicher Weiterbildung lässt sich so als eine Synchronisation entwicklungsgebundener Ungleichzeitigkeiten interpretieren. Vor diesem Hintergrund kommt es mit Ortheys Überlegungen zum Konzept einer „kompetenten Zeitorganisation" (Orthey 2010, S. 70-74) darauf an, dass Universitäten eine „Zeit-Vereinbarungskultur" ausbilden. Eine solche Kultur basiert auf einem reflexiven (Eigen-)Zeitbewusstsein, sieht in Rhythmus ein zentrales Gestaltungsprinzip und ermöglicht, unterschiedliche bedeutungsvolle Zeitlichkeiten innerhalb und außerhalb der Organisation zu vernetzen (vgl. ebd.). Ob und inwiefern eine Zeit-Vereinbarungskultur dazu beiträgt, die wissenschaftliche Weiterbildung langfristig in eine positive Entscheidung überführen zu können, ist eine spannende Frage weiterer (und umfangreicherer) empirischer Untersuchungen.

Literatur

Autorengruppe Bildungsberichterstattung (2012): Bildung in Deutschland 2012. Ein indikatorengestützter Bericht mit einer Analyse zur kulturellen Bildung im Lebenslauf. Bielefeld.

BMBF (Bundesministerium für Bildung und Forschung) (2011): Aufstieg durch Bildung: offene Hochschulen. Leitfaden zur ersten Wettbewerbsrunde. Online: http://www.bmbf.de/pubRD/20110330_Leitfaden-erste-Wettbewerbsrunde_barrierefrei.pdf (Stand 18.03.2015).

BMBF (Bundesministerium für Bildung und Forschung) (2014): Auftakt zur 2. Wettbewerbsrunde des Bund-Länder-Wettbewerbs Aufstieg durch Bildung: offene Hochschulen. Dokumentation. Berlin.

Brose, Hanns-Georg/Kirschsieper, Dennis (2014): Un-/Gleichzeitigkeit und Synchronisation. In: Zeitschrift für Theoretische Soziologie. H. 2, S. 1-48.

DGWF Hochschule und Weiterbildung (2013). Re-Organisation wissenschaftlicher Weiterbildung. Herausgegeben von der Deutschen Gesellschaft für wissenschaftliche Weiterbildung und Fernstudien e.V.

Franz, Melanie/Feld, Timm C. (2014): Steuerungsproblematiken bei der Implementierung wissenschaftlicher Weiterbildung. In: Report – Zeitschrift für Weiterbildungsforschung. H. 4, S. 28-40.

Jaeger, Michael (2009): Steuerung durch Anreizsysteme an Hochschulen. Wie wirken formelgebundene Mittelverteilung und Zielvereinbarungen? In: Bogumil,

Jörg/Heinze, Rolf G. (Hrsg.): Neue Steuerung von Hochschulen. Eine Zwischenbilanz. Berlin, S. 45-65.

Kahl, Ramona/Lengler, Asja/Präßler, Sarah (2015): Akzeptanzanalyse. Forschungsbericht zur Akzeptanz innerhochschulischer Zielgruppen. In: Seitter, Wolfgang/Schemmann, Michael/Vossebein, Ulrich (Hrsg.): Zielgruppen in der wissenschaftlichen Weiterbildung. Empirische Studien zu Bedarf, Potential und Akzeptanz. Wiesbaden: Springer VS, S. 291-409, 434-444.

KMK (Kultusminister der Länder in der Bundesrepublik Deutschland) (2001): Sachstands- und Problembericht zur „Wahrnehmung der wissenschaftlichen Weiterbildung an den Hochschulen". Beschluss vom 21.09.2001. Online: http://www.kmk. org/fileadmin/veroeffentlichungen_beschluesse/2001/2001_09_21-Problembericht-wiss-Weiterbildung-HS.pdf (Stand 18.03.2015).

Köck, Christoph/Wolf, Bernhard S. T. (2012): Zur Debatte um die wissenschaftliche Weiterbildung an Universitäten und Hochschulen – und Volkshochschulen. In: Hessische Blätter für Volksbildung. H. 2, S. 110-112.

Loos, Peter/Schäffer, Burkhard (2001). Das Gruppendiskussionsverfahren. Theoretische Grundlagen und empirische Anwendung. Opladen: Leske + Budrich.

Lüders, Christian/Meuser, Michael (1997): Deutungsmusteranalyse. In: Hitzler, Ronald/Honer, Anne (Hrsg.): Sozialwissenschaftliche Hermeneutik. Opladen: Leske + Budrich, S. 57-79.

Luhmann, Niklas (1976): The Future Cannot Begin. In: Social Research. 43 (1), S. 130-152.

Luhmann, Niklas (1985): Soziale Systeme. Grundriß einer allgemeinen Theorie. 2. Aufl. Frankfurt am Main: Suhrkamp.

Luhmann, Niklas (1997): Die Gesellschaft der Gesellschaft. Frankfurt am Main: Suhrkamp.

Mayring, Philipp (2003): Qualitative Inhaltsanalyse. Grundlagen und Techniken. 8. Aufl., Weinheim u.a.

Nassehi, Armin (2008): Die Zeit der Gesellschaft. Auf dem Weg zu einer soziologischen Theorie der Zeit. Neuauflage mit einem Beitrag „Gegenwarten". Wiesbaden: VS-Verlag.

Orthey, Frank M. (2010): Zeit und Organisation: Organisationszeiten? In: Geißler, Karlheinz A./Orthey, Frank M./Fuchs, Peter (Hrsg.): Zeit und Qualität – Zeit und Organisation – Zeit und Lernen. Hannover: Expressum, S. 48-76.

Pellert, Ada (2009): Perspektive Lebenslanges Lernen. Herausforderungen für die Hochschule. In: Bülow-Schramm, Margret (Hrsg.): Hochschulzugang und Übergänge in der Hochschule: Selektionsprozesse und Ungleichheiten. Frankfurt am Main: Lang, S. 15-29.

Simmel, Georg (1890): Über soziale Differenzierung. Soziologische und psychologische Untersuchungen. Leipzig: Duncker & Humblot.

Simsa, Ruth (1996): Wem gehört die Zeit? Hierarchie und Zeit in Gesellschaft und Organisationen. Frankfurt/M.: Campus.

Simsa, Ruth (2001): Zeit in Organisationen – eine kurze Bestandsaufnahme. In: Gruppendynamik und Organisationsberatung. H. 3, S. 259-267.

Stifterverband für die Deutsche Wissenschaft e.V. (Hrsg.) (2003): Hochschulen im Weiterbildungsmarkt. Positionen. Online: http://www.stifterverband.de/pdf/hochschulen_im_weiterbildungsmarkt_2003.pdf (Stand 18.03.2014)

Wilkesmann, Uwe (2010): Die vier Dilemmata der wissenschaftlichen Weiterbildung. In: ZSE –Zeitschrift für Soziologie der Erziehung und Sozialisation. H. 1, S. 28-42.

Wissenschaftsrat (2006): Empfehlungen zur künftigen Rolle der Universitäten im Wissenschaftssystem. Online: http://www.wissenschaftsrat.de/download/archiv/7067-06.pdf (Stand 18.03.2015).

Witzel, Andreas (1985): Das problemzentrierte Interview. In: Jüttemann, Gerd (Hrsg.): Qualitative Forschung in der Psychologie. Grundfragen, Verfahrensweisen, Anwendungsfelder. Weinheim, Basel: Beltz, S. 227-256.

Passungen

Anrechnung außerhochschulisch erworbener Kompetenzen: strukturelle Zeitersparnis und prozedurale Zeitverausgabung

Helmar Hanak[1]

Zusammenfassung

Der Artikel zeigt, welche Rolle ‚Zeit' in Bezug auf Anrechnungsverfahren einnimmt und was dies für die Hochschulen, aber auch für die Studierenden bedeutet. Hierbei spielt das Thema Beratung eine wichtige Rolle, da diese viel Zeit in Anspruch nimmt, wenn sie gut vorbereitet und professionell durchgeführt werden soll.

Schlagwörter

Anerkennung, Anrechnung, Zeit, Beratung, Studierende

Inhalt

---

1   *Helmar Hanak* | Servicestelle Offene Hochschule Niedersachsen gGmbH | helmar.hanak@ servicestelle-ohn.de.

1   Einleitung

Derzeit stehen die Hochschulen[2] einer großen Herausforderung gegenüber: Zunehmender Fachkräftemangel in Deutschland und Europa, die Bemühungen um Weiterbildungsmöglichkeiten für bereits Berufstätige mit und ohne Hochschulzugangsberechtigung sowie die Frage und Suche nach den bestmöglichen Konzepten zur Lösung dieser Anforderungen bringen Bewegung in die akademische Landschaft. Vor allem die stetige Erweiterung des europäischen Binnenmarktes und die voranschreitende internationale Verflechtung auf dem Weltmarkt erfordern eine stetige Weiterentwicklung der Qualifikationsprofile der Menschen. Dabei spielen der demographische Wandel und der immer längere Verbleib der Menschen im Arbeitsleben eine wesentliche Rolle. Es geht nicht mehr nur um generelle Möglichkeiten, die Bedingungen der Hochschulzugangsberechtigung zu verändern, sondern um eine deutlich engere Verknüpfung zwischen dem beruflichen und hochschulischen Bildungsbereich. Aufgrund dieser Entwicklungstrends hat die Notwendigkeit, berufstätigen beziehungsweise beruflich qualifizierten Erwachsenen das Erreichen eines höheren Qualifikationsniveaus zu ermöglichen, auf der politischen Agenda deutlich an Priorität gewonnen. Damit stehen die Hochschulen in Deutschland und Europa stärker denn je unter Handlungsdruck, Angebote zu schaffen, die es Erwachsenen ermöglichen, wissenschaftliche Weiterbildung wahrzunehmen.

Vor diesem Hintergrund haben Fragen der Durchlässigkeit zwischen beruflicher und hochschulischer Bildung deutlich an Aktualität und Brisanz gewonnen. Beide Teilsysteme der beruflichen und hochschulischen Bildung verfolgen aus historischer Perspektive je unterschiedliche Ziele mit eigenen Traditionen, Fachsprachen und formalen Regelungen. Erst langsam bewegen sich beide Bereiche aufeinander zu und loten Bedingungen gegenseitiger Öffnung und Durchlässigkeit aus. Ein wesentlicher Beitrag in dieser Hinsicht ist die Umsetzung von Maßnahmen zur Anerkennung und Anrechnung außerhochschulisch erworbener Kompetenzen seitens der Hochschulen. Diese Möglichkeiten umfassen sowohl strukturelle als auch prozessbezogene Komponenten, die beide eng mit Fragen von Zeit, Zeitersparnis, aber auch Zeitverausgabung zu tun haben. Aus *struktureller* Perspektive geht es bei Anerkennung und Anrechnung vor allem um die Ersetzung – und damit zeitliche Einsparung – von Studieninhalten durch außerhochschulisch erworbene Kompetenzen, die als gleichwertig anerkannt und angerechnet werden. In *prozessbezogener* Perspektive stehen vor allem Verfahrensabläufe im Vordergrund, die den Anerkennungs- und Anrechnungsaufwand

---

2   Im Folgenden sind mit ‚Hochschulen' Universitäten sowie Hochschulen angewandter Wissenschaften (of applied sciences), Fachhochschulen und sonstige fachlichen Hochschulen gemeint.

zeitlich strukturieren und den dafür einzusetzenden Zeitaufwand in ein angemessenes Passungsverhältnis zur intendierten Zeitersparnis bringen (müssen) – und zwar sowohl für die Hochschulen als auch für Studieninteressierte. Diese beiden Perspektiven werden im Folgenden näher beschrieben und analysiert.

2 Die strukturelle Zeitersparnis

Mit Blick auf die Gruppe der Studieninteressierten und in Bezug auf die strukturelle Perspektive der Ressource ‚Zeit' stellt sich die Frage, ob und in welchem Ausmaß Studierende Möglichkeiten der Anerkennung und Anrechnung außerhochschulisch erworbener Kompetenzen faktisch in Anspruch nehmen – insbesondere vor dem Hintergrund, dass vor allem für berufsbegleitend Studierende die Möglichkeiten zur Verringerung der zeitlichen Belastung durch ein Studium einen hohen Attraktivitätswert besitzen. Die Entscheidung über eine solche Verringerung kann schon im Rahmen der Zulassung erfolgen und/oder während des eigentlichen Studienverlaufs. Es ist zu vermuten, dass gerade im Rahmen der Zulassung zu einem Studium von entscheidender Bedeutung ist, welcher zeitliche Aufwand seitens der Studieninteressierten zu betreiben ist, um das gewünschte Studium überhaupt aufnehmen zu können. Wenn die Hochschulen ihren Studierenden diese Option anbieten, müssen entsprechende Strukturen nicht nur geschaffen, sondern auch implementiert und verstetigt werden. Dabei ist zu beachten, dass der dafür notwendige zeitliche Aufwand in einem angemessenen Verhältnis zum zu erwartenden Nutzen steht, damit die Ressource ‚Zeit' in ihren unterschiedlichen Dimensionen effektiv genutzt wird.

2.1 Die Dimension der strukturellen Zeitersparnis aus Sicht der Studieninteressierten

Die Studierenden und Studieninteressierten sind die zentrale Legitimationsgrundlage für Hochschulen. Innerhalb dieser Gruppe gibt es an den einzelnen Hochschulen eine unterschiedlich hohe Zahl an Interessierten und Nutzenden von Verfahren der Anerkennung und Anrechnung außerhochschulisch erworbener Kompetenzen. Für die Studieninteressierten und Studierenden ist es wichtig, dass sie sich an der Hochschule beraten lassen können. Sowohl die Gruppe der Studieninteressierten als auch die Gruppe der bereits aktiv Studierenden können mit einem Antrag auf Anrechnung unterschiedliche Ziele verfolgen, nämlich Anrechnung als Instrument

- zur Zulassung zum Studium

- zur Verkürzung des Studiums
- zur Kostenreduzierung des Studiums

zu nutzen (vgl. Hanak/Sturm 2015a, S. 23).

Anrechnung kann für Studieninteressierte als Instrument zur *Zulassung zu einem Studium* dienen. Dies bedeutet, dass einschlägige Berufserfahrung von mindestens einem Jahr anerkannt und als Brückenmodul[3] angerechnet werden kann. Wollen beispielsweise Studieninteressierte, die über einen Bachelorabschluss im Umfang von 180 ECTS-Punkten und mindestens einem Jahr Berufserfahrung verfügen, einen Weiterbildungsmaster im Umfang von 90 ECTS-Punkten studieren, würden zum Erlangen der obligatorischen 300 ECTS-Punkte zur formalen Erreichung des Mastergerades 30 ECTS-Punkte fehlen (vgl. Kultusministerkonferenz 2010, S. 3). Wird die mindestens einjährige und einschlägige Berufserfahrung als solche anerkannt, kann diese mit bis zu 30 ECTS-Punkten als Brückenmodul angerechnet werden (vgl. Hanak/Sturm 2015a, S. 23). So kann effektiv die Zeit gespart werden, die sonst notwendig wäre, wenn Brückenkurse studiert werden müssten, um die fehlenden ECTS-Punkte zu erlangen.

Eine weitere Dimension, bei der Anrechnung für Studierende eine Rolle spielen kann, ist die Reduktion des zu studierenden Workloads, beziehungsweise die *Verkürzung der Studienzeit.* Hier dient Anrechnung nicht mehr, wie in der vorangegangenen Dimension, als Instrument für die Zulassung zu einem Studium, sondern dazu, Studien- und Prüfungsleistungen zu ersetzen. Dies hat zur Folge, dass die angerechneten Leistungen im Rahmen eines Studiums nicht mehr erbracht werden müssen und sich der zu erbringende Workload entsprechend verringert (vgl. ebd., S. 24). Eine derartige Option ist insbesondere für berufstätige Studierende, die über geringe zeitliche Ressourcen verfügen, hoch attraktiv. Dies begründet sich nach Gorges und Kornadt zumeist darin, dass die Zeit der Erwerbsarbeit in der Regel nicht reduziert wird oder werden kann. Eine mögliche Freistellung wird von Arbeitgebenden selten ermöglicht, sodass vor

---

3 Ein Brückenmodul dient in der Regel dazu, die für die Zulassung zu einem Weiterbildungsmaster notwendigen ECTS-Punkte zu erreichen (vgl. Hochschulrektorenkonferenz 2010, S. 18). Um einen Weiterbildungsmaster mit 90 ECTS-Punkten studieren zu können, müssen Bewerbende in der Regel 210 ECTS-Punkte nachweisen. Absolvierende eines Bachelorstudienganges haben in der Regel lediglich 180 ECTS-Punkte erworben. Brückenmodule dienen dazu, diese Differenz auszugleichen. Sie können in Form von Studienmodulen – auch auf Bachelorniveau – angeboten werden (vgl. ebd., S. 57). Ebenso ist es in der Regel möglich, einschlägige Berufserfahrung in Form eines Brückenmoduls darzustellen und in Form von ECTS-Punkten abzubilden (vgl. ebd., S. 71). Eine Umsetzung kann darüber erfolgen, dass die Hochschule die Anerkennung von Berufserfahrung als Brückenmodul in die Prüfungsordnung aufnimmt. Unter dieser Voraussetzung können pro Jahr Berufserfahrung 30 ECTS-Punkte als Brückenmodul anerkannt werden (vgl. ebd.).

allem Präsenzphasen für die Studierenden neben der Erwerbsarbeit zeitlich organisiert werden müssen. Darüber hinaus haben über ein Drittel der berufstätigen Studierenden zusätzliche familiäre Verpflichtungen, beispielsweise durch die Betreuung von Kindern (vgl. Gorges/Kornadt 2011, S. 182ff). Auf Basis dessen erscheint es in besonderem Maße wichtig, dass es Möglichkeiten für Studierende gibt, sich bereits vorhandene außerhochschulisch erworbene Kompetenzen auf Studieninhalte anrechnen zu lassen.

Ein Synergieeffekt von Anrechnung als Instrument zur Verkürzung eines Studiums kann darin gesehen werden, dass sich durch Anrechnung eventuelle *Kosten für Studierende* reduzieren lassen. Diese Dimension von Anrechnung könnte die Entscheidung von Studieninteressierten für ein kostenpflichtiges Studienangebot beeinflussen (vgl. Hanak/Sturm 2015a, S. 24f). Hierbei ist die zeitliche Ressource der Studierenden nicht direkt betroffen. Dennoch kann der Anreiz einer möglichen Reduzierung der Teilnehmendenentgelte das Interesse für die Anerkennung und Anrechnung außerhochschulisch erworbener Kompetenzen zur Reduzierung des zu studierenden Workloads erhöhen und sich so auf die Ressource ‚Zeit' bei den Studierenden positiv auswirken. Ob im Falle einer Anrechnung eine Kostenreduzierung für die Studierenden mit einhergeht, liegt aber im Ermessen der jeweiligen Hochschule.

2.2 Die Dimension der strukturellen Zeitersparnis aus Sicht der Hochschulen

Die Entwicklung von Verfahren zur Anerkennung und Anrechnung außerhochschulisch erworbener Kompetenzen kann, je nach Verfahrensart, sehr zeitaufwändig sein. Bei den unterschiedlichen Verfahren handelt es sich in der Regel um pauschale, individuelle oder kombinierte Anrechnungsverfahren. Das pauschale Verfahren ist dabei vom Entwicklungsaufwand am zeitintensivsten, wohingegen ein individuelles Verfahren in der Entwicklung weniger Zeit beansprucht (vgl. Loroff/Stamm-Riemer/Hartmann 2011, S. 106f). Um einen effizienten Ressourceneinsatz bei der Verfahrensentwicklung gewährleisten zu können, müssen Hochschulen im Vorfeld der Entscheidung eruieren, welches Verfahren im jeweils spezifischen Fall am stärksten nachgefragt werden würde. Denn je nachdem, welche Art an außerhochschulisch erworbenen Kompetenzen die unterschiedlichen Zielgruppen mitbringen, eignet sich ein pauschales oder individuelles Verfahren in der Anrechnungspraxis mehr oder weniger.

Des Weiteren ist es empfehlenswert, im Rahmen der Entwicklung eines Verfahrens zur Anerkennung und Anrechnung die Zuständigkeiten für die einzelnen Verfahrensschritte klar zu definieren, damit sie im Rahmen der späteren operativen Umsetzung entsprechend wahrgenommen werden können. Es gilt zu klären, welcher Akteur und welche Akteurin wofür verantwortlich ist. Darüber hinaus bietet es sich an, entsprechende Kommunikationswege festzulegen, damit die beteiligten Mitarbeitenden der Hochschule wissen, wer von ihnen in welchem Fall Ansprechpartner beziehungsweise -partnerin für den jeweiligen Verfahrensschritt ist. Wenn Interessierte mit ihren Anliegen direkt an die entsprechenden Mitarbeitenden verwiesen werden können, erleichtert dies den Prozess und spart so Bearbeitungszeit. Darüber hinaus ist die Berücksichtigung der Vorgaben durch das Verwaltungsverfahrensrecht sowohl ein wichtiger Aspekt als auch eine hilfreiche Orientierung. Dort wird beispielsweise der Zeitraum definiert, in dem über einen Antrag zu entscheiden ist, sowie mit welcher Frist und in welcher Form diese Entscheidung den Bewerbenden mitgeteilt werden muss. Diese und andere Aspekte spielen auch in einem Verfahren zur Anerkennung und Anrechnung außerhochschulisch erworbener Kompetenzen eine wichtige Rolle, um das Verfahren rechtlich abzusichern.

3   Die prozedurale Zeitverausgabung

Die Verfahrensdauer und der Arbeitsaufwand für Studierende müssen möglichst gering ausfallen, damit sich die Anrechnung in Bezug auf die dafür aufgewendete Zeit rentiert. Ein Verfahren, welches mehr Zeit beansprucht, als Studierende benötigen würden, wenn sie stattdessen die für eine Anrechnung angestrebten Inhalte studierten, ist wenig zielführend. Darüber hinaus ist es für Studieninteressierte und Studierende wichtig, dass Informationen über Möglichkeiten zu Verfahren der Anerkennung und Anrechnung außerhochschulisch erworbener Kompetenzen ohne großen Zeitaufwand recherchiert werden können.

Seitens der Hochschulen spielen finanzielle und zeitliche Ressourcen eine bedeutsame Rolle. Verfahren zur Anerkennung und Anrechnung müssen vorbereitet und umgesetzt, Mitarbeitende mit der Materie vertraut gemacht, Kommunikationswege geschaffen und fachlich Verantwortliche in den Prozess integriert werden. Diese einzelnen Vorgänge bedeuten in der Regel einen hohen zeitlichen Aufwand. Berechtigterweise wird innerhalb der Hochschulen die Frage nach der Notwendigkeit und Verhältnismäßigkeit dieser zeitintensiven Prozesse gestellt: Haben die Studierenden tatsächlich Interesse an Anerkennung und Anrechnung von Kompetenzen? Ist die Zielgruppe für Anrechnungsverfahren in ausreichendem Maße vorhanden, sodass der Entwicklungsaufwand in einem adäquaten Verhältnis zum Mehrwert steht? Bietet die Auseinandersetzung mit dieser Thematik auch einen Mehrwert für die eigene Hochschule?

Im Folgenden wird die prozedurale Zeitverausgabung aus Sicht der Studieninteressierten sowie der Hochschulen dargelegt.

3.1 Die prozedurale Zeitverausgabung aus Sicht der Studieninteressierten

Generell ist es für Studierende und Studieninteressierte wichtig, dass Informationen zu Möglichkeiten von Anerkennung und Anrechnung außerhochschulisch erworbenen Kompetenzen durch die Hochschulen leicht zugänglich gemacht werden. Dies setzt eine transparente Informationspolitik voraus und somit einen offensiven Umgang der Hochschulen in Bezug auf die Anrechnungsthematik. Es kann davon ausgegangen werden, dass aufwändige Recherchen und umständliches Suchen über Homepages für Studierende und Studieninteressierte hemmende Faktoren bei der Inanspruchnahme darstellen.

Des Weiteren dürfen Verfahren der Anerkennung und Anrechnung nicht zu lange dauern. Bei Gremien wie Prüfungsausschüssen, die sich mit den Anträgen zur Anrechnung beschäftigen, ist die Entscheidungsfindung abhängig von den jeweiligen Sitzungsterminen. Dies kann zu zeitlichen Verzögerungen führen und somit den gesamten Prozess deutlich verlangsamen. Auch ist es für die Studieninteressierten aufwändig, die verschiedenen Verantwortlichen im Vorfeld aufzusuchen und Termine zu vereinbaren, wenn keine entsprechenden Ansprechpartnerinnen und -partner seitens der Hochschulen ausgewiesen sind (vgl. Hanak/Sturm 2015b, S. 85).

3.2 Die prozedurale Zeitverausgabung aus Sicht der Hochschule

Hochschulen sind in ihrer Organisationsform komplexe Gebilde mit unterschiedlichen Funktionen, Ebenen und Organisationseinheiten. Aufgrund dessen sind transparente Kommunikationswege innerhalb und zwischen diesen Gruppen eine wichtige Voraussetzung, um Veränderungen und Neuerungen erfolgreich und vor allem nachhaltig umzusetzen. Eine wesentliche Rolle spielt darüber hinaus der Aspekt, dass Hochschulen nur begrenzte finanzielle und zeitliche Ressourcen zur Verfügung stehen, um konkrete Maßnahmen zur Etablierung von Mechanismen zur Anerkennung und Anrechnung umzusetzen. Es muss demnach darum gehen, die vorhandenen Spielräume effektiv zu nutzen. Innerhalb der Hochschulen lassen sich mehrere Prozessdimensionen für die Durchführung von Verfahren zur Anerkennung und Anrechnung außerhochschulisch erworbener Kompetenzen identifizieren, bei denen Zeit eine wichtige Rolle spielt:

- Schulung von Beschäftigten
- Beratung von (potentiellen) Studierenden
- Beteiligung der Akteure und Akteurinnen
- Umsetzung und Evaluation von Verfahren

3.2.1   Schulung von Beschäftigten

Eine wesentliche Rolle bei der Implementierung von Verfahren zur Anerkennung und Anrechnung außerhochschulisch erworbener Kompetenzen spielt das Fachwissen derjenigen, die für die operative Umsetzung verantwortlich sind. Die Beschäftigten müssen neben dem Basiswissen zu der Thematik auch Kenntnis über die rechtlichen Rahmenbedingungen und Vorgaben haben. Eine Möglichkeit, dies zu gewährleisten, sind regelmäßige Schulungen und das zeitnahe zur Verfügung stellen aktueller Informationen über entsprechende Instrumente und Kanäle (Handreichungen, Onlinetools). Sicherzustellen ist auch, dass Änderungen in den länderspezifischen Hochschulgesetzen oder neue Vorgaben durch die Kultusminister- und/oder die Hochschulrektorenkonferenz gegenüber den Akteurinnen und Akteuren, die die operative Umsetzung der Verfahren betreuen, frühzeitig bekannt gemacht und in den Wissenspool aufgenommen werden.

3.2.2   Beratung von (potentiellen) Studierenden

Mit Blick auf den direkten Kontakt mit Studierenden bedarf es seitens der Hochschulen entsprechender institutionalisierter Zeitfenster (zum Beispiel in Form von Sprechstunden), um Studierende und Interessierte zu beraten und/oder zu informieren. Dabei darf der Fokus aber nicht allein auf der Einrichtung von Präsenzsprechstunden liegen. In Zeiten von räumlich und zeitlich flexibilisierten Studienprogrammen, gerade in der wissenschaftlichen Weiterbildung, ist auch der Bedarf nach telefonischer und digitaler Erreichbarkeit gestiegen. Diese Formen der Beratung bedeuten zwar zunächst, dass die notwendigen zeitlichen Ressourcen dafür zur Verfügung gestellt werden müssen, haben aber den Effekt, dass eine gute Beratung und Information das weitere Procedere für alle Beteiligten zeitlich optimiert. Es kann davon ausgegangen werden, dass mit der Steigerung der Qualität der Beratung nicht nur die Zufriedenheit aller Beteiligten steigt, sondern auch die Qualität der Anträge im Hinblick auf die formalen Vorgaben bezüglich der Einreichung erhöht werden kann. Dies führt im besten Fall zu einem geringeren Prüfungsaufwand seitens der Hochschulen sowie zu einem geringeren Überarbeitungsaufwand seitens der Antragstellenden und hat somit einen positiven Effekt auf die Zeitbudgets im Verfahrensablauf zur Folge.

3.2.3   Beteiligung der Akteurinnen und Akteure

Das Thema der Anerkennung und Anrechnung außerhochschulisch erworbener Kompetenzen wird in vielen Hochschulen noch mit Zurückhaltung betrachtet. Dies wird deutlich durch die geringe Anzahl entsprechender Verfahren gemessen an der Gesamtzahl der Studienangebote an deutschen Hochschulen (vgl.

Hanak/Sturm 2015b, S. 43ff). Um die Akzeptanz gegenüber Mitarbeitenden zu erhöhen, ist ein transparenter Umgang mit dem Thema wichtig. Aus diesem Grund sollten diejenigen Akteure und Akteurinnen, die das Verfahren später operativ begleiten, möglichst von Beginn an in den Prozess der Entwicklung involviert werden. Dies kann dabei helfen, eventuelle Vorurteile gegenüber dieser Thematik abzubauen, Fragen zu beantworten sowie Ideen und Überlegungen der Mitarbeitenden in den Verfahren zu berücksichtigen. Während dieses Prozesses bietet es sich an, die Mitarbeitenden regelmäßig über den aktuellen Entwicklungsstand des Verfahrens in Kenntnis zu setzen, um so weiterhin ein Höchstmaß an Transparenz zu gewährleisten. Nach der Implementierung kann es förderlich sein, die Inanspruchnahme durch Antragstellende zu dokumentieren, umso die geleistete Arbeit transparent zu machen und aufzuzeigen, wofür unter anderem die Ressource ‚Zeit' aufgewendet werden muss.

3.2.4 Umsetzung und Evaluation von Verfahren

Ein wesentlicher Zeitfaktor ist die Prüfung der Unterlagen durch die zuständigen Akteurinnen und Akteure. Im Zuge der Einreichung muss zunächst überprüft werden, ob die Unterlagen den formalen Anforderungen genügen. Dies bedarf in der Regel noch keiner inhaltlichen Fachexpertise, sodass erst in einem weiteren Schritt die fachlich Verantwortlichen in Form einer inhaltlichen Bewertung im Verfahren aktiv werden. Im Rahmen dieser Prüfung wird dann entschieden, ob eine Anrechnung möglich ist. Gerade im Falle eines individuellen Anrechnungsverfahrens ist der Durchführungsaufwand zur Prüfung der jeweiligen Unterlagen deutlich höher als in anderen Verfahren. Daher kann es sich hier als hilfreich erweisen zu dokumentieren, in welchen Fällen es zu einer positiven oder negativen Anrechnungsentscheidung gekommen ist. So können bereits getroffene Entscheidungen bei zukünftigen Anfragen unter Umständen als Orientierung herangezogen und im Idealfall zu Regelfällen generalisiert werden. Die Dokumentation der Anrechnungsentscheidungen ist darüber hinaus eine gute Grundlage für die Evaluation des Verfahrens mit dem Ziel der Qualitätssicherung und somit der Optimierung der Verfahren hinsichtlich möglicher Zeiteinsparungen. In Bezug auf die Evaluation obliegt es der jeweiligen Hochschule, die zeitlichen Abstände, innerhalb derer eine Überprüfung des Verfahrensablaufs stattfindet, festzulegen. Hier kann auf den Semesterrhythmus zurückgegriffen oder anlassbezogen agiert werden. Vor allem mit Blick auf die Evaluation ist eine Dokumentation der Anrechnungsfälle wichtig. Anhand dessen kann es möglich sein, Optimierungspotentiale herauszuarbeiten, um beispielsweise Kommunikationswege zu vereinfachen oder Ansprechpartnerinnen und -partner neu zu definieren.

4   Zusammenschau – Ein Matchingproblem der Perspektiven?

Durch die Veränderungen in den Landeshochschulgesetzen und den Vorgaben des Akkreditierungsrats sind Hochschulen aufgefordert, vermehrt außerhochschulisch erworbene Kompetenzen anzurechnen. Dadurch erhöht sich der Handlungsdruck, Verfahren zu entwickeln, zu implementieren und durchzuführen. Nicht selten wird dieser Prozess von kritischen Stimmen aus der Hochschule flankiert und eine nur geringe Unterstützung beziehungsweise Motivation seitens der zu beteiligenden Akteurinnen und Akteure aufgebracht. Diese Situation stellt die Hochschulen vor die Herausforderung, gleichzeitig den externen Forderungen der Politik nachzukommen *und* den internen Konflikten und Widerständen zu begegnen. Dabei spielt die Ressource Zeit eine wesentliche, nicht zu unterschätzende Rolle, um die beiden genannten internen und externen Prozesse zu bewältigen. Daneben stehen die Studierenden und Studieninteressierte als Zielgruppen für die Anerkennung und Anrechnung außerhochschulisch erworbener Kompetenzen, über deren Ansprüche und Interessenlagen Hochschulen in der Regel wenig empirische fundierte Kenntnisse besitzen. Die entscheidenden Fragen, ob Verfahren und Möglichkeiten zur Anrechnung in hoher Zahl in Anspruch genommen werden und welchen Einfluss dies auf die Studierenden und die Studienorganisation hat, bleiben meist im Vorfeld einer Entwicklung und Implementierung von Verfahren ungeklärt. Dies spielt den kritischen Stimmen in den Hochschulen in die Hände, die sich aus unterschiedlichen Gründen gegen die vermehrte Anerkennung und Anrechnung außerhochschulisch erworbener Kompetenzen positionieren. Die Kritikerinnen und Kritiker befürchten zum einen den Niveauverlust für ihre Studiengänge und sehen zum anderen die notwendigen Ressourcen zur Implementierung und Umsetzung von Verfahren zur Anrechnung als verschwendet an (Hanak/Sturm 2015b, S. 88f). Um diesen Argumenten adäquat begegnen zu können, fehlt es oft an einer entsprechenden Datenlage über den Studienerfolg und die Studierdauer von Studierenden, die außerhochschulisch erworbene Kompetenzen angerechnet bekommen haben.

Insgesamt kann festgehalten werden, dass Hochschulen gegenwärtig im Spannungsfeld von politischen Vorgaben, adressatenspezifischen Erwartungen und interner Zurückhaltung Verfahren der Anerkennung und Anrechnung außerhochschulisch erworbener Kompetenzen entwickeln und umsetzen (müssen). Dabei besteht die Notwendigkeit, mehr über die tatsächliche Nutzung von Möglichkeiten zur Anerkennung und Anrechnung durch Studierende zu erfahren, um so an den Hochschulen bessere Voraussetzungen zu schaffen, adäquat auf die Forderungen der Politik einzugehen und gleichzeitig die Zielgruppe der Studierenden möglichst passgenau zu bedienen. Einen wesentlichen Beitrag hierzu könnten Studien über Absolventinnen und Absolventen mit dem Schwerpunkt der Nutzung von Anrechnungsverfahren sowie die genaue Dokumentation von Anträgen und Anfragen Studierender und Studieninteressierter in Bezug auf die Anerkennung und Anrechnung außerhochschulischer Kompetenzen leisten.

Literatur

Gorges, Karin/Kornadt, Oliver (2011): Student ist nicht gleich Student – die Bedeutung der Zielgruppenorientierung bei der Konzeption und Durchführung von eLearning-Weiterbildungsangeboten. In: Hambach, Sybille/Martens, Alke/Urban, Bodo (Hrsg.): eLearning Baltics 2011 – 4th International eIBA Science Conference 2011. Stuttgart, S. 182-197.

Hanak, Helmar/Sturm, Nico (2015a): Anerkennung und Anrechnung außerhochschulisch erworbener Kompetenzen. Eine Handreichung für die wissenschaftliche Weiterbildung. Wiesbaden: Springer VS.

Hanak, Helmar/Sturm, Nico (2015b): Außerhochschulisch erworbene Kompetenzen anrechnen. Praxisanalyse und Implementierungsempfehlungen. Wiesbaden: Springer VS.

Hochschulrektorenkonferenz (Hrsg.) (2010): Bologna-Reader III. FAQs – Häufig gestellte Fragen zum Bologna-Prozess an deutschen Hochschulen. Bonn: Hochschulrektorenkonferenz.

Kultusministerkonferenz (2010): Ländergemeinsame Strukturvorgaben für die Akkreditierung von Bachelor- und Masterstudiengängen vom 04.02.2010. Online: http://www.kmk.org/fileadmin/veroeffentlichungen_beschluesse/2003/2003_10_10 -Laendergemeinsame-Strukturvorgaben.pdf (letzter Zugriff 18.07.2015).

Loroff, Claudia/Stamm-Riemer, Ida/Hartmann, Ernst A. (2011): Anrechnung: Modellentwicklung, Generalisierung und Kontextbedingungen. In: Freitag, Walburga K./Hartmann, Ernst A./Loroff, Claudia/Stamm-Riemer, Ida/Völk, Daniel/Buhr, Regina (Hrsg.): Gestaltungsfeld Anrechnung. Hochschulische berufliche Bildung im Wandel. Münster/New York/München/Berlin: Waxmann, S. 77-117.

Thielen, Michael (2008): „Eine Agenda für Gleichwertigkeit und Durchlässigkeit." In: Buhr, Regina/Freitag, Walburga/Hartmann, Ernst A./Loroff, Claudia/Minks, Karl-Heinz/Mucke, Kerstin/Stamm-Riemer, Ida (Hrsg.): „Durchlässigkeit gestalten! – Wege zwischen beruflicher und hochschulischer Bildung". Münster: Waxmann, S. 9-12.

Zeit als Aushandlungsfaktor zwischen Unternehmen und Mitarbeitern im Kontext der wissenschaftlichen Weiterbildung

Kerstin Schirmer[1]

Zusammenfassung

Der folgende Artikel stellt die Ergebnisse einer Fallstudie über temporale Aushandlungsfaktoren im Matching-Prozess zwischen Unternehmen und Mitarbeiter dar, wenn diese im Rahmen der betrieblichen Weiterbildung ein berufsbegleitendes Studium anstreben. Dabei fungiert Zeit als dynamisch-kritisches Element im Aushandlungsprozess.

Schlagwörter

Betriebliche Weiterbildung, temporale Aushandlungsfaktoren, Matching-Prozess, Weiterbildungszeit

Inhalt

---

[1] *Kerstin Schirmer*, M.A. | Hochschulmanagerin an der Internationalen Hochschule Liebenzell | kerstin.schirmer@ihl.eu.

1 Wissenschaftliche Weiterbildung und Zeit im Unternehmenskontext

Die wissenschaftliche Weiterbildung ist ein Feld, das im Zuge der tiefgreifenden gesellschaftlichen Wandlungsprozesse in den letzten Jahren einen enormen Bedeutungszuwachs erfahren hat (vgl. Hochschulrektorenkonferenz 2008, S. 2). Die Beschleunigung des technischen als auch des wissenschaftlichen Fortschrittes sorgt für immer „kürzere Innovationszyklen" (Hochschulrektorenkonferenz 2008, S. 2). Dies bedeutet für Beschäftigte, dass sie „ihren Kenntnis- und Wissensstand fortwährend an veränderte Parameter anpassen" (Faulstich 2010, S. 9) müssen, um beschäftigungsfähig zu bleiben.

Gleichzeitig verändert der Fortschritt auch „die Arbeits- und Berufswelt in immer stärkerem Maße. Als Folge davon wächst in der Wirtschaft der Anteil der Arbeitsplätze, die eine Qualifikation auf dem Niveau wissenschaftlicher Aus- und Weiterbildung erfordern" (Bundesvereinigung der deutschen Arbeitgeberverbände 2003, S. 5). Es lässt sich gesellschaftlich ein „Trend zu höherer und akademischer Qualifizierung" (Bundesvereinigung der deutschen Arbeitgeberverbände 2003, S. 5) feststellen. Aufgrund der demografischen Entwicklung wird die Zahl der Hochschulabgänger[2] langfristig jedoch sinken (vgl. Hochschulrektorenkonferenz 2008, S. 2). Die wissenschaftliche Weiterbildung von Personen, die bereits im Beruf stehen, ist eine Möglichkeit, um dem veränderten Qualifikationsbedarf im Unternehmen zu begegnen.

Darüber hinaus erweist sich die wissenschaftliche Weiterbildung – und dabei explizit weiterbildende Studiengänge – auch im Hinblick auf andere Aspekte für Unternehmen als relevant.

- Durch den „Forschungsbezug" (Wolter 2004, S. 25) kann eine „Stärkung der Innovationskraft durch die Übertragung neuer technischer Erkenntnisse und Forschungsergebnisse aus dem Hochschulsektor ins Unternehmen" (Achtenhagen/Metzler 2012, S. 3-4) geschehen. Zudem ist die ausgedehnte zeitliche Dauer der Studiengänge an dieser Stelle von Vorteil, da der „Wissenstransfer oder Wissenschaftstransfer" (Faulstich 2010, S. 6) so nicht nur impulsartig, sondern kontinuierlich über einen längeren Zeitraum erfolgt.
- Das Alleinstellungsmerkmal weiterbildender Studiengänge gegenüber anderen Formaten der Weiterbildung ist die Möglichkeit der Graduierung bzw. des Erwerbs eines akademischen Abschlusses (vgl. Hooß 2014, S. 112). In

---

2 In der vorliegenden Arbeit wurde versucht, soweit es möglich war und der Lesefluss nicht eingeschränkt wurde, geschlechtsneutrale Begriffe zu verwenden. Auf eine Aufzählung beider Geschlechter für ein Wort (z. B. Mitarbeiter und Mitarbeiterinnen) oder die Verbindung beider Geschlechter in einem Wort (z. B. MitarbeiterInnen) wurde zugunsten einer möglichst einfachen Lesbarkeit des Textes verzichtet. Es soll jedoch an dieser Stelle ausdrücklich betont werden, dass bei allgemeinen Personenbezügen beide Geschlechter explizit gemeint sind.

der gemeinsamen Empfehlung der BDA, HRK und DIHK zur Weiterbildung durch Hochschulen wird darauf hingewiesen, dass auch „die Unternehmen vor der Aufgabe [stehen; K.S.], ihre Mitarbeiter angesichts der rasanten wissenschaftlichen und technischen Entwicklungen in zunehmendem Maße auf Hochschulniveau weiter zu qualifizieren." (Bundesvereinigung der deutschen Arbeitgeberverbände 2003, S. 5)

- Gerade für kleine und mittlere Unternehmen[3], die über wenig Bekanntheit in der Bevölkerung und/oder einen wenig attraktiven Standort verfügen, könnten weiterbildende Studiengänge als Qualifizierungsangebot für die Mitarbeiter eine Möglichkeit sein, „hochqualifizierte Fachkräfte aus der eigenen Belegschaft zu gewinnen" (Achtenhagen/Metzler 2012, S. 2). Zudem erlangt das Unternehmen „Unabhängigkeit vom unternehmensexternen Arbeitsmarkt bei akademisch Qualifizierten" (ebd.).

- Weiterbildende Studiengänge im Unternehmenskontext sind des Weiteren ein wichtiges Instrument der Führungskräfteentwicklung. Junge Nachwuchskräfte, die entweder im Unternehmen bereits ein duales Bachelorstudium absolviert haben oder nach dem Bachelorstudium gewonnen wurden, könnten durch einen weiterbildenden Masterstudiengang auf einen möglichen Karriereaufstieg vorbereitet werden. Somit sind weiterbildende Studiengänge insbesondere als Aufstiegsfortbildung im Unternehmenskontext von Bedeutung (vgl. Habeck/Denninger 2015, S. 244). Auch hier erweist sich die lange Dauer der weiterbildenden Studiengänge als Vorteil gegenüber anderen Formaten der Weiterbildung, da die Mitarbeiter einerseits über die Dauer des Studienganges und andererseits über Rückzahlungsvereinbarungen langfristig an das Unternehmen gebunden werden können.

Wenn Unternehmen sich dazu entscheiden, wissenschaftliche Weiterbildungsangebote in ihr betriebliches Bildungsprogramm aufzunehmen, bedarf es allerdings komplexer Abstimmungsprozesse. Damit es letztendlich zu einer erfolgreichen Realisierung von Weiterbildungsteilnahme kommt, müssen in der Regel zwischen Unternehmen und Mitarbeiter verschiedene Faktoren ausgehandelt und in Passung gebracht werden. Dieser Matching-Prozess involviert dabei nicht nur unterschiedliche Personalebenen des Unternehmens, sondern fokussiert gleichzeitig auch die verschiedenen Ressourcen- und Verwertungsaspekte der geplanten Weiterbildungsteilnahme:

---

3   Die Europäische Kommission definiert kleine und mittlere Unternehmen (kurz: KMU) wie folgt: „Die Größenklasse der Kleinstunternehmen sowie der kleinen und mittleren Unternehmen (KMU) setzt sich aus Unternehmen zusammen, die weniger als 250 Personen beschäftigen und die entweder einen Jahresumsatz von höchstens 50 Mio. EUR erzielen oder deren Jahresbilanzsumme sich auf höchstens 43 Mio. EUR beläuft." (Europäische Kommission 2003, S. 39)

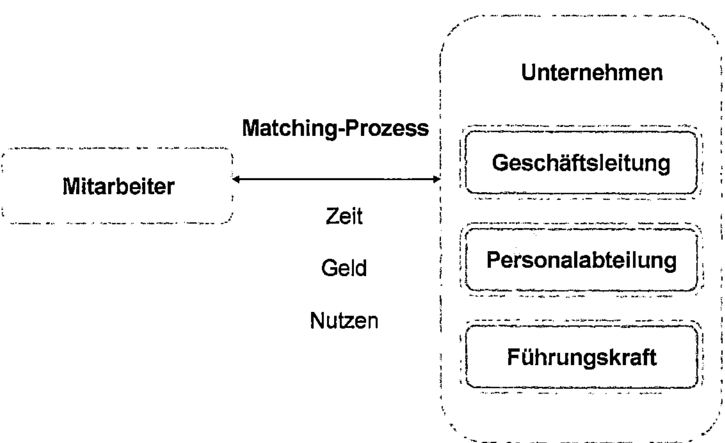

Abbildung 1:   *Struktur des Matching-Prozesses zwischen Mitarbeiter und Unternehmen (eigene Darstellung)*

Im Kontext der wissenschaftlichen Weiterbildung bezieht sich das Matching auf die Vorstellungen, die Erwartungen und die impliziten Annahmen der darin agierenden Akteure. Matching beschreibt die „passgenaue Abstimmung und Relationierung kompatibler – nicht unbedingt identischer oder homogener – Erwartungen zwischen den verschiedenen Zielgruppen" (Seitter u.a. 2015, S. 25). Die Begriffe „Abstimmung und Relationierung" implizieren bereits, dass diese Passung nicht in jedem Fall a priori gegeben ist. Sie muss vielmehr aktiv in einem Prozess hergestellt werden. Da auch die jeweiligen Zielgruppen der wissenschaftlichen Weiterbildung in sich sehr heterogen sind, geht es in Matching-Prozessen „um komplexe(re) Relationierungen von Relationen mit entsprechenden Übersetzungs- und Angleichungsvorgängen" (ebd., S. 4). Matching-Prozesse stellen somit zugleich Aushandlungsprozesse dar. Dabei wird ein gemeinsames Ergebnis angestrebt. Durch die Variation der daran beteiligten Akteure beinhalten sie zudem ein dynamisches, unvorhersehbares und individuelles Element.

Der vorliegende Aufsatz beschäftigt sich explizit dem Aspekt der Zeit im Aushandlungsprozess zwischen Unternehmen und Mitarbeiter, indem folgende Fragestellung näher betrachtet wird:

> Welche temporalen Faktoren müssen aus Unternehmensperspektive ausgehandelt und in Übereinstimmung gebracht werden, wenn Mitarbeiter an weiterbildenden Studiengängen teilnehmen?

Die Auswahl der Kategorie Zeit erfolgt dabei bewusst vor dem Hintergrund, dass diese zusammen mit der Kategorie Geld von Schiersmann als „zentrale Voraussetzungen für die Beteiligung an Weiterbildung" (Schiersmann 2007, S. 252f.) genannt werden. Diese beiden Dimensionen müssen auch im Kontext der wissenschaftlichen Weiterbildung gegeben sein, damit eine Teilnahme an weiterbildenden Studiengängen stattfindet. Im Kontext der wissenschaftlichen Weiterbildung gewinnen diese beiden Dimensionen darüber hinaus noch an Relevanz, wenn man in Betracht zieht, dass weiterbildende Studiengänge im Vergleich zu anderen Angeboten der beruflichen Weiterbildung deutlich zeit- und kostenintensiver sind.

Auch Seitter u.a. (2015) weisen in der integrierenden Zusammenschau ihrer Forschungsergebnisse auf die Relevanz der Dimension der Zeit für den Matching-Prozess zwischen den unterschiedlichen Stakeholdern in der wissenschaftlichen Weiterbildung hin. Besonders an der Kategorie Zeit werden die unterschiedlichen Anforderungen der verschiedenen Stakeholder in der wissenschaftlichen Weiterbildung offenbar. Sie führen dazu aus:

> „Für potenzielle Teilnehmer_innen ist es wichtig, dass der zeitliche Aufwand für die Teilnahme an wissenschaftlicher Weiterbildung mit dem Beruf und eventuellen Familienpflichten in Einklang zu bringen ist. Den Arbeitgebern ist daran gelegen, dass die Weiterbildungsmaßnahme die Arbeitszeiten nicht zu stark tangiert. Bei den Hochschulangehörigen wird das Thema Zeit dagegen im Kontext der Belastung durch die hohen Studierendenanzahlen und den weiteren Aufgaben (Forschung, Selbstverwaltung, etc.) in der Hochschule gesehen. Konkret werden hier Forderungen nach Unterstützung bzw. Entlastung durch die Hochschulleitung als Voraussetzung für das Engagement in der wissenschaftlichen Weiterbildung formuliert. Am Thema Zeit in seinen unterschiedlichen zielgruppenspezifischen Akzentuierungen zeigt sich die Herausforderung des Matching demnach in besonderer Weise." (Seitter u.a. 2015, S. 51)

Ein Missmatch in Bezug auf den Faktor Zeit scheint zudem einer der Hauptgründe für eine Nichtteilnahme an betrieblicher Bildung zu sein: „Zeitprobleme sind häufig eine Hürde, an der Weiterbildung scheitert – insbesondere in kleinen und mittleren Unternehmen. Flexible Arbeitszeitgestaltung bietet Beschäftigten individuelle Lösungen, um Arbeit, Lernen und Freizeit zusammenzubringen." (Bundesministerium für Bildung und Forschung 2013, S. 38)

Die vorliegenden Ergebnisse liefern somit wichtige Impulse für Unternehmen in Bezug auf die Integration von Angeboten der wissenschaftlichen Weiterbildung in das betriebliche Weiterbildungsprogramm und die darauffolgende konkrete Ausgestaltung des Matching-Prozesses. Die vorgestellten Ergebnisse sind Teil einer umfassenderen Forschung zum Thema „Matching-Prozesse im Kontext der wissenschaftlichen Weiterbildung. Unternehmensinterne Aushandlungsfaktoren in Bezug auf die Teilnahme von Mitarbeitern an weiterbildenden

Studiengängen", welche im Jahr 2014 an der Philipps-Universität in Marburg durchgeführt wurde (vgl. Schirmer 2014).

2   Die Bender GmbH – eine explorative Fallstudie

2.1   Auswahl des Forschungsdesigns

Matching-Prozesse im Kontext der wissenschaftlichen Weiterbildung stellen bislang ein Desiderat erwachsenenpädagogischer Forschung dar. Zudem zeichnen sich Matching-Prozesse in der Praxis durch eine hohe Komplexität und situative Kontextabhängigkeit aus. Daher wurde für die vorliegende Studie ein qualitativ-exploratives Forschungsdesign gewählt, das durch die Offenheit seiner Methoden dieser Komplexität und Situiertheit des Untersuchungsgegenstandes gerecht wird und insbesondere in der Lage ist, die „Komplexität der Handlungssituation [...] aus der Sicht der Beteiligten zu beschreiben bzw. zu rekonstruieren" (Flick 2009, S. 25).

Die Analyse der Aushandlungsfaktoren im Matching-Prozess wurde dabei in einem spezifischen Unternehmenskontext untersucht. Mit der Wahl der Bender GmbH[4] wurde ein mittelhessisches Unternehmen fokussiert, das eine hohe Weiterbildungsintensität unter Einschluss akademischer Weiterbildungsoptionen aufweist. Zum Zeitpunkt der Forschung wurde im ausgewählten Unternehmen jedoch nur ein Matching-Prozess durchgeführt. Um eine größere Datengrundlage zu gewährleisten, wurden Matching-Prozesse zum Teil retrospektiv untersucht. Dies bedeutet, dass auch in der Vergangenheit liegende Matching-Prozesse aus der Sicht der beteiligten Akteure rekonstruiert wurden.[5]

---

4   „Wo Strom ist, ist Bender – Wir machen Strom sicher". Dies ist die Vision der Bender GmbH, welche Produkte zur Messung und Überwachung ungeerdeter oder geerdeter Stromnetze herstellt. Seit der Gründung im Jahre 1946 hat das mittelständische Unternehmen mit ca. 450 Mitarbeitern seinen Hauptsitz in Grünberg (Hessen). Von dort aus agiert das Unternehmen jedoch heute weltweit. In mehr als 60 Ländern werden die von Bender hergestellten Produkte vertrieben. Produziert werden die Produkte an zwei Standorten in Deutschland und einem Standort in den USA. Die Bender GmbH ist ein hoch entwickeltes Technologieunternehmen mit einer großen Forschungs- und Entwicklungsabteilung. Als Grundlage für die Innovationsfähigkeit des Unternehmens dient das (Spezial-)Wissen der Mitarbeiter in verschiedensten Bereichen. Aus diesem Grund wird der Aus- und Fortbildung der Mitarbeiter ein hoher Stellenwert eingeräumt.

5   Wo in der Vergangenheit liegende Zusammenhänge rekonstruiert werden, ergibt sich jedoch das Problem der überlagerten Erinnerung: „Eine Gefahr bei jeder retrospektiven Forschung ist, dass die aktuelle Situation (in der etwas erzählt wird) die früheren Situationen (die erzählt werden) überlagern, in ihrer Einschätzung etc. beeinflussen kann" (Flick 2011, S. 181).

Die am Matching-Prozess beteiligten Akteure können als Experten für unternehmensinterne Aushandlungsfaktoren begriffen werden, da sie über spezielles „Prozess- und Deutungswissen" (Bogner/Menz 2002, S. 46) als auch „Praxis- oder Handlungswissen" (ebd.) in Bezug auf den Matching-Prozess verfügen. Ihr spezielles, für die Forschungsfrage relevantes Wissen wurde mit Hilfe von Experteninterviews erfasst.

Da die Forschung im Unternehmenskontext und damit auch in der Arbeitszeit der Befragten stattfand, wurde aufgrund des damit verbundenen Zeitdrucks ein Leitfaden zur thematischen Strukturierung des Interviews eingesetzt. Dem Leitfaden kam dabei „eine Steuerungsfunktion in Hinblick auf den Ausschluss unergiebiger Themen zu" (Flick 2011, S. 216).

Den Interviewten wird im Kontext von Experteninterviews eine besondere Rolle im Forschungsprozess zugesprochen. Flick beschreibt diese wie folgt:

> „Für die Studienteilnehmer stellt sich die Untersuchungssituation folgendermaßen dar: Er wird als Subjekt in die Untersuchung einbezogen, das konkret seine Erfahrungen und Sichtweisen aus seiner Lebenssituation einbringen soll. Er hat einen großen Spielraum darin, was er als wesentlich erachtet, was er auf die entsprechenden Fragen hin antwortet und wie und vor allem auch wie ausführlich er dies tut. [Hervorhebung im Original, K.S.]" (Flick 2009, S. 25)

Aufgrund dieser bedeutsamen Rolle der Studienteilnehmenden wird im Folgenden erläutert, nach welchen Kriterien diese ausgewählt wurden.

2.2 Sampling

In der qualitativen Forschung erfolgt das Sampling in der Regel nach „konkret-inhaltlichen statt abstrakt-methodologischen Kriterien, nach ihrer Relevanz statt nach ihrer Repräsentativität" (Flick 2011, S. 163). Es wird also nicht die Strategie der Zufallsauswahl verfolgt, sondern die des purposiven Samplings (vgl. ebd., S. 165). Nach diesem Prinzip wurden für die vorliegende Forschung „besonders typische Fälle" (ebd.) für unternehmensinterne Matching-Prozesse im Kontext der wissenschaftlichen Weiterbildung ausgewählt.

Folgende Kriterien waren bei der Auswahl der Fälle ausschlaggebend:

- Alle interviewten Personen sind Mitarbeiter der Bender GmbH.
- Der Matching-Prozess bezog sich auf die Aufnahme eines weiterbildenden Studienganges.
- Der unternehmensinterne Matching-Prozess in Bezug auf die Aufnahme eines weiterbildenden Studiums muss gelungen sein. Als gelungen wird der Prozess bezeichnet, wenn die Aufnahme des Studiums bereits erfolgt war bzw. kurz bevorstand.

- Es wurden alle in den Matching-Prozess involvierten Unternehmensvertreter interviewt. Diese sind der Mitarbeiter, dessen direkte Führungskraft, Vertreter der Personalabteilung und die Geschäftsleitung.

Im Unternehmenskontext der Bender GmbH konnten vier Matching-Prozesse, die den soeben formulierten Kriterien entsprachen, untersucht werden. Insgesamt waren 11 Unternehmensvertreter (4 Mitarbeiter, 5 Führungskräfte, 1 Vertreter der Personalabteilung und 1 Vertreter der Geschäftsleitung) involviert.

Die nachfolgende Abbildung verdeutlicht, zu welchem Zeitpunkt die Studierenden im Verhältnis zu ihrem Studiengang interviewt wurden. Dies ist insofern relevant, als dass drei Mitarbeiter sowie deren Führungskräfte retrospektiv befragt wurden und ein Mitarbeiter und seine Führungskraft sich zum Zeitpunkt der Befragung in einem Matching-Prozess befanden.

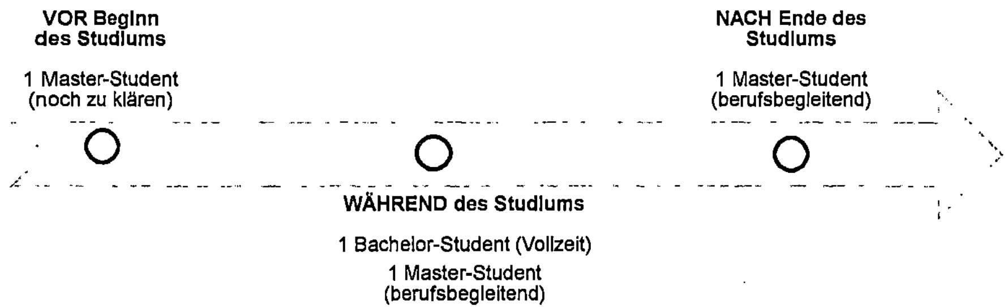

Abbildung 2: Studienzeitpunkt zum Zeitpunkt der Befragung (eigene Darstellung)

Die Durchführung der Datenerhebung im Kontext der Bender GmbH macht insofern Sinn, als dass die Rahmenbedingungen der untersuchten Matching-Prozesse größtenteils konstant sind. Dies ist zunächst vor dem Hintergrund der Tatsache, dass Matching-Prozesse in der wissenschaftlichen Weiterbildung bislang ein Forschungsdesiderat darstellen, ausschlaggebend. Eine zielgerichtete Untersuchung des Gegenstandes in einem Kontext kann wichtige Erkenntnisse für eine kontextübergreifende Untersuchung beisteuern.

2.3 Datenerhebung und -auswertung

Die leitfadengestützten Interviews wurden als Einzelinterviews über einen Zeitraum von vier Wochen in der Bender GmbH durchgeführt. Da die Forschung im Unternehmenskontext und damit auch in der Arbeitszeit der Befragten stattfand, wurde aufgrund des damit verbundenen Zeitdruckes ein Leitfaden zur thematischen Strukturierung des Interviews eingesetzt.

Für jede Gruppe der oben erläuterten Unternehmensvertreter wurde ein eigener Leitfaden entworfen, da aufgrund der unterschiedlichen Akteursgruppen im Matching-Prozess jeweils andere Schwerpunkte interessierten. Gemeinsam war allen Leitfäden jedoch, dass sie im jeweils größten thematischen Block versuchten, die verschiedenen Interessen und damit auch die verschiedenen bedeutsamen unternehmensinternen Aushandlungsfaktoren der Stakeholder zu erfassen.

Nach der Durchführung der Interviews wurden die Daten für die Auswertung aufbereitet. Dazu wurden die Aufnahmen unter Beachtung der Transkriptionsregeln nach Kuckartz (2012, S. 136) transkribiert. Die Transkripte der Interviews wurden im Anschluss mit dem Verfahren der inhaltlich strukturierenden Inhaltsanalyse, wie sie von Kuckartz (2012, S. 77 ff) beschrieben wird, ausgewertet. Die Auswertung erfolgte computergestützt durch die Software MAXQDA. Die durch die Datenauswertung gewonnenen Ergebnisse im Bezug auf temporale Aushandlungsfaktoren zwischen Unternehmen und Mitarbeiter werden im Folgenden ausführlich erläutert.

3 Zeit als multipler Aushandlungsfaktor zwischen Unternehmen und Mitarbeitenden

Im Zuge der Forschung zu Matching-Prozessen in der wissenschaftlichen Weiterbildung konnten 25 unternehmensinterne Aushandlungsfaktoren herausgearbeitet werden, die in acht Hauptkategorien zusammengefasst wurden. Die folgende Abbildung gibt eine Übersicht aller Hauptkategorien und die Anzahl der jeweiligen Codierungen im gesamten Datenmaterial. Daraus lässt sich erkennen, dass der Faktor Zeit mit 53 Codierungen der am häufigsten genannte Aushandlungsfaktor ist. Temporalen Faktoren kommen somit eine besondere Relevanz im Aushandlungsprozess zwischen Unternehmen und Mitarbeiter im Kontext der wissenschaftlichen Weiterbildung zu. Dies erscheint plausibel vor dem Hintergrund, dass weiterbildende Studiengänge das zeitintensivste Format in der wissenschaftlichen Weiterbildung sind.

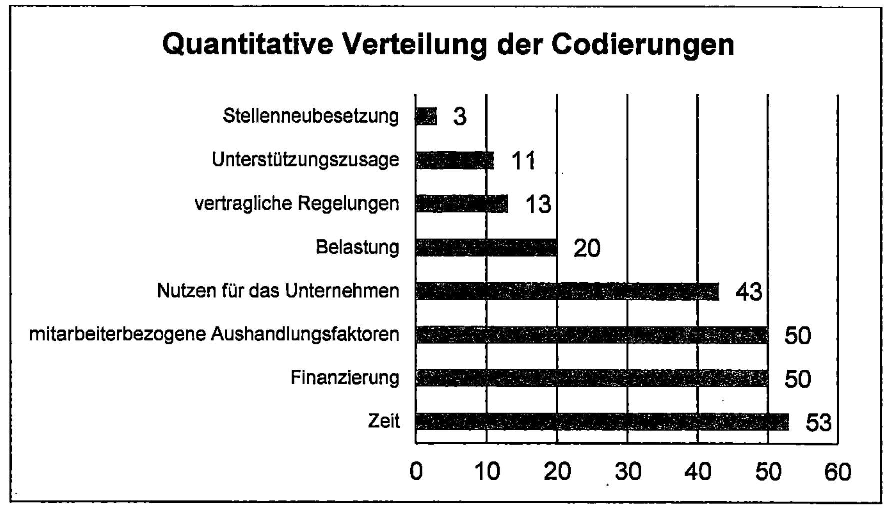

Abbildung 3:   Quantitative Verteilung der Codierungen

In der Hauptkategorie Zeit konnten sieben temporale Aushandlungsfaktoren herausgearbeitet werden, welche in der folgenden Abbildung dargestellt und in weiteren Verlauf des Textes ausführlich erläutert werden.

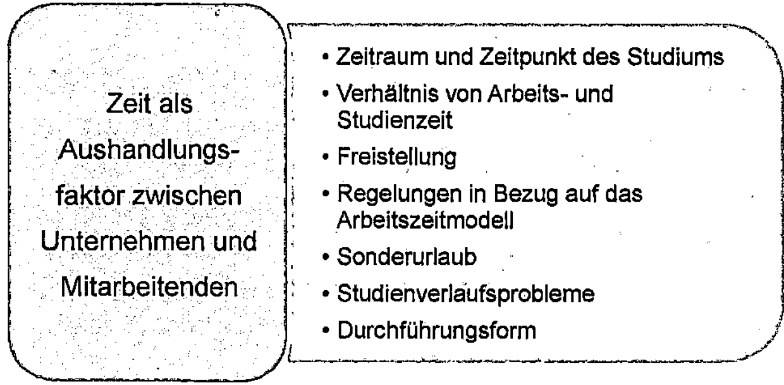

Abbildung 4:   Darstellung der Unterkategorien des Aushandlungsfaktors „Zeit"

3.1   *Zeitraum und Zeitpunkt des Studiums*

Zunächst stellen der Zeitraum und der Zeitpunkt des weiterbildenden Studiums temporale Aushandlungsfaktoren im Matching-Prozess dar. In Bezug auf den *Zeitraum* ist für das Unternehmen relevant, „wie lange dauert die Ausbildung an sich. Ist das etwas, was komprimiert läuft, was vielleicht nur über ein paar Monate geht oder ist das eine Ausbildung, die sich über drei, vier Jahre zieht" (Leitungsebene\PE: 8). Hier geht es einerseits darum, die Dauer der Belastung für den Mitarbeiter abzuschätzen und andererseits ist diese Information für die internen Planungen entscheidend, wenn etwa die Stelle des Mitarbeiters (zum Beispiel aufgrund einer Reduktion der Arbeitszeit bedingt durch das Studium) neu besetzt werden muss.

Der *Zeitpunkt* des weiterbildenden Studiums ist ebenfalls relevant für die internen Planungen – vor allem in Bezug auf die Planung des Arbeitspensums und Personaleinsatzplanung. Stehen (Groß-)Projekte im Gesamtunternehmen bzw. in den einzelnen Bereichen an, wird darauf geachtet, dass diese nicht durch die Weiterbildungsteilnahme beeinträchtigt werden (vgl. Leitungsebene\GL: 50).

Eine andere Führungskraft antwortet auf die Frage, wie es wäre, wenn ein Mitarbeiter mit dem Wunsch, ein Vollzeitstudium zu absolvieren, zu ihm kommen würde, dass er, wenn das alles „gerechtfertigt" ist und „die betriebliche Situation [es, K.S.] einigermaßen zulässt" (Matching-Prozess 1\Führungskraft1: 36), dies befürworten würde. Hier wird jedoch auch deutlich, dass die gegenseitigen Vorstellungen der Akteure über den Zeitpunkt des Studiums im Matching-Prozess in Übereinstimmung gebracht werden müssen.

3.2 Verhältnis von Arbeits- und Studienzeit

Das *Verhältnis von Arbeits- und Studienzeit* stellt einen weiteren zeitlichen Aushandlungsfaktor dar. Durch die Aushandlung des Verhältnisses von Arbeits- und Studienzeit wird zugleich die zeitliche Angebotsstruktur des weiterbildenden Studiums bestimmt. Bei einem berufsbegleitenden Studium liegt der zeitliche Schwerpunkt auf der Arbeitszeit, während stundenweise nebenbei studiert wird. Bei einem Vollzeitstudium liegt der zeitliche Schwerpunkt auf der Studienzeit, während stundenweise nebenbei gearbeitet wird.

Das Verhältnis von Arbeits- und Studienzeit stellt einen besonderen Aushandlungsfaktor dar, denn im Rahmen der Auswertung wurde deutlich, dass beide Optionen – berufsbegleitendes Studium und Vollzeitstudium – weitere, von dieser Entscheidung abhängige Aushandlungsfaktoren nach sich ziehen.[6] In den untersuchten Matching-Prozessen zeigt sich ein differenziertes Bild, was die Aushandlung des Verhältnisses von Arbeits- und Studienzeit betrifft. Im Fall von Mitarbeiter 1 und Mitarbeiter 3 stand für beide aufgrund der aktuellen Lebenssituation und individuellen Präferenzen von Anfang an fest, dass sie das

---

6 Dieser Aspekt wird in Abschnitt 4 näher ausgeführt.

Studium berufsbegleitend absolvieren möchten. Bei Mitarbeiter 4 war die Entscheidung, in welchem Verhältnis Arbeits- und Studienzeit stehen werden, zum Zeitpunkt des Interviews noch nicht getroffen.

Bei Mitarbeiter 2 stellte die Aushandlung des Verhältnisses von Arbeits- und Studienzeit einen intensiveren Faktor im Matching-Prozess dar, da er den Matching-Prozess ohne konkrete persönliche Festlegungen auf ein Angebot initiierte. Er selbst beschreibt dies wie folgt:

> „Das war dann – also im März ist der Unfall, diesen März war es ein Jahr und davor war der Unfall – also Anfang letzten Jahres habe ich dann den Wunsch geäußert bzw. bin dann zum Herrn [Name der Führungskraft], mit dem Sie dann ja auch noch sprechen und habe gesagt, dass ich da in die Richtung etwas machen will. Was wäre möglich ohne genaue Vorstellung, ob ich es so Vollzeit, Teilzeit – das wusste ich selber noch nicht ganz genau." (Matching-Prozess 2\Mitarbeiter2: 10)

Im Verlauf des Matching-Prozesses wurden verschiedene Zeitmodelle und Studienrichtungen abgewogen und letztendlich eine Entscheidung für das Vollzeitstudium getroffen: „Wir sind dann aber ziemlich schnell darauf gekommen, dass es dann doch dieses ganz konventionelle Vollzeitstudium sein wird [...]" (Matching-Prozess 2\Mitarbeiter2: 10).

Alle Prozesse haben gemeinsam, dass das Verhältnis von Arbeits- und Studienzeit zwar im unternehmensinternen Matching-Prozess von Mitarbeiter und Führungskräften besprochen, die letztendliche Entscheidung jedoch auf Seiten des Mitarbeiters getroffen wird. Anhand der Entscheidung des Mitarbeiters werden dann die weiteren, diesen Faktor bedingenden unternehmensrelevanten Aushandlungsfaktoren besprochen.

3.3 Freistellungszeiten

Wird das weiterbildende Studium berufsbegleitend absolviert, dann betrifft ein unternehmensinterner Aushandlungsaspekt die bezahlte *zeitliche Freistellung des Mitarbeiters für das Studium*. Hier gilt es auszuhandeln, wie viele Tage bzw. Stunden der Mitarbeiter bei Fortzahlung des Lohnes studiumsbedingt von der Arbeit freigestellt wird. Die unternehmensinternen Überlegungen, die mit diesem Aushandlungsfaktor einhergehen, bringt der folgende Interviewauszug zum Ausdruck:

> „Es ist, wie Sie sagen zeitintensiv und dadurch ist die Zeit der Freistellung, die benötigt wird, um studieren zu können, der Hauptkostenfaktor. Auszuhandeln ist meiner Ansicht nach, wie viel das Unternehmen investieren möchte und wie sicher es sich sein kann, dass diese Investition sich auch lohnt oder trägt." (Leitungsebene\GL: 4)

Wie viel die Bender GmbH in verschiedene Weiterbildungsarten investiert – vorausgesetzt, dass die Weiterbildung im Sinne des Unternehmens ist –, wurde in einer unternehmensinternen Richtlinie festgelegt. Diese Richtlinie wird von der Personalverantwortlichen wie folgt beschrieben:

> „Grundlage dafür sind die Erfahrungswerte aus der Vergangenheit. Also, wir konnten darüber aus den Daten (..) Kategorien bilden von Arten von Weiterbildungen und haben die dann gefiltert, aufgelistet (..) und haben jetzt ein System entwickelt, dass wir sagen können, wenn jemand einen einfachen IHK-Lehrgang macht, gibt es dann eine Förderung in Höhe von X Euro und zusätzlich noch eine Freistellung in Höhe von X Tagen. Wir gucken dann weiter: Längerfristige oder höherpreisige Ausbildungen werden dann anders gefördert. Und so haben wir eigentlich eine schöne Staffelung jetzt geschaffen, die nachvollziehbar ist, die transparent ist und eben auch auf den Erfahrungswerten basiert, aber auch flexibel genug ist, um Neues noch mit einfließen zu lassen." (Leitungsebene\PE: 16)

Ein Mitarbeiter, welcher berufsbegleitend studiert, merkt zur Anzahl der vom Unternehmen gewährten Freistellungstage an: „Das ist auch etwas wenig", (Matching-Prozess 1\Mitarbeiter1: 38) und beschreibt anschließend die zeitliche Belastung des berufsbegleitenden Studiums wie folgt:

> „Also gerade zum Lernen – man kommt ohne Urlaub nicht hin, um es mal auf den Punkt zu bringen. Da muss man sich schon gut vorbereiten, auch an den Wochenenden. Und da wir auch am Wochenende Vorlesung haben alle 14 Tage, fällt das eine Wochenende schon fast weg, weil den Samstag ist man an der Hochschule und wenn man abends nach Hause kommt, ist man nicht mehr ganz so motiviert, sich nochmal hinzusetzen, das heißt höchstens Sonntag. Das Wochenende ist dahin, fast. Also bleibt immer nur das zweite und dann ist das zeitlich dünn." (Matching-Prozess 1\Mitarbeiter1: 38)

Ein anderer Mitarbeiter, welcher auch berufsbegleitend studiert hat, äußert sich im Gegensatz dazu bezüglich der Freistellung wie folgt:

> „I: Genau. Jetzt haben Sie gerade schon angesprochen – Geld war ein großes Thema. Wie sah das mit der Zeit aus in Bezug auf eine Freistellung für das Studium?
>
> M3: Habe ich jetzt in dem Fall nicht wirklich benötigt. Also, die Auslandsaufenthalte – der eine Auslandsaufenthalt in Italien fand am Wochenende statt. Von daher war es jetzt von der Zeit her kein Problem, da es sowieso am Wochenende war und der andere Auslandsaufenthalt in [Stadt] in den USA, dafür habe ich Urlaub genommen, was ich aber jetzt – dadurch, dass ich ansonsten sehr viel Unterstützung von der Firma erfahren habe – auch nicht als großes Problem empfunden habe, da die fünf, sechs Tage Urlaub zu nehmen." (Matching-Prozess 3\Mitarbeiter3: 11-12)

An den zwei Schilderungen der Mitarbeiter wird deutlich, dass die subjektiv empfundene zeitliche Belastung durch das Studium und damit auch die Erwartungen seitens der Mitarbeiter bezüglich vom Unternehmen gewährter Freistellungszeiten je nach persönlicher Lebenssituation differieren. Aus diesem Grund ist es von Vorteil, die gegenseitigen Erwartungen im Matching-Prozess offen anzusprechen und eine gemeinsame Lösung auszuhandeln.

3.4 Regelungen in Bezug auf das Arbeitszeitmodell

Ein anderer zeitlicher Aushandlungsfaktor im Matching-Prozess betrifft *Regelungen in Bezug auf das Arbeitszeitmodell.* Bei der Bender GmbH gibt es zwei Arbeitszeitmodelle: Gleitzeit und Vertrauenszeit. Für studierende Mitarbeiter im Gleitzeitmodell gibt es die Möglichkeit, innerhalb der Rahmenarbeitszeit länger als die vertraglich vereinbarte Wochenstundenzahl zu arbeiten und somit Gleitzeit aufzubauen, die er bzw. sie dann aus studienbedingten Gründen auch am Freitag abbauen kann. Im Normalfall darf keine Gleitzeit am Freitag abgebaut werden und es ist den Mitarbeitern nur gestattet, maximal 20 Minusstunden in den kommenden Monat zu übertragen. Eine Führungskraft schlägt jedoch für studierende Mitarbeiter im Gleitzeitmodell folgende Regelung vor:

> „Was sicher auch eine Option wäre, dass jemand Gleitzeit aufbaut. Ich meine, wir haben ja die Gleitzeitkonten. Die sind jetzt allerdings relativ beschränkt, aber für so einen Zweck kann man sicherlich eine Vereinbarung treffen, dass er mit 300 plus startet und bis 300 in das Minus darf oder so was für die Zeit des Studiums. Dass man so ein bisschen auch über ein Gleitzeitkonto arbeiten kann." (Matching-Prozess 4\Führungskraft4: 70)

Dieses Modell würde jedoch voraussetzen, dass studieninteressierte Mitarbeiter weit im Voraus anfangen, wöchentlich Gleitzeit anzusparen. Im hypothetischen Fall, dass der studieninteressierte Mitarbeiter jeden Tag eine Stunde länger arbeitet, könnte er im Jahr circa 220 Überstunden ansparen. Dies ist eventuell im Einzelfall möglich, jedoch zeigt die Praxis, dass in den meisten Fällen keine so lange Vorlaufzeit vor dem Studienbeginn gegeben ist.

In Bezug auf die Vereinbarkeit des Studiums mit dem Vertrauensarbeitszeitmodell gibt es noch keine betrieblichen Regelungen. Dass an dieser Stelle jedoch Aushandlungsbedarf besteht, wird aus den folgenden Aussagen eines Mitarbeiters deutlich:

> „Ich habe Vertrauensarbeitszeit und somit auch keine Überstunden mehr. Das heißt, ich kann auch nicht einfach mal Überstunden abfeiern und mir einen halben Tag genehmigen. Ich habe meinen Urlaub und mit dem muss ich klarkommen. So ist es für mich auch schwierig, dann vor den Prüfungen dann eine kleine Auszeit zu nehmen. (..) Von den Kommilitonen her höre ich schon, der eine macht eine Woche Urlaub vor den Prüfungen. Das kann sich nicht jeder leisten." (Matching-Prozess 1\Mitarbeiter1: 38)

Der Interviewauszug verdeutlicht zugleich, wie wichtig es ist, gegenseitige Vorstellungen und Erwartungen in Passung miteinander zu bringen, damit Absprachen gefunden werden können, die für beide Seiten akzeptabel sind.

3.5 Sonderurlaub

Um die zeitliche Belastung des weiterbildenden Studiums zu bewältigen, gibt es prinzipiell auch noch die Möglichkeit, *Sonderurlaub* zu beantragen. Dieser ist jedoch im Gegensatz zur Freistellung unbezahlt.

Interessant ist, dass das Thema Sonderurlaub nur von einer Führungskraft in allen Interviews angesprochen wurde. Diese erwähnte Sonderurlaub auch nur als eine Option, wenn sie merken würde, dass es im Verlauf des Studiums Schwierigkeiten für den Mitarbeiter gibt: „Man sieht ja, wenn es abweicht, dann kann man entweder hier reagieren. Mit Zeit muss man mal sehen, was geht. Sonderurlaub oder irgendwas in die Richtung. Wenn das nicht hilft, muss man mal gucken, was die Ursachen eigentlich sind" (Matching-Prozess 4\Führungskraft4: 65-70).

Im Matching-Prozess vor Beginn des Studiums kann der Mitarbeiter über die Möglichkeit, Sonderurlaub zu beantragen, wenn es zu zeitlichen Vereinbarkeitskonflikten kommt, informiert werden. Auszuhandeln wäre im Fall, dass der Mitarbeiter im Verlauf des Studiums Sonderurlaub beantragt, ob es die betriebliche Situation zulässt und wenn ja, wie viele Tage Sonderurlaub genommen werden können.

3.6 Studienverlängerung, -unterbrechung, -abbruch

Insbesondere ein Mitarbeiter thematisiert Studienverlaufsprobleme als unternehmensinternen Aushandlungsfaktor im Matching-Prozess. Dieser Faktor stellt sich besonders im Fall von Vollzeit-Studierenden als relevant dar, da diese in den meisten Fällen ihren bisherigen Vertrag für die Zeit des Studiums stilllegen und einen (befristeten) Werksstudentenvertrag unterzeichnen. Kommt es in diesem Fall zu Studienverlaufsproblemen, entstehen Risiken auf Seiten des Mitarbeiters, die im Vorfeld besprochen und ggf. durch vertragliche Regelungen abgesichert werden können.

In Bezug auf eine eventuelle *Studienverlängerung* formuliert der Mitarbeiter die auszuhandelnden Fragen wie folgt: „Was passiert, wenn ich jetzt irgendwie doch das nicht in der Regelstudienzeit schaffe? Würde dann eine eventuelle Unterstützung verlängert werden oder ist das dann mein eigenes Risiko?" (Matching-Prozess 4\Mitarbeiter4: 4). Momentan gibt es noch keine Regelungen in Bezug auf diesen Fall bei der Bender GmbH. Eine Führungskraft antwortet jedoch auf die Frage, wie er eine Studienverlängerung sehen würde, mit Entgegenkommen:

> „Ich würde das im Einzelfall diskutieren. Wenn man absieht, dass er es nicht schafft. Gut, dann muss man irgendwann die Reißleine ziehen und sagen: Es geht nicht. Aber da hätte ich schon eine gewisse Geduld, weil man nicht verlangen kann, dass es einer genau so macht wie ein Student, der nicht arbeitet. Das geht nicht." (Matching-Prozess 4\Führungskraft4: 61-62)

Weiterhin kann es möglich sein, dass eine *Studienunterbrechung* aus verschiedenen Gründen nötig ist: „Was passiert – weiß ich nicht – wenn man das ganze Unterfangen irgendwie unterbrechen muss? Keine Ahnung: Mutter wird krank, man muss umziehen, pflegen. Also, so Sachen. Das sind so Sachen" (Matching-Prozess 4\Mitarbeiter4: 28).

Im Fall einer Studienunterbrechung ist die Wiederaufnahme des Studiums zu einem späteren Zeitpunkt geplant. Jedoch sollte auch der Fall des *Studienabbruchs* im unternehmensinternen Aushandlungsprozess betrachtet werden. Ein Studienabbruch kann aus vielfältigen Gründen geschehen. Im Interview verbalisiert der Mitarbeiter konkret gesundheits- und leistungsbedingte Gründe: „Was passiert bei Krankheit? Was passiert, wenn man irgendwie den – wie gesagt, wenn man es vielleicht sogar einfach nicht schafft, ja?" (Matching-Prozess 4\Mitarbeiter4: 26). Andererseits kann es auch passieren, dass der Mitarbeiter und/oder das Unternehmen im Studienverlauf merken, dass das Studium nicht den damit verbundenen Vorstellungen und Zielen entspricht: „Was passiert, wenn wir irgendwie merken, der Studiengang ist überhaupt nichts? Was passiert mit der Zeit? Um so Dinge geht es einfach konkret" (Matching-Prozess 4\Mitarbeiter4: 4).

Im Idealfall sollen die unternehmensinternen Regelungen in Bezug auf Studienverlängerung, -unterbrechung und/oder -abbruch vor Beginn des Studiums vertraglich vereinbart werden. Zu beachten sind dabei insbesondere finanzielle und vertragsrechtliche Fragen wie zum Beispiel: Was passiert mit der bereits geleisteten finanziellen Förderung? Wie wirken sich Studienverlaufsprobleme auf die Rückzahlungsvereinbarung aus?

3.7 Gestaltung der Lernzeit

Ein weiterer temporaler Aushandlungsfaktor zwischen Mitarbeiter und Unternehmen stellt neben dem Verhältnis von Arbeits- und Studienzeit die Gestaltung der Lernzeit dar. Hier kann prinzipiell zwischen einem Fern- und einem Präsenzstudium entschieden werden. Beide Formate unterscheiden sich dadurch, dass es in einem Präsenzstudium neben einer Selbststudienzeit festgelegte Rahmen für die Lernzeit gibt, wohin gegen in einem Fernstudium die Lernzeit eigenverantwortlich vom Mitarbeiter eingeteilt und strukturiert werden muss.

Im Verlauf der Interviews wird deutlich, dass auch die Gestaltung der Lernzeit des weiterbildenden Studienganges ein Aushandlungsfaktor im unternehmensinternen Matching-Prozess ist, da auch hier unterschiedliche Vorstellungen der beteiligten Akteure in Übereinstimmung gebracht werden müssen. Zum Beispiel beschreibt die Personalveranwortliche, dass viele Mitarbeiter zu Beginn ein Fernstudium präferieren. Da dieses jedoch besondere Anforderungen an die Arbeitsweise und das Lernverhalten der Mitarbeitenden stellt, wird dieses aus Unternehmensperspektive nicht gern befürwortet. Gemeinsam wird dann im Matching-Prozess nach einem für beide Seiten passenden Angebot gesucht (vgl. Leitungsebene\PE: 32).

Trotz der unternehmensinternen Präferenz für ein Präsenzstudium ist die Entscheidung für eine konkrete Gestaltung der Lernzeit von verschiedenen Faktoren beeinflusst. Eine Führungskraft beschreibt die aus Unternehmensperspektive in die Entscheidung einzubeziehenden Fragen wie folgt: „Wobei, andere Formen haben vielleicht in anderen Einzelfällen auch Vorteile. Man muss immer sehen: welche Position? Wer ist das? Zu welchem Thema auch?" (Matching-Prozess 2\Führungskraft2.2: 32).

Aus Mitarbeiterperspektive scheint die Frage der Gestaltung der Lernzeit eng mit den persönlichen Präferenzen und der eigenen Einschätzung des Lernverhaltens zusammenzuhängen. Ein Mitarbeiter antwortet auf die Frage, warum ihm die Präsenzform wichtig war, Folgendes:

> „Weil ich manchmal vielleicht ein bisschen Probleme habe, mich zu Hause zu motivieren, wirklich was zu machen und durch die Präsenzphasen wird man halt einfach ein bisschen gezwungen und nimmt ein bisschen was mit und ja. ((lacht))" (Matching-Prozess 3\Mitarbeiter3: 19-22)

Bei der Aushandlung der Gestaltung der Lernzeit des weiterbildenden Studienganges sollten somit neben den unternehmensinternen Präferenzen und der beruflichen Situation des Mitarbeiters auch die früheren Lernerfahrungen und die familiäre Situation des Mitarbeiters einbezogen werden. Weiterhin ist in Bezug auf die Gestaltung der Lernzeit des weiterbildenden Studienganges relevant, ob ein konkretes Angebot mit der präferierten Durchführungsform auf dem Weiterbildungsmarkt existiert.

4   Zeit als dynamisch-kritisches Element im Aushandlungsprozess

Wie bereits oben erläutert wurde, konnte im Rahmen der Forschung zu Matching-Prozessen im Kontext der wissenschaftlichen Weiterbildung herausgearbeitet werden, dass Zeit als Aushandlungsfaktor eine besondere Bedeutung zukommt. Diese besondere Bedeutung ergibt sich jedoch nicht nur aus der reinen quantitativen Verteilung der Codierungen, sondern zudem aus einer spezifischen Rolle, die der Faktor Zeit im Aushandlungsprozess einnimmt.

Unter den herausgearbeiteten Faktoren gibt es allgemeine Aushandlungsfaktoren, die in jedem Fall ausgehandelt werden müssen (z. B. Zeitpunkt und Zeitraum der Weiterbildung; Gestaltung der Lernzeit; Studienverlängerung, -unterbrechung, -abbruch), und spezifische Aushandlungsfaktoren. Die spezifischen Aushandlungsfaktoren hängen vom allgemeinen Aushandlungsfaktor „Verhältnis von Arbeits- und Studienzeit" ab, welcher prinzipiell die Entscheidung zwischen zwei Optionen zulässt: die Durchführung des weiterbildenden Studienganges als berufsbegleitendes Studium, wobei hier der zeitliche Schwerpunkt klar auf der Erwerbsarbeit liegt, oder die Durchführung des weiterbildenden Studienganges als Vollzeitstudium mit lediglich einem zeitlich geringeren Anteil an wöchentlicher Arbeitszeit im Unternehmen. Je nachdem, wie die Entscheidung des Mitarbeiters und der anderen beteiligten Akteure diesbezüglich ausfällt, müssen in der Konsequenz unterschiedliche Faktoren ausgehandelt werden. Diese sind der besseren Übersicht halber in der folgenden Abbildung dargestellt.

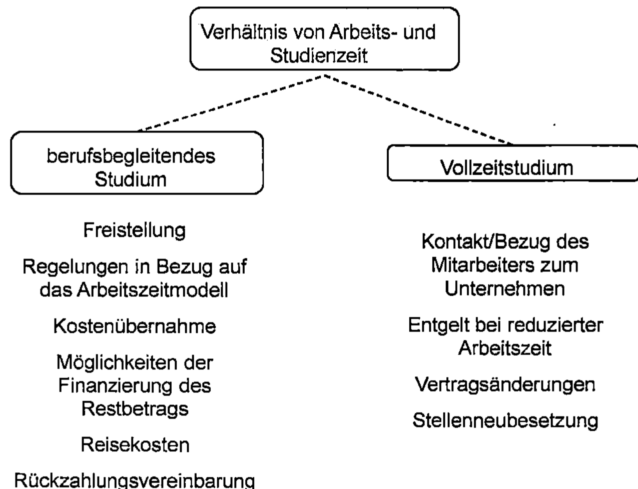

Abbildung 5:   Spezifische Aushandlungsfaktoren (eigene Darstellung)

Der Aushandlungsfaktor Zeit fungiert folglich als kritischer Moment, welcher die Aushandlung bzw. Nichtaushandlung anderer Faktoren nach sich zieht.

Zudem kann festgehalten werden, dass der unternehmensinterne Matching-Prozess im Kontext der wissenschaftlichen Weiterbildung nicht nur zeitlich punktuell vor der Aufnahme eines weiterbildenden Studienganges geschieht, sondern sich vielmehr als ein kontinuierlicher Prozess während des gesamten Studiums erweist. In diesem kontinuierlichen Prozess können zwei Phasen unterschieden werden. Vor der Aufnahme eines weiterbildenden Studienganges werden die im konkreten Fall relevanten Aushandlungsfaktoren besprochen und gegenseitige Vorstellungen in Übereinstimmung gebracht. Diese erste Phase des Matching-Prozesses ist sehr aushandlungsintensiv und involviert alle beteiligten Akteure. Die Zusage der Förderung durch das Unternehmen und die Immatrikulation des Mitarbeiters können als Ergebnis eines gelungenen Matching-Prozesses gewertet werden und schließen diese erste Phase ab.

Die zweite Phase des Matching-Prozesses involviert zunächst nur den studierenden Mitarbeiter und seine Führungskraft. Sie ist einerseits charakterisiert durch eine kontinuierliche Begleitung von Seiten der Führungskraft, die sich nach dem aktuellen Stand des Studiums erkundigt. Ein Mitarbeiter betont, dass es ihm sehr wichtig war, „dass sich die Vorgesetzten auch für das Studium interessiert haben, auch nachgefragt haben, wie es läuft, wie die Klausuren gelaufen sind" (Matching-Prozess 3\Mitarbeiter3: 10).

Der kontinuierliche Dialog zwischen Mitarbeiter und Führungskraft dient primär dazu, abzuklären, ob die vor Beginn des weiterbildenden Studiums ausgehandelten Vereinbarungen praktikabel sind. Sollte sich herausstellen, dass diese nicht praktikabel sind, müssen ein oder mehrere Aushandlungsfaktoren neu in Übereinstimmung gebracht werden. So geschehen ist dies bei Mitarbeiter 2, welcher im Verlauf seines Vollzeitstudiums merkte, dass die wöchentliche Arbeitszeit zu hoch angesetzt war:

> „Also, ich habe momentan eigentlich so den Luxus, dass ich zwei Tage – montags und dienstags, jeweils einmal um ein Uhr und einmal vor 12 noch – Feierabend habe an der [Name der Hochschule] und habe somit angefangen, montags und dienstags hier dann zu arbeiten und dachte so: Super, 10 Stunden die Woche knapp. Ich habe das jetzt reduziert auf einen Tag, weil ich einfach – ja, ich muss viel mehr lernen, viel mehr Stoff nachbereiten, mittlerweile viel vorbereiten und Ausarbeitungen machen. Das ist jetzt nur noch auf einen Tag reduziert, was jetzt klar ist, dass ich in den Semesterferien dann mehr am Stück kommen muss." (Matching-Prozess 2\Mitarbeiter2: 28)

Hier wird deutlich, dass es notwendig ist, Matching im Kontext der wissenschaftlichen Weiterbildung als kontinuierlichen Prozess zu sehen, da einerseits vor Beginn des Studiums gemachte Annahmen (z. B. über die Arbeitsbelastung) sich als falsch herausstellen können; und andererseits können sich auch andere

Variablen (z. B. die persönliche Lebenssituation des Mitarbeiters oder die wirtschaftliche Situation des Unternehmens) im Verlauf des Studiums ändern.

Zeit stellt somit ein dynamisch-kritisches Element im Aushandlungsprozess zwischen Unternehmen und Mitarbeiter im Kontext der wissenschaftlichen Weiterbildung dar. Einerseits ist Zeit ein dynamisches Element dadurch, dass temporale Faktoren sich durchaus im Verlauf des Prozesses verändern und sich anders entwickeln können als zuvor angenommen. Andererseits ist Zeit ein kritisches Element im Matching-Prozess, da der temporale Faktor „Verhältnis von Arbeits- und Studienzeit" eine Weggabelung im Aushandlungsprozess darstellt und entscheidend für den weiteren Verlauf des Prozesses ist.

5   Fazit und Ausblick

Im Kontext der Forschung zu Matching-Prozessen in der wissenschaftlichen Weiterbildung konnte festgestellt werden, dass gerade temporalen Faktoren eine besondere Bedeutung im Aushandlungsprozess zwischen Unternehmen und Mitarbeiter zukommt, wenn Mitarbeiter an weiterbildenden Studiengängen teilnehmen. Der Faktor Zeit sticht besonders hervor, da gerade weiterbildende Studiengänge ein sehr zeitintensives Weiterbildungsformat darstellen und Zeit zum kritischen Punkt in der Entscheidung über die Weiterbildungsteilnahme wird.

Im vorherigen Beitrag wurde dargestellt, welche temporalen Faktoren aus Unternehmensperspektive ausgehandelt und in Übereinstimmung gebracht werden müssen, wenn Mitarbeiter an weiterbildenden Studiengängen teilnehmen. Es konnten die folgenden sieben temporalen Aushandlungsfaktoren herausgearbeitet werden:

- Zeitraum und Zeitpunkt des Studiums
- Verhältnis von Arbeits- und Studienzeit
- Freistellungszeiten
- Regelungen in Bezug auf das Arbeitszeitmodell
- Sonderurlaub
- Studienverlängerung, -unterbrechung, -abbruch
- Gestaltung der Lernzeit

Zudem kann festgehalten werden, dass den temporalen Faktoren im Matching-Prozess eine besondere Bedeutung zukommt, da weiterhin unterschieden werden kann zwischen allgemeinen und spezifischen Aushandlungsfaktoren. Die allgemeinen Aushandlungsfaktoren sind in jedem Matching-Prozess relevant. Die spezifischen Aushandlungsfaktoren hingegen sind abhängig vom temporalen Faktor „Verhältnis von Arbeits- und Studienzeit". Je nachdem, ob die Mitarbeitenden und das Unternehmen sich für ein Voll- oder Teilzeitstudium entscheiden, müssen andere Faktoren ausgehandelt werden. Somit stellt der Faktor Zeit ein kritisches Element im Aushandlungsprozess dar. Darüber hinaus ist der Faktor Zeit kein statischer Aushandlungsfaktor, vielmehr besitzt er eine Dynamik im Prozessverlauf, da sich temporale Faktoren zum Beispiel aufgrund der familiären Situation des Mitarbeiters schnell ändern können und dann neu verhandelt werden müssen. Zeit stellt somit ein dynamisch-kritisches Element im Aushandlungsprozess dar.

Aufbauend auf den Ergebnissen, welche im Kontext der Forschung zu Matching-Prozessen in der wissenschaftlichen Weiterbildung herausgearbeitet wurden, wurde für die Bender GmbH eine Handlungshilfe für Matching-Prozesse in der Praxis entworfen. Diese soll dazu beitragen, den Matching-Prozess zu strukturieren und alle Aushandlungsfaktoren im Verlauf zwischen den verschiedenen Akteuren anzusprechen. Die temporalen Faktoren haben in dieser Handlungshilfe einen besonderen Stellenwert erhalten.

Die Forschungsergebnisse wurden mit Hilfe eines qualitativen Forschungszuganges in einem ganz bestimmten Kontext bzw. Unternehmen – der Bender GmbH – gewonnen. Eine Generalisierung der Ergebnisse auf andere Unternehmen erscheint somit zunächst problematisch. Jedoch kann dies der Ausgangspunkt für weitere kontextübergreifende Forschung zum Thema (temporale) Aushandlungsfaktoren im Matching-Prozess zwischen Mitarbeitern und Unternehmen sein, welche zurzeit noch aussteht.

Für die Praxis der Personalentwicklung in den Unternehmen wäre eine solche Forschung von großer Relevanz, da hier ein konkreter Handlungsdruck besteht. Dieser Handlungsdruck wird sich in den nächsten Jahren vermutlich noch verstärken, da einerseits die wissenschaftliche Weiterbildung im Zuge der tiefgreifenden gesellschaftlichen Wandlungsprozesse in den letzten Jahren einen enormen Bedeutungszuwachs erfahren hat (vgl. Hochschulrektorenkonferenz 2008, S. 2). Andererseits haben die gesellschaftlichen Wandlungsprozesse auch dazu beigetragen, dass sich der Qualifizierungsbedarf in den Unternehmen geändert hat. Dem „Trend zu höherer und akademischer Qualifizierung" (Bundesvereinigung der deutschen Arbeitgeberverbände 2003, S. 5) bei gleichzeitiger sinkender Zahl der Hochschulabgänger (vgl. Hochschulrektorenkonferenz 2008, S. 2) bedingt durch den demografischen Wandel kann durch eine Einbindung der wissenschaftlichen Weiterbildung in die unternehmensinternen Personalentwicklungsmaßnahmen begegnet werden.

Zudem können in Bezug auf die untersuchte Thematik weitere Forschungsdesiderata identifiziert werden. Der vorliegende Forschungsbeitrag hat nach den temporalen Aushandlungsfaktoren zwischen Unternehmen und Mitarbeitern im Kontext der wissenschaftlichen Weiterbildung gefragt. Wie die folgende Abbildung verdeutlicht, sind Mitarbeiter und Unternehmen jedoch nur zwei der Adressatengruppen in der wissenschaftlichen Weiterbildung.

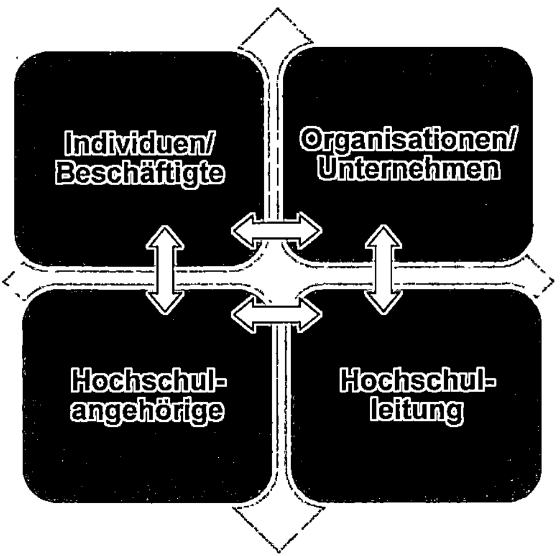

Abbildung 6:   Adressatengruppen in der wissenschaftlichen Weiterbildung (in Anlehnung an Seitter u.a. 2015, S. 25f.)

Prinzipiell kann zwischen allen Adressatengruppen nach (temporalen) Aushandlungsfaktoren im Matching-Prozess gefragt werden. So ergeben sich spannende Forschungsfragen in Bezug auf Zeit als Aushandlungsfaktor zwischen Hochschulangehörigen und Hochschulleitung im Kontext der wissenschaftlichen Weiterbildung. Hier geht es explizit um strategische und programmatische Ausgestaltung der wissenschaftlichen Weiterbildung an einer Hochschule bzw. Universität. Darüber hinaus kann weiterhin nach (temporalen) Aushandlungsfaktoren zwischen Individuen und Hochschulangehörigen gefragt werden. Dies würde Fragen der Angebotsgestaltung und Weiterbildungsteilnahme einschließen.

Richtet man den Blick weg von den Zielgruppen in der wissenschaftlichen Weiterbildung kann auch der Aspekt von Zeit als dynamisch-kritisches Element im Aushandlungsprozess weitergeführt werden. Hier wäre vor allem die Frage interessant, inwieweit sich temporale Aushandlungsfaktoren während des berufsbegleitenden Studiums verändern – vor allem im Hinblick auf den Studienverlauf. An dieser Stelle kann gefragt werden, ob es zum Beispiel Verlaufsmuster gibt, welche einen Studienabbruch begünstigen. Auch diese Forschungsfragen besitzen eine hohe Relevanz für die konkrete Praxis der wissenschaftlichen Weiterbildung an Hochschulen sowie im Unternehmen. In dieser Hinsicht gibt es noch viel Freiraum für das Entwickeln interessanter zeitbezogener Forschungsfragen und für eine vielfältige wissenschaftliche Durchdringung des Feldes.

Literatur

Achtenhagen, Claudia/Metzler, Christoph (2012): Fachkräfte qualifizieren. Berufsbegleitendes Studium. Bundesministerium für Wirtschaft und Technologie. Berlin. Online verfügbar unter: http://www.kompetenzzentrum- fachkraeftesicherung.de/fileadmin/media/Themenportale-5/KoFa/Publikationen/Handlungsempfehlungen/HE_Berufsbegleitendes-Studium.pdf, zuletzt geprüft am 13.02.2016.

Bogner, Alexander/Menz, Wolfgang (2002): Das theoriegenerierende Experteninterview. Erkenntnisinteresse, Wissensform, Interaktion. In: Bogner, Alexander/Littig, Beate/Menz, Wolfgang (Hrsg.): Das Experteninterview. Theorie, Methode, Anwendung. Opladen: Leske + Budrich, S. 33-70.

Bundesministerium für Bildung und Forschung (Hrsg.) (2013): Berufliche Weiterbildung im Betrieb. Info- und Toolbox für Personalverantwortliche, Betriebs- und Personalräte. Online verfügbar unter: http://www.bmbf.de/pub/toolbox_berufliche_weiterbildung_in_betrieb.pdf, zuletzt geprüft am 13.02.2016.

Bundesvereinigung der deutschen Arbeitgeberverbände (Hrsg.) (2003): Weiterbildung durch Hochschulen. Gemeinsame Empfehlungen von BDA, HRK und DIHK (BDABildung). Online verfügbar unter: http://www.hrk.de/uploads/media/Empfehlungen_zur_Weiterbildung.pdf, zuletzt geprüft am 13.02.2016.

Europäische Kommission (2003): EMPFEHLUNG DER KOMMISSION vom 6. Mai 2003 betreffend die Definition der Kleinstunternehmen sowie der kleinen und mittleren Unternehmen. Aktenzeichen K(2003) 1422.

Faulstich, Peter (2010): Wissenschaftliche Weiterbildung. In: Enzyklopädie Erziehungswissenschaft Online. Online verfügbar unter: https://content-select.net/media/lgcy_viewer/52824866-9be8-474d-bbed-11372efc1343, zuletzt geprüft am 15.05.2014.

Flick, Uwe (2009): Sozialforschung. Methoden und Anwendungen. Ein Überblick für die BA-Studiengänge. Reinbek: Rowohlt Taschenbuch (Rororo - rowohlts enzyklopädie, 55702).

Flick, Uwe (2011): Qualitative Sozialforschung. Eine Einführung. Vollst. überarb. und erw. Neuausg. 2007, 4. Aufl. Reinbek bei Hamburg: Rowohlt-Taschenbuch-Verl. (Rowohlts Enzyklopädie, 55694).

Habeck, Sandra/Denninger, Anika (2015): Potentialanalyse. Forschungsbericht zu Potentialen institutioneller Zielgruppen. Profit-Einrichtungen, Non-Profit-Einrichtungen, Stiftungen. Unter Mitarbeit von Bianca Fehl, Heike Rundnagel und Ramin Siegmund. In: Seitter, Wolfgang/Schemmann, Michael/Vossebein, Ulrich (Hrsg.): Zielgruppen in der wissenschaftlichen Weiterbildung. Empirische Befunde zu Bedarf, Potential und Akzeptanz. Wiesbaden: Springer VS, S. 189-289.

Hochschulrektorenkonferenz (2008): HRK-Positionspapier zur wissenschaftlichen Weiterbildung. Beschluss des 588. Präsidiums am 7.7.2008. Bonn. Online verfügbar

unter: http://www.hrk.de/uploads/media/Positionspapier_wissenschaftliche_Weiter-
bildung_02.pdf, zuletzt geprüft am 13.02.2016.

Hooß, Kerstin (2014): Wissenschaftliche Weiterbildung für IT-Wissensarbeiter [Elektro-
nische Ressource]. Bedingungen und Motive der Teilnahme und Nichtteilnahme.
Wiesbaden, Berlin [u.a.]: Imprint: Springer VS.

Kuckartz, Udo (2012): *Qualitative Inhaltsanalyse. Methoden, Praxis, Computerunterstützung.* Weinheim/Basel: Beltz Juventa.

Seitter, Wolfgang/ Schemmann, Michael/Vossebein, Ulrich (2015): Bedarf – Potential –
Akzeptanz. Integrierende Zusammenschau. In: Dies. (Hrsg.): Zielgruppen in der
wissenschaftlichen Weiterbildung. Empirische Befunde zu Bedarf, Potential und
Akzeptanz. Wiesbaden: Springer VS, S. 23-59.

Schiersmann, Christiane (2007): Berufliche Weiterbildung. Wiesbaden: VS (Lehrbuch).

Schirmer, Kerstin (2014): Matching-Prozesse im Kontext der wissenschaftlichen Weiterbildung. Unternehmensinterne Aushandlungsfaktoren in Bezug auf die Teilnahme
von Mitarbeitern an weiterbildenden Studiengängen. Unveröffentlichtes Manus-
kript.

Wolter, Andrä (2004): Weiterbildung und Lebenslanges Lernen als neue Aufgaben der
Hochschule. Die Bundesrepublik Deutschland im Lichte internationaler Entwicklungen und Erfahrungen. In: Wissenschaftliche Weiterbildung. Zukunftsfähig Lernen und Organisieren im Verbund; Weiterbildung und Hochschulreform; Auftakt-
veranstaltung zum BLK-Programm 'Wissenschaftliche Weiterbildung' am 17. und
18. Mai 2004 an der Universität Rostock. Bonn: BLK (Materialien zur Bildungs-
planung und zur Forschungsförderung, 119), S. 17-34.